高等职业教育测绘地理信息类规划教材

测绘技术基础

主　编　刘仁钊　马　啸

副主编　毕　婧　崔红超　周会利　李金文

WUHAN UNIVERSITY PRESS

武汉大学出版社

图书在版编目(CIP)数据

测绘技术基础/刘仁钊,马啸主编.—武汉:武汉大学出版社,2020.10
(2024.7重印)
高等职业教育测绘地理信息类规划教材
ISBN 978-7-307-21819-2

Ⅰ.测…　Ⅱ.①刘…　②马…　Ⅲ.测绘学—高等职业教育—教材
Ⅳ.P2

中国版本图书馆 CIP 数据核字(2020)第 187265 号

责任编辑:杨晓露　　　责任校对:李孟潇　　　版式设计:马　佳

出版发行:**武汉大学出版社**　　(430072　武昌　珞珈山)
　　　　　(电子邮箱:cbs22@ whu.edu.cn 网址:www.wdp.com.cn)
印刷:武汉中科兴业印务有限公司
开本:787×1092　1/16　印张:16.75　字数:429 千字　　插页:1
版次:2020 年 10 月第 1 版　　2024 年 7 月第 3 次印刷
ISBN 978-7-307-21819-2　　　定价:42.00 元

前　言

本书是在全国测绘地理信息职业教育教学指导委员会指导下，以全国测绘地理信息职业教育教学指导委员会"十三五"规划教材研讨会上制定的测绘类《测绘技术基础》教学大纲为主要依据编写完成的。全书共分为七章，授课 50～60 学时。重点介绍了测绘学的概念、测量学的基础知识和基本理论，经纬仪、水准仪、全站仪和 GNSS‐RTK 测量设备的基本操作方法，全站仪导线测量等内容。为了突出以技能为核心，每章后面安排了有针对性的技能训练。为了突出新技术的应用，书中参考了近三年的测绘新技术成果。

本书在编写过程中注重高职高专教材的特点，以测量仪器设备的使用作为参照系，按项目任务化组织结构由简到繁编写，力求深入浅出、通俗易懂，尽量做到重点突出，循序渐进，着重于测量仪器的实际应用；同时书中内容介绍详细，便于读者自学。

本书由刘仁钊、马啸任主编，毕婧、崔红超、周会利和李金文任副主编。刘仁钊编写了第一、二章，马啸编写了第六章，毕婧编写了第五章，崔红超编写了第四章，周会利编写了第七章。参加编写的其他教师有：周兰（第二章）、肖灌（第三章），武汉经纬时空数码科技有限公司张文绩参与了第二章和附录的编写。武汉南北极地理信息有限公司李金文和倪超兰参与编写了附录并审阅了全稿，李梦静绘制了部分插图。全书最后由刘仁钊教授统一修改定稿。

本书完成后，由全国测绘地理信息职业教育教学指导委员会顾问、武汉大学陶本藻教授及武汉大学潘润秋教授进行了认真细致的审稿，提出了许多宝贵意见。修改后，通过了全国测绘地理信息职业教育教学指导委员会"十三五"规划教材审定委员会的审定，作为测绘学科测绘与资源开发类高职高专院校统编教材，供高等职业教育学校测绘与资源开发类专业使用。在此对陶本藻教授、潘润秋教授和教材审定委员会的各位专家表示感谢！在本书编写过程中，参考了一些院校的同类教材，在此表示感谢！同时对武汉大学出版社为本教材顺利出版给予的大力支持表示感谢。

由于编者水平有限，书中的错误和不足之处在所难免，恳请广大读者批评指正。

编　者

2020 年 6 月于武汉

目　　录

第一章　测绘学的概念及其发展

第一节　测绘学的概念及其分类

一、测绘学的概念

测量学与制图学统称为测绘学。

测绘学是一门古老的学科。1880 年德国科学家赫尔默特曾对 Geodesy 这个词下了一个定义：测量和描述地球的学科。从赫尔默特对此词的定义和内涵看，测绘学就是利用测量仪器测定地球表面自然形态的地理要素和地表人工设施的形状、大小、空间位置及其属性等，然后根据观测到的数据通过地图制图的方法将地面的自然形态和人工设施等绘制成地图。这是传统测绘学的定义。

2017 年修订的《中华人民共和国测绘法》第一章总则中对测绘给出的定义：测绘，是指对自然地理要素或者地表人工设施的形状、大小、空间位置及其属性等进行测定、采集、表述，以及对获取的数据、信息、成果进行处理和提供的活动。

《测绘基本术语》（GB/T 14911—2008）中给出了测绘学科的定义：研究地理信息的获取、处理、描述和应用的学科。百度百科对测绘学的定义：研究与地球有关的基础空间信息的采集、处理、显示、管理、利用的科学与技术。

综上所述，测绘学是研究与地球有关的基础空间信息的采集、处理、描述和应用的一门科学，在国外称为地理空间信息学（Geo‐Spatial Information Science，简称 Geomatics）。其内容包括：研究测定、描述地球的形状、大小、重力场、地表形态以及它们的各种变化，确定自然地理要素和人工设施的形状、大小、空间位置及属性等，制成各种地图（含地形图）和建立有关的信息系统。

从测绘学的概念可以看出，测绘学的任务是既要研究测定地理空间点的几何位置、地球形状、地球重力场，以及地球表面自然形态和人工设施的几何形态；又要结合社会和自然信息的地理分布，研究绘制全球和局部地区各种比例尺的地形图和专题地图，以及建立有关信息系统的理论和技术。通常前者属于测量学的范畴，后者属于地图制图与地理信息学的范畴。由此可见，测量学是测绘学科的重要组成部分，其核心内容是确定空间点的坐标。

二、测绘学的分类

伴随着社会的进步，科学技术的发展，各方面对测量的要求不断发生变化和提高，测绘业务逐渐专门化，测绘学的分科也越来越细，传统的测绘学通常分为以下学科：

1. 大地测量学

大地测量学是研究地球的形状、大小和重力场，测定地面点几何位置和地球整体与局部运动的理论和技术的学科。研究地球的形状是指研究大地水准面的形状（或地球椭球的扁率）；测定地球的大小是指测定地球椭球的大小；研究地球重力场是指利用地球的重力作用研究地球形状等；测定地面点的几何位置是指测定以地球椭球为参考面的地面点位置和以大地水准面为基准的地面点高程。

大地测量学分**几何大地测量学**、**物理大地测量学**和**卫星大地测量学**（或**空间大地测量学**）三个分支学科。

几何大地测量学是以一个与地球外形最为接近的几何体（旋转椭球）代表地球形状，用天文方法测定该椭球的形状和大小。

物理大地测量学是研究用物理方法测定地球形状及其外部重力场的学科。

卫星大地测量学是利用人造地球卫星进行地面点定位及测定地球形状、大小和地球重力场的理论、方法的学科。现代大地测量学是综合利用几何、物理、空间大地测量的理论和方法，解决大地测量学中各种问题的学科。

2. 摄影测量与遥感学

摄影测量与遥感学是研究用摄影和遥感的手段，获取被测物体的信息，进行分析、处理，以确定物体的形状、大小和空间位置，并判定其属性的科学。摄影测量与遥感按遥感平台的高度不同分为地面摄影测量、航空摄影测量和航天遥感测量。

航空摄影测量、**航天遥感测量**是根据在航空或航天飞行器上对地摄取的影像获取地面信息测绘地形图；**地面摄影测量**是利用安置在地面上基线上两端点处的专用摄影机拍摄的立体像对，对所摄目标物进行测绘的技术。近年来，随着无人机技术、计算机技术和通信技术的发展，低空无人机摄影测量、无人机倾斜摄影测量获得了快速发展。

3. 工程测量学

工程测量学是研究在工程建设和自然资源开发各个阶段所进行的各种测量工作的理论和技术的学科。根据工程建设的不同阶段，通常将测量分为规划设计阶段的测量、施工兴建阶段的测量和运营管理阶段的测量。主要内容有：工程控制网建立，地形测绘，施工放样，设备安装测量，竣工测量，变形观测和维修养护测量的理论、技术与方法。由于建设工程的不同，工程测量学又分为**矿山测量**、**地质勘探工程测量**、**水利工程测量**、**公路测量**、**铁道测量**，以及**海洋工程测量**等；又由于工程的不同，精度要求的不同，而有**精密工程测量学**、**特种精密工程测量学**等。

4. 地图制图学（地图学）

地图制图学是研究地图制作的基础理论、地图设计、地图投影、地图编绘和制作的技术方法及应用的学科。它研究用地图图形信息反映自然界和人类社会各种现象的空间分布、相互联系及其动态变化。随着信息技术的发展，地图编绘、制作、应用和浏览的技术和方法发生了深刻变化。根据地图制图原理和地图编辑过程的要求，利用计算机和互联网终端输入、输出等设备，通过数据库技术和图形数字处理方法实现地图数据的获取、处理、显示、存储和输出。在这种情况下，地图是以数字形式存储在计算机或服务器中，称之为数字地图，以此为基础能够生成可在计算机屏幕或互联网终端上显示的电子地图。

5. 海洋测绘学

海洋测绘学是研究以海洋水体和海底为对象所进行的测量和海图编制的理论和方法的学科，主要包括海道测量、海洋大地测量、海底地形测量、海洋专题测量以及航海图、海底地形图、各种海洋专题图和海洋图集的编制等。

6. 地形测量学

地形测量学也称为**普通测量学**或**应用测量学**，它是研究对地球表面局部地区进行测绘工作的基础理论、工作方法、技术和应用的学科，主要是为工程建设服务的。其内容包括图根控制网的建立、地形图测绘及一般工程的测设。也有人称地形测量学为**测量学**，但这种测量学只是为测量地球局部的形状和绘制地形图服务，不包括其他内容。

第二节　测绘学的发展历史概况

测绘学和其他学科一样，是在人类生产活动过程中产生和发展起来的。它是一门古老的科学。在世界上，早在公元前 18 世纪，古埃及就进行过土地丈量。公元前 6 世纪，埃及人民在建设尼罗河与红海之间的运河及尼罗河灌溉系统之类的工程中，都应用了测量学的知识。公元 7 世纪，阿拉伯人将中国的指南针传入欧洲，对测量中的定向问题，作出了重要的贡献。公元 17 世纪，哥白尼、伽利略、开普勒及牛顿等科学家在科学上的发现与发明，如：望远镜、显微镜和水准器等光学上和力学上的成就，以及三角学在测量上的应用，对于测量学的发展曾经作出了重大的贡献。19 世纪，德国人高斯，在地图投影和测量平差方面也作出了重大的贡献。20 世纪 20 年代，航空摄影测量的应用，开始了测量工作的机械化时代。60 年代以来，由于近代光学、电子学、人造卫星摄影和航天技术的迅猛发展，为测量技术的自动化、电子化及数字化开辟了广阔的前景，而且在某些方面已将这些先进成果应用在测量工作中。例如利用遥感资料编制近海区域的海洋地图，以及电子计算机、电磁波测距的广泛应用，显著地提高了测绘工作的效率，并大大减轻了作业中的繁重体力劳动。人造卫星定位技术、数字地形图技术的发展，引起了传统的测绘技术革命性的变化，其服务领域已扩展到政府行政办公之中。现代测量技术正处在一个革新和不断发展的新阶段。

我国是世界文明古国，由于生活和生产的需要，早在公元前 21 世纪夏禹治水时，已使用了"准、绳、规、矩"四种测量工具和方法。春秋战国时编制了四分历，一年为365.25 日，与罗马人采用的儒略历相同，但比其早四五百年。宋代杨忠辅编制的《统天历》，一年为 365.2425 日，与现代值相比，只有 26 秒误差。公元前 4 世纪就已创制了浑天仪，用它来测定天体的坐标入宿度和去极度。用于天文观测的仪器还有圭、表和复矩，用以计时的仪器有漏壶和日晷等。在地图测绘方面，由于行军作战的需要，历代帝皇都很重视。我国最早的记载是夏禹将地图铸于九鼎上，这已是地图的雏形。公元前 7 世纪，春秋时期管仲著的《管子》一书中已论述地图；平山县发掘出土的春秋战国时期的"兆域图"已经表示了比例和符号的概念；在湖南长沙马王堆发现公元前 168 年的长沙国地图和驻军图，图上有山脉、河流、居民地、道路和军事要素。公元 224—271 年，我国西晋的裴秀总结了前人的制图经验，拟定了小比例尺地图的编制法规，称《制图六体》，是世界上最早的制图规范之一。我国历代能绘制出较高水平的地图，是与测量技术的发展有关联

3

的。我国古代测量长度的工具有丈杆、测绳、步车和记里鼓车；测量高程的仪器工具有矩和水平（水准仪）；测量方向的仪器有望筒和指南针（战国时期利用天然磁石制成指南工具司南，宋代出现人工磁铁制成的指南针）。测量技术的发展与数理知识紧密关联。公元前问世的《周髀算经》和《九章算术》都有利用相似三角形进行测量的记载。三国时魏人刘微所著的《海岛算经》，介绍利用丈杆进行两次、三次甚至四次测量（称重差术），求解山高、河宽的实例，大大促进了测量技术的发展。我国古代的测绘成就，除编制历法和测绘地图外，还有唐代在僧一行的主持下，实量了从河南白马到上蔡的距离和北极高度，得出子午线一度的弧长为 132.31km，为人类正确认识地球作出了贡献。北宋时沈括在《梦溪笔谈》中记载了磁偏角的发现。元代郭守敬在测绘黄河流域地形图时，有"以海面较京师至汀梁地形高下之差"，是历史上最早使用"海拔"观念的人。清代为统一尺度，规定二百里合地球上经线 1° 的弧长，即每尺合经线上百分之一秒，一尺等于 0.317m。

自 1840 年起直到 1949 年前的百年来的历史，是中国人民遭受帝国主义、封建主义、官僚资本主义凌辱欺压的历史，反动统治严重阻碍了我国生产力的发展，测绘事业也处于极端落后和停滞的状况。虽然也建立了测绘机构，创办了测绘学校，进行了一些测量工作，但成效甚小，成果、成图的质量不高。

1949 年，中华人民共和国成立后，我国测绘事业得到了迅速发展。1950 年，中国人民解放军总参谋部测绘局成立，管理全国性的测绘业务事宜。1952 年，清华大学等 6 所高等院校设置了测量专业，积极培养测绘技术人员。1956 年，建立了全国统一的测绘机构——国家测绘总局，管理全国性的测绘业务事宜。在中华人民共和国成立后的十年内，建立了我国"1954 年北京坐标系"，根据青岛大港验潮站平均海面定义了黄海 56 高程基准，为新中国确定了国家坐标系统和高程基准。在此基础上完成了在全国范围建立大地控制网的工作，同时施测了大量的国家基本地形图。在治理淮河、黄河、根治黄河及长江流域规划等的勘测、设计工作中，测绘了各种比例尺的地形图。在进行工矿、农田、水利、城市、交通等各项经济建设中，有关部门也进行了大量的工程测量并测制了大比例尺地形图。

1978 年改革开放后，我国的测绘事业得到了前所未有的快速发展。先后完成了全国天文大地网 4.8 万余大地测量控制点的整体平差，采用了当时国际推荐的地球椭球参数，重新严格定义了 1980 年国家大地坐标系（或简称 1980 年西安大地坐标系）和以上述天文大地网为骨干的国家坐标框架；在高程系统方面采用了青岛验潮站 1952—1979 年的资料，比较科学地确立了我国新的黄海 85 高程基准。从 20 世纪 70 年代开始，我国建立了国家卫星多普勒网（35 个点，精度为 ±2～3m），建成了 2 个 VLBI 站（上海和乌鲁木齐），4 个 SLR 固定站（上海、武汉、北京、长春）和 1 个 SLR 流动站，近 70 个 GPS 永久性跟踪站，完成了包含上述各种技术的国家级空间定位网（近 2300 个点）的布测和计算，建立了基于空间技术的地心三维大地控制网，为我国陆海地壳运动和大气监测做出了贡献。与此同时，我国也在着手卫星导航定位系统的规划，开始了北斗一代（双星定位系统）的研究。在海洋测量方面也有了较大的发展，80 年代和 90 年代分别利用卫星多普勒和 GPS 技术对南沙群岛、西沙群岛的部分海礁与国家大地控制点进行了联测，使我国的大地测量控制从大陆延伸到我国的近海海域。在科学考察活动中，我国测量工作者和有关科学工作者协同努力，克服了各种艰难险阻，精确测定了珠穆朗玛峰的高度（8844.43m），并对青、藏地区进行了较全面的综合科学考察；参加了南极和北极探险，进行了极地的测绘工作。我国的测绘仪器制造业也相应地得到了发展，在较短的时间内，研制了普通的测绘仪器、航测仪器和某些较精密仪器，国产全站仪和 GPS 接收机已能批量生产，有的已达到国外同类型仪器的水平。测绘科学的研究工作也在有计划地进行并取得了一定的成绩。

进入 2000 年以来，随着科学技术，特别是信息技术、大数据、人工智能等技术的飞速发展，我国测绘实现了由传统测绘向数字化测绘转化跨越之后进入测绘信息化发展的新阶段。在测绘基准方面，研制了我国分米级精度似大地水准面，2008 年启动了 2000 国家大地坐标系，以高精度、三维、动态、陆海统一为特征的国家现代基准体系建成，促进了我国测绘基准体系从二维向三维、从静态向动态、从参心坐标系向地心坐标系的转变，显著提升了我国大地基准、高程基准、重力基准的现势性、完整性和精确度，极大提升了测绘生产效率。2012 年 1 月我国民用高分辨率立体测绘卫星——资源三号 01、02 星成功发射，填补了我国卫星立体测图领域的空白，地理信息空间信息自主获取能力得到质的提升，我国成为世界上少数掌握高精度卫星立体测绘成套技术的国家之一。我国自主研发了国内首套机载雷达测图系统、倾斜相机、无人机航摄、全数字摄影测量工作站等大批核心技术装备并投入使用，部分性能指标优于国外同类产品。成功研制了北斗卫星导航定位芯片，结束了我国高精度卫星导航定位产品"有机无芯"的历史；完成了北斗一代和二代建设后，北斗三代卫星导航系统成功组网，全国各省均建成 CORS 站网，推动了高精度定位和位置服务产业迅速发展。

我国在世界上首次研制成功 30m 分辨率地表覆盖数据产品，并由中国政府赠送给联合国。该成果被国际同行评价为"对地观测与地理信息共享领域的里程碑成就"，在关键技术指标上达到国际领先水平。开展了首次地理国情普查，采用测绘高新技术对地形、水系、交通、地表覆盖等要素进行动态和定量化、空间化监测，形成了反映各类资源、环境、生态、经济要素的空间分布及其发展变化规律的监测数据、地图图形和研究报告，为政府、企业和社会各方面提供准确权威的地理国情信息。相继建成了国家基础地理信息系统 1∶100 万、1∶25 万和 1∶5 万数据库，1∶5 万基础地理信息数据库实现年度更新；互联网地图服务网站"天地图"正式上线，测绘服务方式实现了由离线提供地图、数据服务向在线提供地理信息服务的根本性转变，更好地满足了国家信息化建设的需要，为社会公众的工作和生活提供了方便。

近年来自动化、分布式、网络化的高性能数据处理软件推陈出新，面向政府、行业和个人的地理信息网络化服务成为测绘地理信息服务的主要方式。信息化测绘体系的初步建成，成为测绘事业由生产型向服务型转变的重要里程碑。

虽然我国的测绘事业在短短的四十年取得了举世瞩目的成绩，走出了一条科技兴测之路，测绘科技整体水平已跻身世界先进行列，一些领域达到国际领先。但与国外经济发达国家相比还有一定差距，但这种差距正逐渐缩小。在建设繁荣富强的社会主义祖国的伟大而艰巨的事业中，测绘工作有着极其重要的地位和作用，测绘事业也必将随着我国经济建设的快速发展而得到不断的发展和进步。

第三节　测绘工作在国民经济建设中的作用

《中华人民共和国测绘法》第一章第三条指出：测绘事业是经济建设、国防建设、社会发展的基础性事业。可见测绘工作是关系到保障我国经济建设、加强国防建设和促进社会发展的一项具有战略意义的基础性工作。从载人飞船升空、人造卫星与导弹发射到国土、地矿、交通、水利、林业等行业经济建设；从国土空间规划到乡村、厂矿企业和城市规划建设；从自然灾害预防与应急处理和治理到政府决策与实施；从政府、企业网上服务办公到百姓生活、出行和工作等，毫不夸张地说，大到国家安全，小到百姓生活都离不开测绘工作。

在地质矿产勘查中，测绘工作是一项重要的先行性、基础性并具有精确性特点的工作，现已成为一门专业测绘——地勘测绘。它为地质矿产资源勘查、矿山建设、环境地质监控和治理等方面，提供了基础信息资料和科学技术方法。例如，为地矿资源勘查区（陆地、海洋、空间）提供大地定位基础；为描述勘查区各种地形、地质、矿产分布形态规律和赋存关系，测绘或编制各种地质图、地形图、专题地图；为防治地质灾害，监测地面沉降、滑坡、泥石流等及时提供各种形变数据；为矿山开发建设提供测绘保障。

在农业和林业中，正确地进行土地整理以及森林的建设与经营，改良土壤、整理土地、资源调查、开垦荒地以及实现许多旨在发展农业和林业的其他措施时，不仅需要利用地图和地形图，更需要进行精确的测量工作。

在交通运输业中，当修建高速铁路、公路、通航运河及它们的附属建筑工程时，制定初步方案就要根据地形图来进行设计；在勘察、设计和施工的各个阶段，都要进行各项工程测量工作。

在水利建设工程中，例如举世闻名的宜昌葛洲坝和上游的三斗坪三峡大坝综合水利枢纽工程，在进行规模如此巨大的工程建设时，首先要根据详细的地形图作出初步方案研究，然后进行勘察、设计、施工。测量工作应在勘察过程中为工程设计提供原始资料；在施工过程中，应保证正确地将设计转移到实地上。即使工程已经建成交付使用后，仍然要进行精确的测量工作，以观察和发现工程建筑物所产生的变形、下沉和偏移，并提出准确的资料。

在城市建设中，科学的规划和整理居民地，城市的扩充与改建计划，建设城市交通路线、敷设地下管线、兴建机场、地下铁道等，都必须有地形图和地图，并进行专门的测量工作。

人类赖以生存的土地以及附着的自然和人工要素，如何科学地利用和管理，是每个国家都必须解决的问题。而为了解决这一问题，首先就要进行不动产测量工作。

在工程建设方面，工程的勘测、规划、设计、施工、竣工及运营后的监测、维护都需要测量工作。在军事上，首先由测绘工作提供地形信息，在战略的部署、战役的指挥中，除必需的军用地图（包括电子地图、数字地图）外，还需要进行目标的观测定位，以便进行打击。至于远程导弹、空间武器、人造地球卫星以及航天器的发射等，都要随时观测、校正飞行轨道，保证它精确入轨飞行。为了使飞行器到达预定目标，除了测算出发射点和目标点的精确坐标、方位、距离外，还必须掌握地球形状、大小、重力场的精确数据。航天器发射后，还要跟踪观测飞行轨道是否正确。总之，现代战争与现代测绘技术紧密结合在一起，是军事上决策的重要依据之一。

在科学实验方面，如地震预测预报、灾情监测、空间技术研究、海底资源探测、大坝变形监测、加速器和核电站运营的监测，等等，以及其他科学研究，无一不需要测绘工作紧密配合和提供空间信息。

随着城市和道路的高速发展，手机和车载电子地图实时定位与导航已成为人们日常生活和工作出行的可靠选择。

此外，对建立各种地理信息系统（GIS）、数字城市、数字中国，都需要现代测绘科学提供基础数据信息。

综上所述可知，测绘工作在经济和国防建设方面有着重大的意义和作用。随着国家各方面建设工作的规模日益扩大和复杂，测绘工作在国家建设事业中所承担的任务也就愈来愈重。人们把测量工作者称作社会主义建设事业的"尖兵"，这是对测绘事业最崇高的评价。

☞ **人物介绍**

大地测量学之父——赫尔默特

赫尔默特（1843—1917）Helmert Friedrich Robert，德国大地测量学家。1843年7月3日生于弗赖贝格，1917年6月15日卒于波茨坦。曾任亚琛大学、柏林大学教授，波茨坦普鲁士皇家大地测量研究所所长和国际大地测量学协会中央局主席。在测量理论方面，赫尔默特第一次系统地论述了最小二乘法平差计算的理论，他所阐述的"等值观测"理论，是相关观测理论的基础；在现代误差分析和误差统计方面，赫尔默特首先提出了分析函数（即函数），这在现代统计学中仍然得到广泛应用。赫尔默特是椭球面大地测量学和物理大地测量学的奠基人。他的名著《大地测量学的数学和物理学原理》，系统地论述了大地测量的数学基础和物理基础。第一卷是 C.F. 高斯首创"椭球面大地测量学"之后的重要发展，第二卷即"物理大地测量学"。这两本著作，第一次给大地测量学以系统的、明确的概念。为了研究地球的形状和大小，赫尔默特于 1880 年提出"面积法"（即三角锁沿经线和纬线布设成网状覆盖一定区域）代替经典的弧度测量法。这一方法成功地被用于推算地球椭球，如著名的海福德椭球和克拉索夫斯基椭球都是采用这一方法推算出来的。为了推求地球扁率，赫尔默特由月球黄纬、黄经的运动推算出地球扁率值为 1：297.8±2.2。1901 年又由重力观测成果导出扁率值为 1：298.3，接近于最新精确值。在地球测量方面，赫尔默特首先提出在天文水准测量中引入重力测量附加项，以顾及各点垂线不平行的影响，在此基础上提出了"水准椭球"的新概念。赫尔默特于 1901 年推导出正常重力公式，他经过长期努力，根据可倒摆理论测出波茨坦大地测量研究所的绝对重力值。1909 年在伦敦举行的国际大地测量协会会议上决定采用波茨坦的绝对重力值作为重力基准点，通过相对重力测量推算其他重力点值，用这种方法建立起来的重力观测网称为波茨坦系统。世界各国曾采用此系统长达 70 年之久。直到国际重力标准网 1971（IGSN 71）建立前，全世界各国的重力测量结果都在波茨坦系统内。赫尔默特对于大地测量学的贡献是巨大的，他不仅承接了前人的成果，更在此基础上系统、全面地发展了大地测量学理论体系，大大推动了 20 世纪大地测量学的发展。

思考题与习题

1. 测绘学的定义和研究内容是什么？
2. 传统的测绘学有哪些独立的学科？
3. 我国的测绘事业取得了哪些成就？
4. 结合所学专业，说说测绘学在所学专业中有何作用？

第二章 测量学的基本知识

第一节 地球的形状和大小的概念

　　测量工作的主要研究对象是地球的自然表面，即岩石圈表面。地球的自然表面很不规则，高低起伏，最高的珠穆朗玛峰高出海面 8 844.43m，而在太平洋西部的马里亚纳海沟深达 11 022m。尽管有这样大的起伏，但相对于平均半径为 6 371 000m 的地球而言，最大起伏不到半径的 1/320，完全可以忽略不计。根据大量的观测资料表明，海洋表面约占地球面积的 71%，而陆地面积仅占 29%。因此，人们设想把地球总的形状当作是被海水包围的一个球体，这个球体是用一个假想静止的海水面，向陆地延伸而形成一个封闭的曲面。

　　地球上的任一质点，同时受地球引力 F 和因地球自转所产生的离心力 P 的作用，如图 2-1-1 所示。因此，一个质点实际所受到的力是地球引力与离心力的合力 G，这个合力称为**重力**，重力作用的方向为**铅垂方向**。在测量上，以通过地面上某一点的铅垂线作为该点的**基准线**。

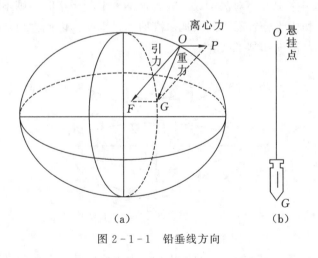

图 2-1-1　铅垂线方向

　　水面在静止的时候，表面上的每一个质点都受到重力的作用，在重力位相同的情况下，这些水分子便不流动而成静止状态，形成一个重力等位面，这个面称为**水准面**，它处处与重力方向正交。由于高度的不同，水准面有无数个。在某点与水准面相切的平面，通常称为该点的水平面。一个假想的与处于液体静平衡状态的海洋面（无波浪、潮汐、海流和大气压变化引起的扰动）重合并延伸向大陆且包围整个地球的重力等位面，称为**大地水准面**，如图 2-1-2 所示。在测量上，把大地水准面作为高程起算的**基准面**。同时，把大地水准面所包围的形体，叫做**大地体**。

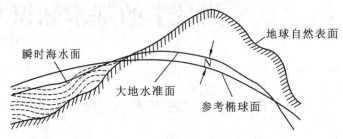

图 2-1-2　参考椭球面与大地水准面

　　地球的引力与内部的质量有关，由于质量分布不均，势必引起地面上各点的引力大小和方向不一致，同时离心力随纬度的变化而变化。所以大地水准面实际上是一个不规则的曲面，在这个不规则的曲面上，无法进行测量数据处理。

　　长期的测量和研究结果表明，大地水准面是一个沿赤道稍微大而两极略扁平的椭球体，它与一个以椭圆的短轴为旋转轴的旋转椭球体的形状十分近似，如图 2-1-3 所示，而旋转椭球体是可以用数学公式严格表示的，因此测量中便取大小和形状与大地体最为密合的旋转椭球体代替大地体。定位后的旋转椭球体，叫做参考椭球体（一个国家和地区为处理测量成果而采用的一种与地球大小、形状最接近并具有一定参数的地球椭球），其表面称为**参考椭球面**。参考椭球面具有数学性质，测绘工作取参考面作为基准面进行各种计算工作。但在实际工作中，当对测量成果的要求不是十分严格时，则不必改正到参考椭球面上，加之实际工作中十分容易得到大地水准面和铅垂线，因此大地水准面和铅垂线便成为实际测量工作的基准面和基准线。

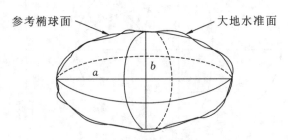

图 2-1-3　参考椭球体与大地水准面

　　如图 2-1-3 所示，旋转椭球体的形状和大小主要由其基本元素决定，该椭球的基本元素是：长半轴 a、短半轴 b、扁率 α，它们有如下关系：

$$\alpha = \frac{a-b}{a}$$

　　几个世纪以来，许多学者或国际团体协会曾分别测算出或推荐了参考椭球体的元素，见表 2 - 1 - 1。

表 2 - 1 - 1　　　　　　　　　　世界各国曾使用的椭球参数

年份	国家	推算或推荐者	长半轴	短半轴	扁率
1800	德国	德布尔	6 375 653	6 356 564	1∶334.0
1841	德国	贝塞尔	6 377 397	6 356 079	1∶299.2
1880	英国	克拉克	6 378 249	6 356 515	1∶293.5
1909	美国	海福特	6 378 383	6 356 912	1∶297.0
1940	苏联	克拉索夫斯基	6 378 245	6 356 863	1∶298.3
1975	国际大地测量与地球物理联合会		6 378 140	6 356 755	1∶298.3

　　1954 年我国决定采用的国家大地坐标系，实质上是由苏联普尔科沃为原点、以克拉索夫斯基参数为椭球参数的（1942 年）坐标系的延伸，称为 **1954 年北京坐标系**。1978 年 4 月，经全国天文大地网会议决定、并经有关部门批准建立 **1980 年国家大地坐标系**，是以 1975 国际大地测量与地球物理联合会推荐的参数为椭球参数，其坐标原点在陕西省泾阳县永乐镇，称为 **国家大地原点**。它是综合利用天文、大地与重力测量成果，以地球椭球体面在中国境内与大地水准面能达到最佳吻合为条件，利用多点定位方法而建立的国家大地坐标系统。

　　随着空间技术的发展，1994 年美国国防部为了研制 GPS 的需要，建立了 **WGS - 84 坐标系统**，这是一个地心坐标系统。不过 WGS - 84 不是一个严密的坐标系统，虽然对准 ITRF 框架，但它缺少历元的约束，因此每隔一个时间段需要进行修正。

　　为了应对科学技术特别是空间技术的发展潮流，适应我国经济建设和国防建设需要，2008 年 7 月 1 日，我国决定采用新的 **2000 中国大地坐标系**（CGCS2000）。新的 2000 国家坐标系的定义与 WGS - 84 一致，对准 ITRF1997 框架，历元为 2000，是一个严格的坐标系统。

　　由上述可知，地球表面除自然面之外，如图 2 - 1 - 2 所示，尚有大地水准面和参考椭球面两种表述方法。大地水准面和参考椭球面是不一致的，其差值最大不超过 ±150m，在两极不超过 ±30m。

　　由于参考椭球体的扁率很小$\left(约\dfrac{1}{300}\right)$，因此在某些测量计算工作中，可以近似地把地球作为圆球看待，此时其半径则采用与椭球体积等体积的圆球半径：

$$R=\sqrt[3]{b\times a^2}\approx 6\ 371\text{km}$$

第二节　地面点的高程

　　为了确定点的空间位置，需要建立坐标系。一个点在空间的位置需要三个坐标量来表示。在一般的测量工作中，常将地面点的空间位置用点的高程和点的平面位置表示。

一、高程

地面点到大地水准面的铅垂距离，称为该点的**绝对高程**，简称**高程**，又称**海拔**，用 H 表示。如图 2-2-1 所示，A 点的绝对高程为 H_A，B 点的绝对高程为 H_B。

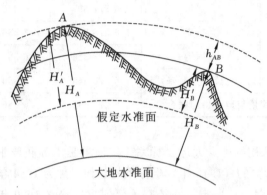

图 2-2-1　绝对高程与相对高程

由于高程系统是以大地水准面作为高程的起算面。为了确定大地水准面，我国在青岛设立了验潮站。通过 1953 年至 1979 年间验潮资料计算确定的平均海水面，作为基准面的高程基准，叫做 **1985 国家高程基准**，并在青岛建立了国家高程控制网的起算点，即**水准原点**。该点用精确的方法联测，求得该原点高程为 72.260m。全国各地的高程均以它为基准进行测算。而以青岛验潮站根据 1950—1956 年的验潮资料计算确定的平均海面作为基准面的高程基准，叫做 **1956 年黄海高程系统**，该高程系统的水准原点的高程为 72.289m（已由国测发〔1987〕198 号文通知废止）。

验潮站是为了解当地海水潮汐变化规律而设置的。为确定平均海面和建立统一的高程基准，需要在验潮站上长期观测潮位的升降，根据验潮记录求出该验潮站海面的平均位置。

验潮站标准设施包括验潮室、验潮井、验潮仪、验潮杆和一系列的水准点，如图 2-2-2 所示。

验潮室通常建在验潮井的上方，以便将系浮筒的钢丝直接引到验潮仪上，验潮仪自动记录水面的涨落。验潮井设置在海岸上，用导管通到开阔海域。导管保持一定的倾斜，在海水进口处装上金属网。采取这些措施，可以防止泥沙和污物进入验潮井，同时也抑制波浪的影响。

验潮站上安置的验潮杆，是作为验潮仪记录的参考尺。验潮杆被垂直地安置在码头的柱基上，所在位置须便于精确读数，也要便于与水准点之间的联测。读数每日定时进行，并要立即将此读数连同读取的日期和时刻记在验潮仪纸带上。

为了保持由验潮所确定的潮位面，在验潮站附近设置一个在永久性和可靠性方面都是最佳的点作为水准原点。我国的水准原点在青岛市观象山上。

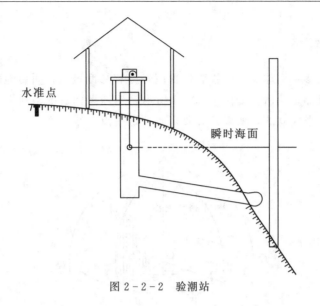

图 2-2-2 验潮站

二、相对高程

当无法引入绝对高程时，有时根据需要，地面点的高程常以某一假定水准面为起算面，这种高程称为**相对高程**，见图 2-2-1 中的 H'_A、H'_B。建筑工程中的标高通常就是采用的相对高程，一般以通过室内地面±0.00 这个面的水准面作为高程起算面。

三、高差

两点的高程之差，称为高差，用符号 h 表示。

设 A 点高程为 H_A，假定高程为 H'_A，B 点高程为 H_B，假定高程为 H'_B，则由 A 点到 B 点的高差记为 h_{AB}，由图 2-2-1 可知：

$$h_{AB} = H_B - H_A = H'_B - H'_A \qquad (2-2-1)$$

同理，由 B 点到 A 点的高差 h_{BA} 为：

$$h_{BA} = H_A - H_B = H'_A - H'_B \qquad (2-2-2)$$

显然，由上两式有：$h_{AB} = -h_{BA}$。

说明：（1）A 点至 B 点的高差 h_{AB} 与 B 点至 A 点的高差 h_{BA}，大小相等，符号相反；

（2）两点间的高差与起算面无关，仅仅体现两点间的高低关系；

（3）高差总是带有与测量方向相对高低的有关符号。若 h_{AB} 为正，则说明 B 点高于 A 点；若 h_{AB} 为负，则说明 B 点低于 A 点。

第三节 地面点的坐标表示

测量上确定地面点在投影面上的位置的坐标系统有地理坐标系、高斯-克吕格平面直角坐标系和平面直角坐标系三种。

一、地理坐标系

表示地面点在参考椭球面上的投影位置用经度和纬度表示，叫做**地理坐标**。它是一种球面坐标，坐标值都是角值。如图 2-3-1 所示，地理坐标系统是利用地球上可以被统一认定的点、线、面来建立的，所以有必要来研究这些点、线、面。

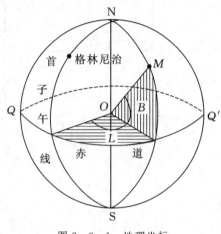

图 2-3-1　地理坐标

（一）地轴、两极

地球的自转轴即旋转椭球体的短轴叫做**地轴**；地轴与地球椭球面相交的两点 N、S 分别叫做**北极**和**南极**。

（二）子午面、子午线、经度

过地面点 M 且包含地轴的平面称为**子午面**，子午面与椭球面的交线叫做**子午线**或**经线**。世界各国统一将通过英国格林尼治天文台的子午面，叫做**首子午面**，首子午面与旋转椭球面的交线，称为**首子午线**，即 0 度经线，亦称**本初子午线**或**格林尼治子午线**。过地面上任意一点 M 的子午面与首子午面的夹角 L 叫做 M 点的**经度**。由首子午面向东量称为东经；向西量称为西经。其取值范围均为 $0° \sim 180°$。

（三）赤道、纬度

过地心且垂直于地轴的平面称为**赤道面**。赤道面与旋转椭球面的交线称为**赤道**。M 点的法线与赤道面的交角 B 叫做 M 点的**纬度**。由赤道向北度量叫北纬，由赤道向南度量叫南纬。其取值范围均为 $0° \sim 90°$。例如：北京某地一点的地理坐标为东经 $116°28'$，北纬 $39°54'$。

二、高斯-克吕格平面直角坐标系

（一）高斯-克吕格投影

地理坐标只能用来确定地面点在旋转椭球面上的位置，但测量上的计算和绘图，要求最好在平面上进行。而旋转椭球面是一个曲面，如何建立一个平面直角坐标系统呢？这要应用一定的投影方法来解决这个问题。我国采用的是横切圆柱投影——高斯-克吕格的方法来建立平面直角坐标系，称为高斯-克吕格直角坐标系，简称高斯坐标系。高斯投影是德国测量学家高斯于 1825—1830 年首先提出的，实际上直到 1912 年，由德国另一位测量学家克吕格推出实用的坐标投影公式后，这种投影才得到推广。

高斯投影又称横圆柱正形投影，为了说明问题的方便，把地球当成圆球，设想将一个横置的空心圆柱套在地球的外面，如图 2-3-2（a）所示，使圆柱的轴心通过球心，同时使地球上某子午线（称为**中央子午线**）与圆柱面相切。若以地心为投影中心，将中央子午线两侧一定经差范围内的点、线及图形投影到圆柱上。将圆柱沿着通过南北极的母线剪开后展平，便可得到整个投影带在高斯投影面上的投影，如图 2-3-2（b）所示。

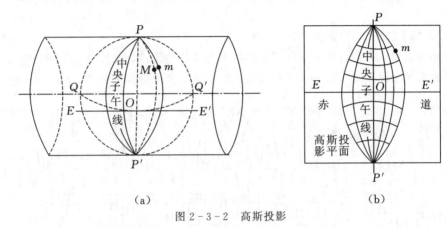

（a） （b）

图 2-3-2 高斯投影

（二）高斯投影的特点

（1）如图 2-3-2（a）所示，中央子午线 POP' 投影后为一直线且长度保持不变；其他子午线投影后均为曲线，对称地凹向中央子午线，且距中央子午线越远投影后弯曲程度越大，长度变形越大。

（2）赤道 QOQ' 投影后亦为一直线，但长度变长，并与中央子午线正交。

（3）对称于赤道的纬圈，投影后仍成为对称的曲线，并与子午线的投影曲线互相垂直，即角度在投影前后保持不变。所以高斯投影又称为保角投影。

（三）高斯平面直角坐标系

顾及投影后中央子午线与赤道正交，取中央子午线为纵坐标轴，用 X 表示；赤道为横坐标轴，用 Y 表示；交点为原点 O，这样便构成了**高斯平面直角坐标系**，如图 2-3-3 所示。

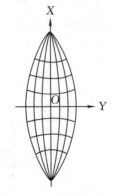

图 2-3-3 高斯平面坐标系

（四）高斯投影分带

高斯投影中，除中央子午线外，各点均存在长度变形，且距中央子午线越远，长度变形越大。为了控制长度变形，将地球椭球面按一定的经度差分成若干范围不大的带，称为**投影带**，带宽一般为6°和3°，分别称为6°带和3°带。6°带是从首子午线起自西向东按经差每6°分一带，带号依次为1，2，3，…，60，每带中央的子午线，叫做该带的**中央子午线**。6°带中央子午线的经度L_6与其带号N之间存在下述关系：

$$L_6 = 6° \times N - 3° \qquad\qquad (2-3-1)$$

我国领土跨11个6°投影带，即位于第13～23带。

如前所述，由于在高斯投影中，离中央子午线愈远，变形愈大，且两侧对称。当要求投影变形更小时，可采用3°带投影。

3°带是从东经1.5°开始，自西向东按经差3°划分一带，全球共分为120带。3°带的中央子午线经度L_3与带号之间的关系如下：

$$L_3 = 3° \times N \qquad\qquad (2-3-2)$$

我国领土跨22个3°投影带，即位于第24～45带。

计算结果表明，在离开中央子午线两侧经差各3°的范围内，长度变形不超过1/1000。若将高斯平面直角坐标系的6°带一个个连接起来，便得到全球的投影分带，见图2-3-4。

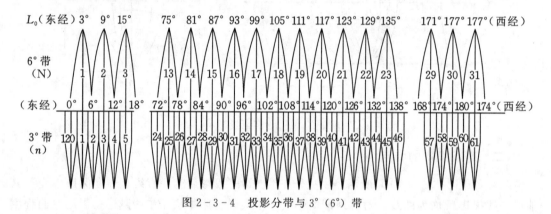

图2-3-4　投影分带与3°（6°）带

我国位于北半球，X坐标值均为正值，而Y坐标值则有正、有负。为了计算方便，避免横坐标出现负值，如图2-3-5所示，规定将纵轴向西平移500km，这样Y坐标就是

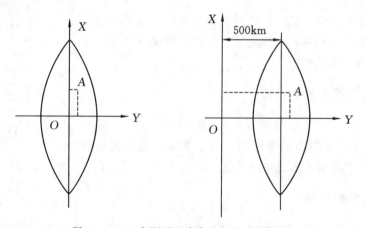

图2-3-5　高斯平面直角坐标系X轴平移

一个恒为正值的 6 位数。由于高斯-克吕格投影每一个投影带的坐标都是对本带坐标原点的相对值，所以各带的坐标完全相同，为了区别某一坐标系统属于哪一带，在横坐标前加上带号组成横坐标的通用值，即

$$通用值＝[带号]＋500\ 000＋自然值 \qquad (2-3-3)$$

【例 2-3-1】　某点在中央子午线的经度为 117° 的 6° 投影带内，且位于中央子午线以西 1 006.45m，求该点的横坐标的自然值和通用值。

解：（1）该 6° 带的中央子午线的经度为 117°，则该带的带号为：

$$N＝(117＋3)/6＝20\ 带$$

（2）该点位于中央子午线以西 1006.45m，所以该点横坐标的自然值为 -1 006.45m。

（3）依据"通用值＝带号＋500 000＋自然值"，该点的横坐标通用值为 20 498 993.55m。

【例 2-3-2】　已知某点的坐标为（3 325 748.046，37 581 245.498），求：

（1）该点是几度投影带？投影带的带号及中央子午线的经度是多少？

（2）横坐标的自然值。

解：（1）因为横坐标的带号为 37，所以是 3° 投影带。

依据 $L_3＝3°×N$ 可知：

中央子午线的经度为：$L_3＝3°×37＝111°$。

（2）横坐标的自然值＝581 245.498－500 000＝81 245.498m。

【例 2-3-3】　某一地面点的经度为东经 130°25′30″，试问该点在高斯投影 6° 带和 3° 带内分别位于第几号带？其中央子午线经度各是多少？

解：（1）该点在 6° 带的带号为：

$$N＝\mathrm{INT}(130°25′30″/6°＋1)＝22$$

其中央子午线的经度为：

$$L_0＝6°×N－3°＝6°×22－3°＝129°$$

（2）该点在 3° 带的带号为：

$$N＝\mathrm{INT}（(130°25′30″－1°30′00″)/3°＋1）＝43$$

其中央子午线的经度为：

$$L_0＝3°×N＝3°×43＝129°$$

说明：INT（）为取整。

三、平面直角坐标系

在小区域内（100km²）进行测量工作，若采用高斯平面坐标系统来表示地面点的位置是不方便的，通常采用平面直角坐标系来描述，即把地球的投影面看作平面，从而可以采取直角坐标来表示地面点在投影面上的位置。如图 2-3-6（a）所示，测量工作中，以 X 轴为纵轴，用来表示南北方向，以 Y 轴为横轴，用来表示东西方向。在测量工作中，坐标方位角是以北方向为基准按顺时针方向定义的。

如图 2-3-6（b）所示，在数学平面直角坐标系中，以 X 轴为横轴，以 Y 轴为纵轴。角度是从 X 轴（横轴）正向开始按逆时针方向来定义的。表面上看，两坐标系的坐标轴和方向角不相同，但如果从数学平面直角坐标系的背面来看，其实两坐标系的定义是完全

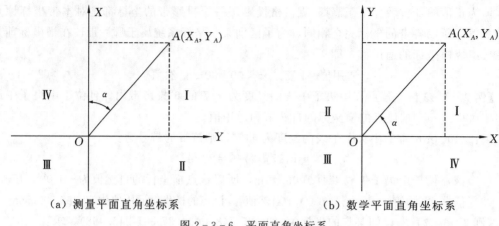

（a）测量平面直角坐标系　　　　　　　　　（b）数学平面直角坐标系

图 2-3-6　平面直角坐标系

一致的，所以数学中的所有公式在测量平面直角坐标系中无须作任何改变都能直接应用。

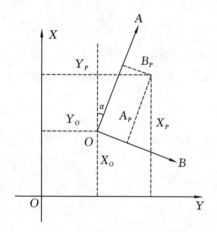

图 2-3-7　施工坐标系与测量坐标系换算

在小范围的测量中，一般建立独立的坐标系，为使测区内所有各点的纵、横坐标值均为正值，坐标原点大多设定在测区的西南角，使测区全部落在第 I 象限内。

在建筑工程测量中，为了计算和施工上的方便，使所采用的平面直角坐标系的坐标轴与建筑物主轴线重合、平行或垂直，此时建立起来的坐标系，因为是为建筑物施工而设立的，故称之为**施工坐标系**。施工坐标系与测量坐标系往往不一致，在计算测设数据时，需要进行坐标换算。如图 2-3-7 所示，设 XOY 为测量坐标系，AOB 为施工坐标系，(X_0, Y_0) 为施工坐标系原点 O 在测量坐标系中的坐标，α 为施工坐标系的纵轴 A 在测量坐标系中的方位角。若 P 点的施工坐标为 (A_P, B_P)，可按下式将其换算为测量坐标 X_P 和 Y_P。

$$\left.\begin{array}{l}X_P = X_0 + A_P\cos\alpha - B_P\sin\alpha \\ Y_P = Y_0 + A_P\sin\alpha + B_P\cos\alpha\end{array}\right\} \qquad (2-3-4)$$

如果知道两个不同的点在上述两个坐标系中相对应的坐标，也可用上式求出其转换系数，建立两坐标系中坐标的转换关系。

第四节　直线定向及坐标正反算

一、直线定向的概念

确定一条直线的方向称为直线定向。进行直线定向，首先要选定一个标准方向线，作为直线定向的依据，我们称这个标准方向线为基本方向线。测量上常用的基本方向线有：

1. 真子午线

通过地面上一点的真子午线的切线方向就是该点的真子午线方向。真子午线方向可用天文观测北极星（或太阳）的方法获得，也可用陀螺经纬仪来测定。

地球表面上任何一点都有它自己的真子午线方向，各点的真子午线方向都向两极收敛而相交于两极，如图 2-4-1（a）所示。地面上两点真子午线间的夹角称为子午线收敛角 γ，收敛角的大小与两点所在的纬度及东西方向的距离有关。

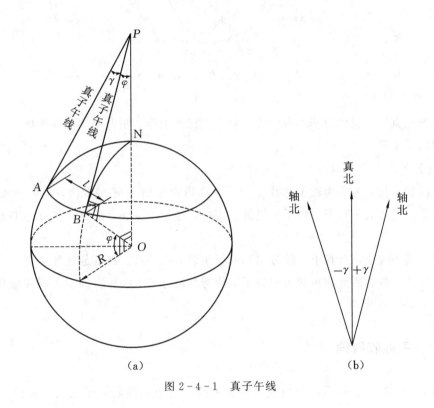

（a）　　　　　　　　　　　　　　　（b）

图 2-4-1　真子午线

2. 磁子午线

磁针静止时所指的方向是该点的磁子午线方向，磁子午线方向可用罗盘仪测定。

由于地球的南北磁极与地球的南北极并不一致，据美国国家环境信息中心（NCEI）的数据，截至 2019 年 2 月，地磁北极位置为北纬 86.54°，东经 170.88°。如图 2-4-2 所示。地面上同一点的真、磁子午线不重合，其夹角称为磁偏角，用 δ 表示。当磁子午线在真子午线东侧，则称为东偏，δ 为正；当磁子午线在真子午线西侧，则称为西偏，δ 为负。我国磁偏角的变化在 +6°～-10° 之间。北京地区磁偏角为西偏，-5° 左右。

地球磁极是不断变化的。最近 20 年来，北磁极正以每年 50km 的速度向地理北极移动。由于磁极变化，磁偏角也在变化。此外，罗盘仪还会受到地磁场及磁暴的影响，所以

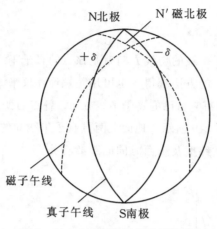

图 2 - 4 - 2 真子午线与磁子午线

测量中一般用真子午线作为基本方向线。只有在施测困难、精度要求不高的地区，如森林勘测中用磁子午线。

3. 轴子午线（坐标纵轴）

坐标纵轴所指的方向为轴子午线方向，在高斯投影的 3°或 6°带内，高斯平面直角坐标系的纵轴，是处处平行于中央子午线的。因此，轴子午线表示的方向，就是中央子午线的方向。

在中央子午线上，其真子午线方向和轴子午线方向一致。在其他地区，真子午线与轴子午线不重合，两者所夹的角即为中央子午线与某地方子午线所夹的子午线收敛角 γ，如图 2 - 4 - 1（b）所示。

二、子午线收敛角

如图 2 - 4 - 1（a）所示，地面上 A、B 两点的真子午线收敛于北极。设两点在地球的同一纬度上，两点的距离为 l，过 A、B 两点作子午线的切线 AP、BP，交地轴于 P 点，它们的夹角 γ 即为子午线收敛角，则 $\gamma = \dfrac{l}{BP} \times \rho$。

在直角三角形 BOP 中，$BP = R/\tan\varphi$，所以

$$\gamma = \frac{l\tan\varphi}{R} \times \rho \qquad (2-4-1)$$

式中，R 为地球的半径，$\rho = 206\,265''$，φ 为 A、B 两点的纬度。

由图 2 - 4 - 1（b）所示可以看出，当轴子午线在真子午线以东时，γ 为正；反之，轴子午线在真子午线以西时，γ 为负。

对于武汉来说，纬度 φ 约为 30°，若两点的距离为 $l = 1\text{km}$，取地球的半径 $R = 6\,371\text{km}$，则子午线收敛角 $\gamma = 18.7''$。

三、坐标方位角

1. 坐标方位角

过基本方向线的北端起，以顺时针方向旋转到该直线的角度，叫做该**直线的方位角**。由于基本方向线有三个，因此就相应地有三个直线方位角，分别称为真子午线方位角（$A_真$）、磁子午线方位角（$A_磁$）和**坐标方位角**（α）。方位角的角值在 $0° \sim 360°$ 之间。

在测量工作中，坐标方位角是一切平面坐标计算的基础，因此坐标方位角的概念相当重要。

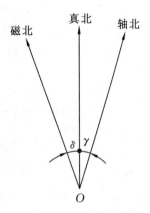

图 2-4-3　三北方向线

如图 2-4-3 所示，根据真子午线方向、磁子午线方向、轴子午线方向三者的关系，三种方位角有以下关系：

$$A_真 = A_磁 + \delta（\delta \text{ 东偏为正，西偏为负}） \tag{2-4-2}$$

$$A_真 = \alpha + \gamma（\gamma \text{ 以东为正，以西为负}） \tag{2-4-3}$$

由上两式得到坐标方位角与磁方位角之间的关系：

$$\alpha = A_磁 + \delta - \gamma \tag{2-4-4}$$

2. 正、反坐标方位角

相对来说，一条直线有正、反两个方向，因此上述定义的坐标方位角亦有正、反方位角之分。

设直线的正向为 AB，则直线 AB 的坐标方位角为正方位角，记为 α_{AB}，而直线 BA 的正向就是 AB 的反方向，其方位角为 AB 的反方位角，并记为 α_{BA}。如图 2-4-4 所示。

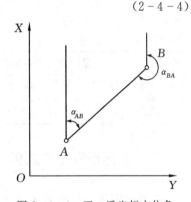

图 2-4-4　正、反坐标方位角

由于直角坐标系中，坐标纵轴方向相互平行，因此正、反坐标方位角相差 $180°$，即

$$\alpha_{BA} = \alpha_{AB} \pm 180° \tag{2-4-5}$$

四、象限角

地面直线的定向，有时也用小于 $90°$ 的角度来确定。从过南北方向线的北端或南端，依顺时针（或逆时针）的方向量至直线的锐角，叫做该直线的象限角，象限角常以 R 表示。在直角坐标系中，x 轴和 y 轴把一个圆周分Ⅰ、Ⅱ、Ⅲ、Ⅳ四个象限。测量中规定，象限按顺时针编号。为了确定直线所在的象限，规定在直线的象限角值前冠以象限符号，如图 2-4-5 所示。直线 AB 的象限角 $R_{A1} =$ NE53°38′。

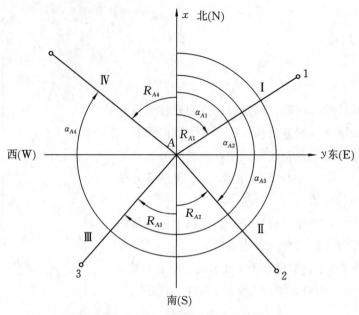

图 2-4-5 坐标方位角与象限角

根据象限角和坐标方位角的定义，可得到象限角和坐标方位角的关系，见表 2-4-1。

表 2-4-1   象限角与坐标方位角的关系

象限	象限角与坐标方位角的关系	象限	象限角与坐标方位角的关系
I 北东	$\alpha = R$	III 南西	$\alpha = 180° + R$
II 南东	$\alpha = 180° - R$	IV 北西	$\alpha = 360° - R$

五、坐标方位角的推算

在测量中为了使测量成果坐标统一，并能保证测量精度，常将线段首尾连接成折线，并与已知边 AB 相连，如图 2-4-6 所示。若 AB 边的坐标方位角 α_{AB} 已知，又测定了 AB 边和 $B1$ 边的水平角 β_B（称为连接角）和各点的转折角 β_1，β_2，…，β_n，利用正、反方位

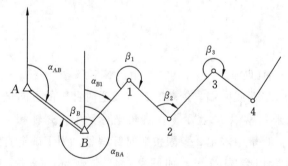

图 2-4-6 坐标方位角推算

角的关系和测定的转折角可以推算连续折线上各线段的坐标方位角如下：

$$\alpha_{BA} = \alpha_{AB} + 180°$$

$$\alpha_{B1} = \alpha_{BA} + \beta_B - 360° = \alpha_{AB} + \beta_B - 180°$$

$$\alpha_{12} = \alpha_{B1} + \beta_1 - 180° = \alpha_{AB} + \beta_B + \beta_1 - 2 \times 180°$$

......

$$\alpha_n = \alpha_{AB} + \sum_1^n \beta_i - n \times 180° \qquad (2-4-6)$$

上式中，n 为折角的个数，β_i 是折线推算前进方向的左角。若测定的是右角，则用下式计算：

$$\alpha_n = \alpha_{AB} - \sum_1^n \beta_i + n \times 180° \qquad (2-4-7)$$

六、平面坐标正、反算

1. 坐标正算公式

已知两点边长和方位角，由已知点计算待定点的坐标，称为坐标正算。如图 2-4-7 所示，A 为已知点，其坐标为 (x_A, y_A)，A 点到待定点 B 的边长为 D_{AB}（平距），方位角为 α_{AB}。则由图可知，点 B 的坐标为：

$$\left. \begin{array}{l} x_B = x_A + \Delta x_{AB} = x_A + D_{AB} \cos\alpha_{AB} \\ y_B = y_A + \Delta y_{AB} = y_A + D_{AB} \sin\alpha_{AB} \end{array} \right\} \qquad (2-4-8)$$

式中，Δx_{AB} 和 Δy_{AB} 称为点 A 到点 B 的纵横坐标增量，公式：

$$\left. \begin{array}{l} \Delta x_{AB} = x_B - x_A = D_{AB} \cos\alpha_{AB} \\ \Delta y_{AB} = y_B - y_A = D_{AB} \sin\alpha_{AB} \end{array} \right\} \qquad (2-4-9)$$

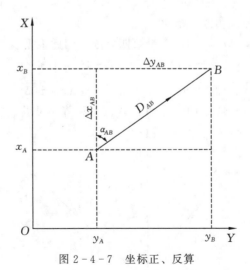

图 2-4-7 坐标正、反算

坐标正算计算步骤：

（1）根据式（2-4-9）计算两点间坐标增量；

(2) 根据式（2-4-8）计算终点坐标。

2. 坐标反算公式

已知两点 A、B 的坐标，反求边长 D_{AB} 和方位角 α_{AB}，称为坐标反算。由图 2-4-7，并根据式（2-4-9），反算公式为：

$$\left.\begin{array}{l} D_{AB}=\sqrt{(x_B-x_A)^2+(y_B-y_A)^2}=\sqrt{\Delta x_{AB}^2+\Delta y_{AB}^2} \\[2mm] \alpha_{AB}=\arctan\dfrac{y_B-y_A}{x_B-x_A}=\arctan\dfrac{\Delta y_{AB}}{\Delta x_{AB}} \end{array}\right\} \qquad (2-4-10)$$

坐标反算计算步骤：

(1) 根据式（2-4-10）的第二式计算坐标象限角；

(2) 由坐标增量判断方位角所在的象限，并根据表 2-4-1 计算方位角；

(3) 根据式（2-4-10）的第一式计算两点间边长。

【例 2-4-1】 已知直线 AB 的边长为 136.68m，坐标方位角为 $101°07'24''$，其中一个端点 A 的坐标为（836.84，637.29），求直线另一个端点 B 的坐标（X_B，Y_B）。

解：(1) 根据式（2-4-9）计算坐标增量：

$$\Delta X_{AB}=D_{AB}\cdot\cos\alpha_{AB}=136.68\times\cos101°07'24''=-26.37\text{m}$$

$$\Delta Y_{AB}=D_{AB}\cdot\sin\alpha_{AB}=136.68\times\sin101°07'24''=+134.11\text{m}$$

(2) 根据式（2-4-8）计算 B 点坐标：

$$X_B=X_A+\Delta X_{AB}=836.84+(-26.37)=810.47\text{m}$$

$$Y_B=Y_A+\Delta Y_{AB}=637.29+134.11=771.40\text{m}$$

【例 2-4-2】 已知 A（100，400），B（200，300），求 α_{AB} 和 D_{AB}。

解：(1) 式（2-4-10）的第二式象限角：

$$R=\arctan\left|\frac{y_B-y_A}{x_B-x_A}\right|=\arctan\left|\frac{\Delta y_{AB}}{\Delta x_{AB}}\right|=\arctan\frac{100}{100}=45°$$

(2) 判断象限角与方位角的关系：

由于 $\Delta X_{AB}>0$，$\Delta Y_{AB}<0$，位于第四象限，因此根据表 2-4-1 知：

$$\alpha=360°-R=360°-45°=315°$$

(3) 边长 $D_{AB}=\sqrt{(x_B-x_A)^2+(y_B-y_A)^2}=\sqrt{\Delta x_{AB}^2+\Delta y_{AB}^2}=141.42\text{m}$。

【例 2-4-3】 图 2-4-8 中，已知点 A、B 和待测设点 P 的坐标是：

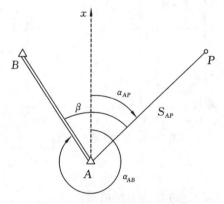

图 2-4-8 坐标放样示意图

A：$x_A = 2\,250.346$m，$y_A = 4\,520.671$m；

B：$x_B = 2\,786.386$m，$y_B = 4\,472.145$m；

P：$x_p = 2\,285.834$m，$y_p = 4\,780.617$m。

按坐标反算公式计算放样的角度 β 和边长 S_{AP}。

解：$\Delta x_{AB} = 2\,786.386 - 2\,250.346 = 536.040$m

$\Delta y_{AB} = 4\,472.145 - 4\,520.671 = -48.526$m

$$S_{AB} = \sqrt{\Delta x_{AB}^2 + \Delta y_{AB}^2} = 538.232\text{m}$$

$$\alpha_{AB} = 360 - \arccos\left(\frac{\Delta x_{AB}}{S_{AB}}\right) = 354°49'38.1''$$

同理得，$S_{AP} = 262.357$m，$\alpha_{AP} = 82°13'33.6''$。

故，$\beta = \alpha_{AP} - \alpha_{AB} = 87°23'55.5''$。

第五节　用水平面代替水准面的限度

当测区范围较小时，可以把水准面看作水平面。那么，在多大的范围内可以把水准面看作水平面呢？下面探讨用水平面代替水准面对距离、角度和高差的影响，以便给出限制水平面代替水准面的限度。

一、对水平距离的影响

在平面直角坐标系中，以水平面代替水准面，并将地面点直接投影到水平面上来确定地面点的位置。那么在多大的范围内允许水平面代替水准面呢？

如图 2-5-1 所示，地面上 A、B 两点在大地水准面上的投影点是 a、b，用过 a 点的水平面代替大地水准面，则 B 点在水平面上的投影为 b'。

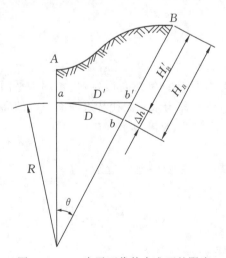

图 2-5-1　水平面代替水准面的限度

25

设 ab 的弧长为 D，ab' 的长度为 D'，球面半径为 R，D 所对圆心角为 θ，则以水平长度 D' 代替弧长 D 所产生的误差 ΔD 为：

$$\Delta D = D' - D = R\tan\theta - R\theta = R(\tan\theta - \theta)$$

由于 $\tan\theta = \theta + \dfrac{1}{3}\theta^3 + \dfrac{5}{12}\theta^5 + \cdots$，且 θ 角很小，只取前两项代入，得：

$$\Delta D = R\left(\theta + \frac{1}{3}\theta^3 - \theta\right) = \frac{1}{3}R\theta^3 \qquad (2-5-1)$$

又因 $\theta = \dfrac{D}{R}$，则

$$\Delta D = \frac{D^3}{3R^2} \qquad (2-5-2)$$

或

$$\frac{\Delta D}{D} = \frac{D^2}{3R^2} \qquad (2-5-3)$$

取地球半径 $R = 6\ 371\text{km}$，并以不同的距离 D 值代入式（2-5-2）和式（2-5-3），则可求出距离误差 ΔD 和相对误差 $\Delta D/D$，如表 2-5-1 所示。

表 2-5-1　　　　　　　　　水平面代替水准面的距离误差和相对误差

距离 D（km）	距离误差 ΔD（mm）	相对误差 $\Delta D/D$
10	8	1∶1 220 000
20	128	1∶200 000
50	1 026	1∶49 000
100	8 212	1∶12 000

说明：由表 2-5-1 可知，当 $D=10\text{km}$ 时，其相应的距离误差不到 1cm，相对误差为 1∶1 220 000，而目前最精密的距离丈量相对误差约为 1∶1 000 000。因此，在半径为 10km 范围内进行距离测量时，可以用水平面代替水准面，而不必考虑地球曲率对距离的影响。

二、对高程的影响

如图 2-5-1 所示，地面点 B 的绝对高程为 H_B，用水平面代替水准面后，B 点的高程为 H_B'，H_B 与 H_B' 的差值，即为水平面代替水准面产生的高程误差，用 Δh 表示，则

$$(R+\Delta h)^2 = R^2 + D'^2$$

展开上式，得

$$2R \cdot \Delta h + \Delta h^2 = D'^2$$

于是，有

$$\Delta h = \frac{D'^2}{2R+\Delta h} \approx \frac{D^2}{2R} \qquad (2-5-4)$$

上式中顾及了 $\Delta h \ll R$ 和 $D \approx D'$。

以 $R = 6\ 371\text{km}$ 和不同的 D 值代入式（2-5-4），算出不同的距离所对应的高差误差，其值见表（2-5-2）。

表 2-5-2　　　　　　　　　　水平面代替水准面的高差误差

D（m）	10	20	30	50	70	100	500
Δh（mm）	0.007	0.03	0.20	0.38	0.78	3.14	19.60

说明：由表可知，当 D＝500m 时，Δh＝19.60mm。在以毫米计算的高程测量中，19.60mm 不是一个可忽略的小数。由此可见，地球曲率对高程的影响比较大，即使距离较短，也应顾及地球曲率的影响。

三、对水平角的影响

从球面三角可知，球面上三角形内角之和比平面上相应三角形内角之和多出一个球面角超 ε，其值可用多边形面积求得，即

$$\varepsilon = \frac{P}{R^2}\rho'' \qquad\qquad (2-5-5)$$

式中：ε——球面角超，P——球面多边形面积，R——地球半径，ρ＝206 265″。

表 2-5-3　　　　　　　　　　水平面代替水准面的角度误差

球面面积（km²）	10	50	100	500
ε″	0.05	0.25	0.51	2.54

说明：由表可知，当测区在 100km² 时，用平面代替水准面时，对角度影响仅为 0.51″。因此，在普通测量工作中，当测区面积小于 100km² 时，其测角误差可以忽略不计。

第六节　　测量上常用的度量单位

一、长度单位

自 1959 年起，我国规定计算制度统一采用国际单位制（SI）。计量制度的改变，需要有一定的适应过程，所以在一定时期内，许可使用我国原有惯用的计量单位，叫做市制，并规定了市制与国际单位制之间的关系。

国际单位制中，常用的长度单位的名称和符号如下：

基本单位为米（m），除此之外还有千米（km）、分米（dm）、厘米（cm）、毫米（mm）、微米（μm），其关系如下：

$$1m = 10dm = 100cm = 1\,000mm = 1\,000\,000μm$$

$$1km = 1\,000m$$

长度的市制单位有里、丈、尺、寸，其间关系为：

$$1 \text{ 里} = 150 \text{ 丈} = 1\ 500 \text{ 尺} = 15\ 000 \text{ 寸}$$

$$1\text{m} = 3 \text{ 尺}$$

注：长度的市制单位已停止使用。

二、面积单位

测量中面积的 SI 单位是平方米，符号是 m^2。除此之外还有平方分米（dm^2）、平方厘米（cm^2）、平方毫米（mm^2），以及公顷（hm^2）和平方千米（km^2）。我国农业上还习惯用市亩、分、厘作面积单位。

$$1\text{km}^2 = 10^6 \text{ m}^2 = 100 \text{ hm}^2$$

$$1\text{km}^2 = 1500 \text{ 市亩}$$

$$1 \text{ 市亩} = 666.67\text{m}^2$$

三、角度单位

1．度、分、秒

我国采用的角度单位为 360°制的度（°）、分（′）、秒（″）。即将一圆周角作 360 等份，每一等份为 1°。

$$1° = 60′ = 3600″$$

度、分、秒不是 SI 单位，但属于我国的法定计量单位，它是测量中常用的角度单位，符号为 dms。

在角度测量和计算工作中，角度有时也用十进制的度（符号为 deg）来表示。

2．弧度

表示角度的 SI 单位是弧度，符号为 rad。

如果圆角上一段弧长 L 与该圆半径 R 的长度相等，则此时 L 所对应的圆心角 α 的大小，就叫做一**弧度**，通常以 ρ（rad）表示。即：

$$\alpha = \frac{L}{R}$$

因为圆的周长是 $2\pi R$，所以一个圆周角的弧度值是：$2\pi R/R = 2\pi$，平角是 π，直角是 $\pi/2$。

3．度、分、秒与弧度制之间的换算关系

$$180° = \pi \text{ 弧度（rad）}$$

$$1° = \frac{\pi}{180} \text{弧度} \approx 0.0174533 \text{ 弧度}$$

$$1 \text{ 弧度（ρ）} = \frac{180}{\pi} \approx 57°17′45″ \approx 3438′ \approx 206265″$$

4．冈

欧洲一些国家角度采用百进制，单位是冈，符号为 gon。将圆周分成 400 等份，每一等份所对应的圆心角值为一冈，简记为 1g，也称为新度（g），更小的单位有新分（c）、新秒（cc）。

$$1g＝100c＝10\ 000cc$$
$$360°＝400g$$

第七节 测量工作概述

测量就是根据一定的目的，遵照规范要求，测绘成具有相应精度的，能真实反映地物和地貌的地形图。

如图 2-7-1 所示，房子的平面位置是由角点 1、2、3、4 用折线连接而成，道路的平面位置由转向点 5、6、7、8、9、10 分别用光滑曲线组成。所以，只要确定了房屋角点和道路转向点的平面位置和高程，那么房屋和道路也就确定了。

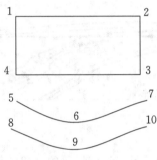

图 2-7-1 地物特征点

同样对于地貌而言，虽然起伏变化复杂，但仍由许多方向变化点和坡度变化点组成，例如图 2-7-2 中的 1、2、3、4、5、6 等地形点。同样只要确定了这些特征点的平面位置，地貌的形状和大小也就确定了。上述特征点，也称为**碎部点**，测绘地形图时，主要是测绘碎部点的平面位置和高程。

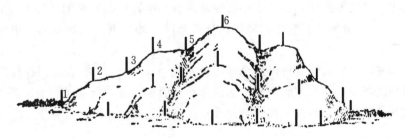

图 2-7-2 地貌特征点

由于任何一种测量工作都会产生不可避免的误差，如果以一个地物点测量另一个地物点，测量误差将会传递，逐渐积累，最后将导致图形变形，达不到应有的精度。为了避免误差的积累，在实际测量工作中遵循"从整体到局部，先控制后碎部"的程序，先在测区内选择一些有控制意义的点，如图2-7-3中所示的点1、2、3、4、5、6，这些点称为控制点，以较精确的方法先测出这些控制点，再施测其附近的碎部点。

图2-7-3　控制点示意图

如上所述，控制测量的目的：可以控制误差的积累和传播；可以分组同时在不同的控制点上进行碎部测量，即保证整个测区有相同的精度，同时也节约时间，缩短成图周期，并能保证图幅的拼接。

整个测量工作分为建立控制网和以控制网为基础的碎部测量。

一、控制网的建立

对于大比例尺地形测图，在基本平面控制网和基本高程控制网的基础上建立测区的首级控制网（点），并遵循"从整体到局部，分级布网"的原则，进行加密，以满足不同比例尺测图的需要。

平面控制网（点）的建立可采用全球定位系统（GPS）、三角测量、各种形式的边角组合测量和导线测量。平面控制测量方法的选择应因地制宜，既满足当前需要，又兼顾今后发展。做到技术先进、经济合理、确保质量、长期适用。

二、碎部测量

碎部测量是在各控制点上测绘周围的地物和地貌的特征点的平面位置和高程，并加以描绘，最后成为一幅完整的地形图，如图2-7-4所示。测绘完的地形图必须经过检查，相邻图幅拼接、整饰及验收后，再进行清绘。

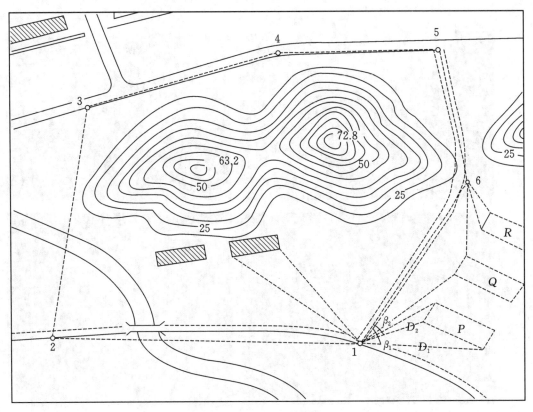

图 2-7-4　地形图

我国常用坐标系统和高程系统简介

1. 1954 年北京坐标系

中华人民共和国成立以后，我国大地测量进入了全面发展时期。在全国范围内开展了正规的全面的大地测量和测图工作，迫切需要建立一个参心大地坐标系。我国采用了苏联的克拉索夫斯基椭球参数，并与苏联 1942 年坐标系进行联测。通过计算建立了我国大地坐标系，定名为 1954 年北京坐标系。因此，1954 年北京坐标系可以认为是苏联 1942 年坐标系的延伸。它的原点不在北京而在苏联的普尔科沃。

1954 年北京坐标系，属参心坐标系，长半轴 6 378 245m，扁率 1/298.3。

2. 1980 年西安坐标系

1978 年 4 月在西安召开全国天文大地网平差会议，确定重新定位，建立我国新的坐标系。为此有了 1980 年国家大地坐标系。1980 年国家大地坐标系采用的地球椭球基本参数为 1975 年国际大地测量与地球物理联合会第十六届大会推荐的数据，即 IAG-75 地球椭球体。该坐标系的大地原点设在我国中部的陕西省泾阳县永乐镇，位于西安市西北方向约 60 千米，故称 1980 年西安坐标系，又简称西安大地原点。基准面采用青岛大港验潮站 1952—1979 年确定的黄海平均海水面（即 1985 国家高程基准）。

31

1980 年西安坐标系，属参心坐标系，长半轴 6 378 140m，扁率 1/298.257。

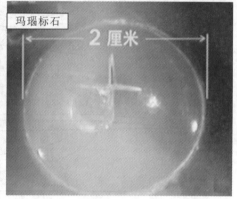

3. WGS-84 坐标系

WGS-84 坐标系（World Geodetic System）是一种国际上采用的地心坐标系，是美国国防部为了研制全球定位系统（GPS）于 1994 年建立的。坐标原点为地球质心，其地心空间直角坐标系的 Z 轴指向国际时间局（BIH）1984.0 定义的协议地极（CTP）方向，X 轴指向 BIH1984.0 的协议子午面和 CTP 赤道的交点，Y 轴与 Z 轴、X 轴垂直构成右手坐标系，称为 1984 年世界大地坐标系。这是一个国际协议地球参考系统（ITRS），是目前国际上统一采用的大地坐标系。GPS 广播星历是以 WGS-84 坐标系为根据的。

WGS-84 坐标系，长半轴 6 378 137.000m，扁率 1/298.257 223 563。

4. 2000 国家大地坐标系

2008 年 7 月 1 日，我国启用 2000 国家大地坐标系，英文缩写为 CGCS2000。2000 国家大地坐标系是全球地心坐标系在我国的具体体现，其原点为包括海洋和大气的整个地球的质量中心。

2000 国家大地坐标系，长半轴 6 378 137m，扁率 1/298.257 222 101。

5. 高程系统

1956 年黄海高程系，我国于 1956 年规定以黄海（青岛）的多年（1950—1956年）平均海平面作为统一基面，这是中国第一个国家高程系统。它是根据青岛验潮站 1950 年到 1956 年的黄海验潮资料，求出该站验潮井里铜丝的高度为 3.61m，所以就确定这个铜丝以下 3.61m 处为黄海平均海水面。从这个平均海水面起，于 1956 年推算出青岛水准原点的高程为 72.289m。

1985 国家高程基准，国家 85 高程基准其实也是黄海高程基准，以青岛验潮站 1952—1979 年的潮汐观测资料为计算依据，并用精密水准测量联测位于青岛的中华人民共和国水准原点，得出 1985 年国家高程基准高程，为了与老的"1956 年黄海高程系统"相区别，新的叫"1985 国家高程基准"，新的比旧的低 0.029m。

1985 国家高程基准高程和 1956 年黄海高程的关系为：

1985 国家高程基准高程＝1956 年黄海高程－0.029

1985 国家高程基准已于 1987 年 5 月开始启用，1956 年黄海高程系统同时废止。

历史上不同时期，我国还采用过吴淞高程系统和珠江高程系统，各高程系统（基准）之间的关系：

1956 年黄海高程基准：＋0.000m

1985 国家高程基准＝1956 年黄海高程基准－0.029

吴淞高程系统＝1956 年黄海高程基准＋1.688

珠江高程系统＝1956 年黄海高程基准－0.586

思考题与习题

1. 什么叫水准面、大地水准面、大地体、旋转椭球体和参考椭球体？
2. 水平面和水准面有何区别？大地水准面有何作用？
3. 为什么我国要采用 2000 国家大地坐标系？试述 2000 国家大地坐标系的定义。
4. 若要求地球曲率对距离测量的影响不超过 1/10 万，那么多大范围的水准面可视为水平面？
5. 何谓绝对高程和相对高程？两点之间的绝对高程之差与相对高程之差是否相等？
6. 地面点的坐标有哪几种表示形式？
7. 何谓高斯投影？高斯投影有哪些特点？
8. 高斯平面直角坐标系是怎样建立的？

9. 某点的经度为 118°50′，试计算它所在的六度带和三度带带号，相应六度带和三度带的中央子午线的经度是多少？

10. 坐标方位角是如何定义的？

11. 某直线段的磁方位角 $A_磁 = 30°30′$，磁偏角 $\delta = 0°25′$，求真方位角 $A_真$。若子午线收敛角 $\gamma = 2′25″$，求该直线段的坐标方位角 α。

12. 根据下图中各边方位角及折角计算其余边坐标方位角。

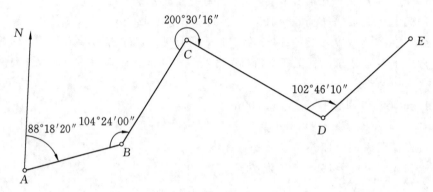

附合导线略图

13. 下图中，A 点坐标 $x_A = 1\ 345.623\text{m}$，$y_A = 569.247\text{m}$；B 点坐标 $x_B = 857.322\text{m}$，$y_B = 423.796$。水平角 $\beta_1 = 15°36′27″$，$\beta_2 = 84°25′45″$，$\beta_3 = 96°47′14″$。求方位角 α_{AB}，α_{B1}，α_{12}，α_{23}。

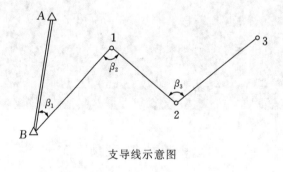

支导线示意图

14. 测量工作要遵循哪些测量原则，为什么？

第三章 水准仪测量

在工程勘测设计与施工放样中，都必须测定地面点的高程，我们把测量地面点的高程的工作称为**高程测量**。高程测量是根据一点的已知高程，测定该点与未知点间的高差，然后计算出未知点的高程的方法。根据使用的仪器和施测方法的不同，有以下四种方法：

1. 几何水准测量（简称水准测量）

利用水准仪提供的水平视线，根据水准尺上的读数求得两点间的高差，计算出地面点的高程，如图 3-0-1 所示。水准仪是精密水准测量的主要仪器。

图 3-0-1　珠峰精密水准测量

2. 三角高程测量（间接高程测量）

利用经纬仪（或电磁波测距仪、全站仪等）测量测站到目标点的竖直角和距离，用三角学的公式计算两点间的高差，从而求得地面点的高程。如图 3-0-2 所示。

图 3-0-2　珠峰精密三角高程测量

3. 气压高程测量（物理高程测量）

根据地面上空大气压力随地面高度变化而变化的原理，将气压计放在两个不同高程的地点读出气压，求得两点的高差以推算地面点的高程。

4. GNSS 高程拟合测量（GNSS 定位测量）

GPS 能精确测定地面点的大地高，但其基准面是 WGS-84 参考椭球面；而我国使用的正常高基准面是似大地水准面，所以 GPS 高程不能直接应用到工程测量中。GNSS 高程拟合测量法是利用测区一定数量的已知水准高程点，利用已知点上的正常高和大地高求取已知点的高程异常值，用数学曲面去拟合已知高程异常的点，再到拟合的曲面中内插求取其他未知点的高程异常值，加上其上的大地高，从而求取正常高。这种方法也称为 GNSS 水准测量。

上述四种测量地面点高程的方法中，以水准测量的精度最高，它是精密高程控制测量的一种主要方法，也是其他高程控制测量的基础。三角高程测量由于受外界环境和地球曲率的影响，其测定高程的精度相对较低，但其方法简单，不受地形条件的限制。当精度要求不太高时，也可用于测定控制点的高程。气压高程测量观测方法简单，但受外界条件影响较大，所以精度很低，一般只能用于某些勘察工作或户外运动中。GNSS 拟合高程的精度主要取决于已知高程点的密度、分布、拟合模型和高程异常值的精度。目前已有实测表明，GPS 拟合高程可达到国家四等水准精度要求。

用水准测量方法测定的高程控制点，叫做**水准点**，其作用、密度和高程精度因施测目的不同而有所不同。通常将水准测量分为国家水准测量、图根水准测量和工程水准测量几类。

国家水准测量的目的是建立全国统一的高程控制网，为测绘地形图和工程建设提供高程控制基础。它是经济建设和国防建设不可缺少的一项基本工作。为了适应不同的需要，国家水准测量共分为一、二、三、四等水准测量。

一等水准路线以构成网状布设，一等水准网是国家高程控制网的骨干，同时也是研究地球形状、地壳的垂直运动及有关科学的主要依据。二等水准路线是在一等水准环内布设成网状。一、二等水准点又是三、四等水准测量及其他高程测量的起算基础。

三、四等水准测量是直接提供地形测图和各种工程建设所必需的高程控制点，同时又是全国高程控制网的进一步加密。

在地形测量中，为了测量地形点和其他特征点的高程，需要在国家等级水准点下建立图根高程控制网，并作为测区基本高程控制。图根水准测量的目的就是测定图根控制网中图根点高程。图根水准测量路线的布设及水准点的密度可根据具体工程和地形测图的要求而定，具有较大的灵活性。由于其精度低于国家四等水准测量，所以又称为等外水准测量。

工程水准测量是为满足各种工程建设对高程的要求而进行的。由于不同的行业对高程的精度要求不同，因此各行业都发布了自己的规范，如《工程测量规范》《城市测量规范》《水利水电工程施工测量规范》等，其施测精度按行业规范而定。

本章主要介绍水准测量的原理、水准测量仪器、三、四等水准测量的基本作业方法、内业计算及其他有关问题。

第一节　水准测量原理

一、水准测量原理

水准测量原理（实质）就是利用仪器获得的水平视线，以此来测定两点间的高差，依据已知点高程，求待定点的高程。

如图 3-1-1 所示，A 点的高程 H_A 已知，要想获得 B 点的高程 H_B，可以在 A、B 两点之间安置一台可以得到水平视线的水准仪，设水平视线截在两标尺上的读数分别为 a、b（标尺的零点在底部）。顾及 A、B 两点间的距离很短，可用水平面代替大地水准面。过 A 点作一条水平线，由图可知 A、B 两点的高差：

$$h_{AB} = a - b \tag{3-1-1}$$

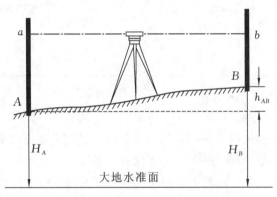

图 3-1-1　水准测量原理

当水准测量的前进方向是由 A 到 B 时，则 A 点叫做**后视点**，其上的标尺读数 a 为后视读数；B 点叫做**前视点**，其读数 b 为前视读数。前后视与仪器位置无关，只与水准测量的前进方向有关。所以，在水准测量中规定：

高差＝后视读数－前视读数 $\tag{3-1-2}$

注意，上式定义的高差可正、可负。由图 3-1-1 可知，若 A 点低 B 点高，相应地后视读数（a）大，前视读数（b）小，因此高差 h_{AB} 值为正。反之亦然。

为了避免在计算中发生正、负符号的错误，在书写高差 h_{AB} 的符号时，必须注意 h 的下标。h_{AB} 表示由 A 到 B 的高差；h_{BA} 则是由 B 到 A 的高差。

水准测量的方法分为：中间水准测量、向前水准测量。将仪器安置在两标尺之间进行水准测量，叫做中间水准测量，主要用于高程控制测量，图 3-1-1 就是中间水准测量。将仪器安置在 A、B 两点中的任何一点上来进行测量时，叫做向前水准测量，这一方法多用于工程测量的高程放样中。

二、转点、测站、测段

在水准测量中，当两点间距离较远或高差较大时，仅安置一次仪器不能求得其高差。这时需要加设若干临时的立尺点，作为传递高程的过渡点，如图 3-1-2 中的 P_1，P_2，…，P_n，称之为**转点**。每安置一次仪器，叫做一个**测站**。在水准路线中，从已知点到待定点或从待定点到待定点之间，称为一个**测段**，见图 3-1-2。欲求 A、B 两间点的高差 h_{AB}，选择一条施测路线，用水准仪依次测出每一测站的高差 h_i。

$$h_{AB} = h_{AP_1} + h_{P_1P_2} + \cdots + h_{P_{n-1}B} \tag{3-1-3}$$

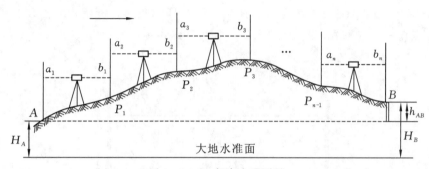

图 3-1-2　复合水准测量

连续应用中间水准测量以求得两点间的高差的方法，叫做**连续水准测量**或**复合水准测量**。水准测量在绝大多数情况下是按这种方法进行的。

如图 3-1-2 所示，每一测站上的视线方向与水准面切线方向平行，所以整个水准路线上水平视线与大地水准面一致，所以又称水准测量为**几何水准测量**。

三、地球曲率的影响

在图 3-1-1 中，将大地水准面当作水平面，因而可以用式（3-1-1）计算高差。但实际上大地水准面是一个曲面，一个测站上的水准测量应如图 3-1-3 所示，图中用圆弧表示过 A 点的大地水准面。因 θ 角很小（AB 相距 200m 时，$\theta \approx 6''$），故在 A、B 两点竖立的水准尺接近于平行，实际此时的高差 h_{AB} 为：

$$h_{AB} = a - b - \Delta h_{AB}$$

式中的 Δh_{AB} 称为地球曲率的影响。

从过 A 点的水准面与测站垂线的交点处作切线，由图 3-1-3 可见，

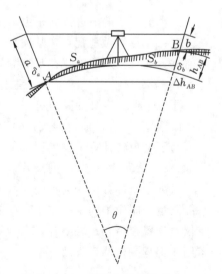

图 3-1-3　地球曲率的影响

$$\Delta h_{AB} = \delta_a - \delta_b$$

按式 (2-4-4) 可知

$\delta_a = \dfrac{1}{2R}S_a^2$，$\delta_b = \dfrac{1}{2R}S_b^2$，于是有：

$$\Delta h_{AB} = \frac{1}{2R}(S_a^2 - S_b^2) = \frac{1}{2R}(S_a - S_b)(S_a + S_b) \qquad (3-1-4)$$

式 (3-1-4) 为地球曲率对一个测站的影响。若 $S_a = S_b$，则 $\Delta h_{AB} = 0$，说明当后、前视距的距离相等时，地球曲率对一个测站的高差影响可以相互抵消。

对一条水准路线而言，如图 3-1-2 的情形，则有：

$$\Delta h = \sum \left\{ \frac{1}{2R}(S_{后} - S_{前})(S_{后} + S_{前}) \right\}$$

设每一测站的 $S_{后} + S_{前}$ 相等，则：

$$\Delta h = \frac{1}{2R}(S_{后} + S_{前}) \sum (S_{后} - S_{前}) \qquad (3-1-5)$$

式 (3-1-5) 和式 (3-1-4) 的不同之处是，用后、前视距差的总和替换每站的后、前视距离之差。实际工作均将 $\sum(S_{后} - S_{前})$ 加以限制，以使 Δh_{AB} 不致过大。由于 $S_{后} - S_{前}$ 表示每一测站的后视距离减去前视距离，它可正可负，只要作业中随时注意它的积累，将 $\sum(S_{后} - S_{前})$ 限制在某一范围内并不十分困难。例如 $S_{后} + S_{前}$ 平均为 200m，$\sum(S_{后} - S_{前}) \leqslant 10$m 时，$\Delta h_{AB} \leqslant 0.16$mm，以普通水准测量对成果的精度要求而言，这样的误差可以忽略不计。

四、大气折光的影响

除了地球曲率对水准测量有影响之外，还有大气折光的影响。在水准测量的原理中，我们是以直线来描述视线的，然而由于空气的密度从上至下不均匀，受大气折光的影响，视线不是一条直线，而是一条曲线，如图 3-1-4 所示的曲线。当后、前视距离相等时，大气折光的影响是 $\Delta_A \approx \Delta_B$，所以，大气折光的影响可以相互抵消。

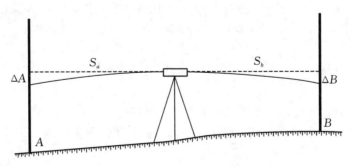

图 3-1-4　大气折光的影响

第二节 水准测量的仪器及工具

水准测量所用的仪器称为水准仪，所用的工具有标尺、尺垫。

一、DS3 水准仪的构造

水准仪按精度不同，分为 DS05、DS1、DS3、DS10 等几个级别。其中 DS05、DS1 级水准仪为精密水准仪，主要用于高等级水准测量，DS3、DS10 级水准仪为普通水准仪，主要用于一般工程测量和地形测量。"D" 和 "S" 分别为 "大地测量" 和 "水准仪" 的汉语拼音第一个字母，后面的数字是该类仪器进行水准测量时，每千米往返测高差中数偶然中误差。例如，DS3 中的 3 代表这一类仪器每千米往返测高差中数偶然中误差≤±3mm。

水准仪主要由望远镜、水准器及基座三部分组成，图 3-2-1 为普通的 S3 水准仪的外形和各部件名称。

1—物镜；2—粗瞄器准星；3—管水准器；4—粗瞄器准星缺口；5—十字丝板固定螺钉；6—目镜接座；
7—目镜调焦环；8—水平制动螺旋；9—符合水准器气泡影像观察窗；10—圆水准器；
11—圆水准器校正螺钉；12—脚螺旋；13—物镜调焦螺旋；14—水平微动螺旋；15—微倾螺旋；
16—基座三角压板；17—基座底板
图 3-2-1 DS3 级水准仪外观示意图

望远镜由物镜、目镜、调焦透镜和十字丝分划板组成。

物镜：采用复合透镜组，其作用是将远处的目标在十字丝附近形成缩小而明亮的实像。

目镜：其作用是将物镜所成的实像与十字丝一起放大成虚像。

调焦透镜：安装在物镜与十字丝分划板之间的凹透镜，它与物镜组成了复合透镜，当旋转调焦螺旋，前后移动凹透镜时，可以改变等效焦距。从而使目标的影像落在十字丝分划板平面上。再通过目镜的作用，就可以清晰地看到放大的十字丝和目标影像。

十字丝分划板：是一块圆形并刻有分划线的平板玻璃，互相垂直的两条长丝称为十字丝，其中横丝是用来测高差的，而上下两条短丝称为视距丝，用于测量距离。

通常简称中间的横丝为中丝，上、下视距丝为上丝和下丝。

视准轴：望远镜的物镜光心与十字丝中心的连线，称为视准轴，又称照准轴。延长视准轴并使之水平，即得水平视线。

二、望远镜的性能

1. 放大倍率

望远镜的放大倍率（v），是从望远镜内所看到的物体的视角 β 与未通过望远镜直接观察物体的视角 α 之比。

$$\nu = \frac{\beta}{\alpha} \qquad (3-2-1)$$

如图 3-2-2 所示，由于望远镜镜筒的长度相对于望远镜与物体的距离而言是很短的，所以眼睛在目镜处看物体与在物镜处看物体的两处视角可以认为是相等的，即物镜处的 α 为没有通过望远镜直接看到物体的视角。当物体位于无限远时，物体的实像正位于物镜的焦点上。

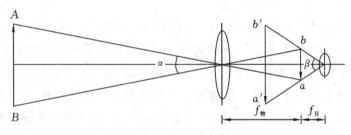

图 3-2-2 放大率

所以有： $f_物 \times \tan\frac{\alpha}{2} = f_目 \times \tan\frac{\beta}{2}$

由于视角很小，$\tan\frac{\alpha}{2} \approx \frac{\alpha}{2}$，$\tan\frac{\beta}{2} \approx \frac{\beta}{2}$，将此式代入式（3-2-1）得：

$$\nu = \frac{f_物}{f_目} \qquad (3-2-2)$$

由此可见，为了要得到较大的望远镜放大率，必须尽可能用长焦距的物镜与短焦距的目镜。但由于内调焦望远镜的 $f_物$ 是一个等效焦距，由式（3-2-2）可知是一个可变量。通常以物体在无限远处的放大率作为内调焦望远镜的放大率。

2. 视场

望远镜静止不动时，通过望远镜所能看到的空间，称为视场，视场是一个圆锥体。常

用圆锥体的顶角 ε 来表示视场的大小。

$$\varepsilon \approx \frac{2\,000}{\nu} \qquad (3-2-3)$$

可见，望远镜的视场与放大率成反比，而与物镜的孔径无关。望远镜的放大率愈大，则愈能看清远处的目标，但视场则愈小，因而寻找目标愈不容易。因此，望远镜的放大率应与仪器的使用目的相适应。

3. 分辨率

图 3-2-3 中，A、B 为两个发光点，光线经过光学系统之后，它们的像 a、b 也为两个点。若 A、B 渐渐靠近，则 a、b 也渐渐靠近。当 A、B 靠近至某一距离时，将无法分辨 a、b 为两个点，此时的 θ 角称为光学系统的分辨率。

由光学理论知：

$$\theta = \frac{140''}{D} \qquad (3-2-4)$$

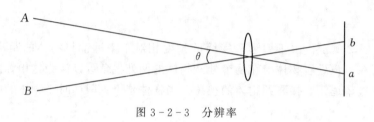

图 3-2-3 分辨率

此 θ 角经目镜放大之后应与人眼的最小分辨率（60″）相适应。若有一望远镜物镜的有效孔径为 50mm，算得 $\theta = 2.8''$，即此时图 3-2-3 中 A、B 两点的像已不能明显地分离为 a、b 两个点了。此像经目镜放大 40 倍后，对人眼构成 112″ 的角度，它远远大于 60″，但是人眼仍不能清楚地分辨出 A、B 两点，得到的像只能是一个较大而模糊的斑点。相反，如果目镜的放大倍数过小，那么，本来可以分辨的两点，因人眼分辨率的限制而不能分辨。因此，在制造望远镜时，既要注意放大率，又要注意分辨率两个方面。

4. 视差

有时会出现这种情况：当望远镜瞄准目标后，眼睛在目镜处上下左右做少量的移动，发现十字丝和目标有着相对运动，这种现象称为视差。

产生视差的原因是目标通过物镜之后的像没有与十字丝分划板重合，即十字丝分划板没有调清楚。消除视差的方法：首先将望远镜对向明亮的背景，转动目镜进行调焦，使十字丝的分划线能看得十分清楚。

三、水准器

水准器是能够标出水平线（面）和铅垂线（面）的一种设备。它是利用液体受重力作用后气泡居最高处的特性，使水准器的一条特定的直线位于水平或铅垂位置的装置。

1. 管水准器（水准器）

管水准器的管子用玻璃制成，如图 3-2-4 所示，其纵向剖面的内表面为具有一定半径的圆弧。精密管水准器的圆弧半径约为 $80\sim100m$，最精确的可达到 $200m$。管内注入质轻易流的液体，并留有一个充满液体蒸汽的空间，即水准气泡。

在水准管上刻有 $20mm$ 宽的分划线，分划线以中间的 S 点为对称。S 点称为水准管的零点，零点附近无分划，零点与圆弧相切的切线 LL' 称为水准管的水准轴。根据气泡在管内占有最高位置的特性，当气泡中点位于管子零点位置时气泡居中，此时水准轴与水平轴平行。气泡中点的精确位置依气泡两端相对称的分划线位置确定。

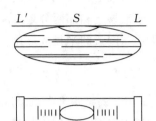

图 3-2-4　管水准器

2. 圆水准器

圆水准器玻璃盒上表面的内面为球面，其半径为 $0.2\sim2m$。连接水准器中心点与球心的直线叫做圆水准器轴，如图 3-2-5 中的 OC。当圆水准气泡中心与水准器中心点重合时，则圆水准器轴就处于铅垂位置。

在结构上，圆水准器轴与圆水准器底面是正交的。所以当气泡居中时，水准轴垂直，此时圆气泡底面即为水平面。

由于圆气泡的半径小，精度低，所以只能被用于粗略整平仪器。

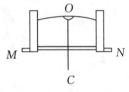

图 3-2-5　圆水准器

3. 符合水准器

水准测量中，直接观测水准气泡居中，既不方便，也不精确，为此，一般采用符合水准器装置。

符合水准器就是在管水准气泡的上方装设一组棱镜，如图 3-2-6 所示，通过棱镜系统的连续折光作用，把管水准器气泡两端各一半的影像，传递到望远镜目镜旁的显微镜内，使观测者很方便就能看到管水准气泡两端的符合影像。由于气泡两端影像的偏移是实际偏移值的两倍，从而也提高了居中精度。若呈现图中所示情况，则表示气泡尚未居中。

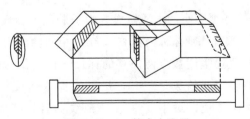

图 3-2-6　符合水准器

4. 分划值及灵敏度

用水准器将直线或平面整置到水平位置所能达到的精度，叫做水准器的灵敏度。

水准器上相邻两分划线间的圆弧（2mm）所对的圆心角，称为分划值，用 τ 表示。τ 的大小与圆弧的半径成反比：

$$\tau = \frac{2}{R} \times \rho'' \quad (R \text{ 的单位：mm}) \tag{3-2-5}$$

τ 值是决定水准器灵敏度的一个很重要因素，如图 3-2-7 所示，当水准气泡中心与水准器零点 S 重合时，水准器轴 LL' 处于水平位置。当气泡偏移一格，则水准轴随之产生倾斜，其倾角为 τ。显然 τ 值越小，则使气泡移动一格时，水准轴倾斜的角度越小；反之，τ 值越大，使气泡移动一格时，水准轴倾斜的角度越大。这就意味着当 τ 值很小时，水准轴有一个很小的倾斜量，就会使水准气泡产生一个很大的位移量，当然使气泡居中的难度就大得多，因此也就难以整平。

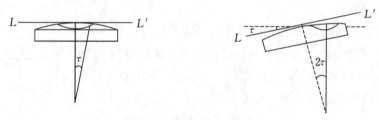

图 3-2-7　分划值及灵敏度

τ 值是水准器灵敏度的一个很重要的因素，τ 值小，灵敏度高，τ 值大，灵敏度低。因此，圆气泡的半径小，τ 值小，精度低，只能作为粗略整平之用。

当然，气泡的灵敏度不仅决定于 τ 值，还有一些因素也影响着水准器的灵敏度，如水准器内壁的研磨质量、管内液体的性质、气泡的长度及气温，等等，都会影响气泡移动的灵敏度。

四、水准标尺和尺垫

水准标尺的型式很多，有折尺、塔尺、直尺，如图 3-2-8 所示。其中折尺和塔尺都可以缩短，便于运输，但由于两种尺子经过长期使用后，连接处磨损较大，尺长发生变化，难以满足精度要求。

直尺长 3m、厚 2cm，用变形小的木质做成。为了避免尺子弯曲变形，尺子的两侧镶以木条，做成"I"字形。尺面每厘米涂有黑白或红白相间的分划；每分米注记一个米和分米的两位数字。为倒像望远镜读数方便，有的标尺字体是倒写，且字头与该分划线齐平。尺子黑面（主尺）的底部起始数是"0"，尺子红面（辅尺）的底部不是 0，而是 4 687mm 或 4 787mm。也就是说，对于同一水平视线而言，红面读数要比黑面读数多 4 687mm 或 4 787mm，标尺红面底部第一格的长度不是 10mm，而是 13mm，这样，底

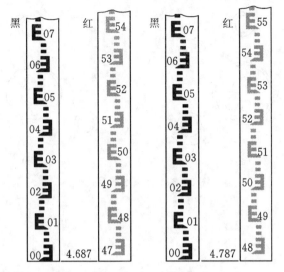

图 3-2-8　水准尺

部注记的第一个数字分别为 47 和 48。黑、红面之间存在尺常
数的目的是易于发现读数错误，避免作假。

　　尺垫：主要用于水准测量的转点，相当于一个平台，如图
3-2-9 所示。测量中应将尺垫踩稳，将标尺直立在尺垫中央
突起的半圆顶处。

图 3-2-9　尺垫

第三节　水准仪的使用

一、安置水准仪

　　张开三脚架，调节其长度，使架头大致水平，压紧脚架，将仪器从箱中取出，放在脚
架上，并把连接螺旋拧紧。

二、粗平

　　先将三个脚螺旋的高度调成一样，并处于适中的位置；然后用右手前后左右移动脚架
的一条腿，使圆气泡大致居中；旋转脚螺旋，使气泡居中。旋转脚螺旋的方法：先观察气
泡位置，如图 3-3-1 所示，左手旋转脚螺旋 1，让气泡左右移动，右手食指旋转脚螺旋
2，右手大拇指旋转脚螺旋 3，右手大拇指和食指同时相对旋转，让气泡前后移动。两手
大拇指的旋转方向就是气泡要移动的方向。

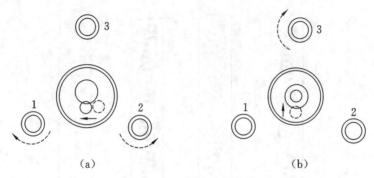

（a）　　　　　　　　　（b）

图 3-3-1　圆水准器整平

三、精平

读数之前，应用微倾螺旋调整管水准气泡居中，使视线精确水平。由于气泡的移动有惯性，所以转动微倾螺旋的速度不能快，特别在符合水准器的两端气泡影像将要对齐的时候更要注意，只有当气泡已经稳定不动并完全符合的时候才达到精平的目的。

四、读数

（1）转动目镜调焦螺旋，使十字丝清晰。

（2）转动仪器，用仪器的粗瞄器瞄准标尺，拧紧制动螺旋。

（3）转动物镜调焦螺旋，使水准尺分划清晰，再旋转水平微动螺旋，使十字丝的竖丝贴近水准尺的边缘。

（4）转动微倾螺旋，使符合水准器气泡影像严格符合，即精平，如图 3-3-2 所示。

（5）先估读毫米数，然后将米、分米、厘米共四位数一起读出，以毫米为单位，如 1345，0028，1500 等，图 3-3-3 中的读数为 1260。

图 3-3-2　水准器气泡的符合

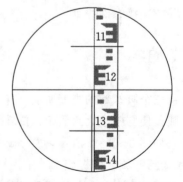

图 3-3-3　瞄准水准尺与读数

　　精平与读数是两个不同的操作步骤，但在水准测量中，两者是紧密相连的，只有精平后才能读数，读数后，应及时检查精平。只有这样才能准确地读得视准轴水平时的尺上读数。

第四节　自动安平水准仪

　　目前，自动安平水准仪已广泛应用于测绘和工程建设中。顾名思义，自动安平水准仪就是在仪器测量过程中不需要像前面介绍的普通 S3 水准仪那样，在读数之前必须使管水准器严格居中来获取水平视线。自动安平水准仪最大的构造特点是没有水准管和微倾螺旋，而只有一个圆水准器进行粗略整平，如图 3-4-1 所示。当圆水准气泡居中后，尽管仪器视线仍有微小的倾斜，但借助仪器内补偿器的作用，视准轴在数秒钟内自动成水平状态，从而读出视线水平时的水准尺读数值。不仅在某个方向上，而且在任何方向上均可读出视线水平时的读数。因此，自动安平水准仪不仅能缩短观测时间，简化操作，而且对于施工场地地面的微小震动、松软土地的仪器下沉以及大风吹时的视线微小倾斜等不利状况，能迅速自动地安平仪器，有效地减弱外界的影响，有利于提高观测精度。

图 3-4-1　自动安平水准仪

一、视线自动安平原理

　　如图 3-4-2 所示，视准轴水平时在水准尺上的读数为 a，当视准轴倾斜一个小角 α 时，此时视线读数为 a'（a' 不是水平视线读数）。为了使十字丝中丝读数仍为水平视线的读数 a，在望远镜的光路上增设一个补偿装置，使通过物镜光心的水平视线经过补偿装置的光学元件后偏转一个 β 角，仍旧成像于十字丝中心。由于 α 和 β 都是很小的角度，当式（3-4-1）成立时，就能达到自动补偿的目的。即

$$f \times \alpha = d \times \beta \qquad\qquad (3-4-1)$$

式中：f 为物镜到十字丝分划板的距离，d 为补偿装置到十字丝分划板的距离。

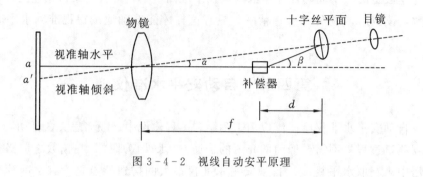

图 3-4-2　视线自动安平原理

二、补偿装置的结构

补偿装置的结构有许多种，大部分是悬吊式光学元件（如屋脊棱镜、直角棱镜等）借助于重力作用达到视线自动安平的目的，也有借助于空气或磁性的阻尼装置稳定补偿器的摆动。如国产 DSZ3 自动安平水准仪，采用悬吊棱镜组的补偿器借助重力作用达到自动安平的目的。如图 3-4-3 所示补偿器安在望远镜光路上与十字丝相距 $d = f/4$ 处，当视线微小倾斜 α 角时，倾斜视线经补偿器两个直角棱镜反射，使水平视线偏转 β 角，正好落在十字丝交点上，观测者仍能读到水平视线的读数，从而达到了自动安平的目的。

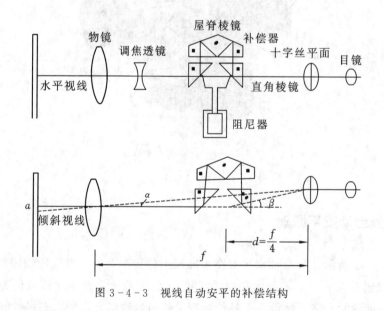

图 3-4-3　视线自动安平的补偿结构

有的精密自动安平水准仪（如 Ni007），它的补偿器是一块两次反射的直角棱镜，用薄弹簧片悬挂成重力摆，采用空气阻尼达到自动安平的目的。瞄准水准尺后，一般 2~4s 后就可静止，此时可进行读数。

三、自动安平水准仪的使用

使用自动安平水准仪时只要将仪器的圆水准气泡居中（粗略整平），即可瞄准水准尺进行读数。一般圆水准器的分划值为（$8'\sim10'$）/2mm，补偿器的作用范围为 $10'\sim15'$，所以只要使圆水准气泡居中，并不越出圆水准器中央小黑圆圈范围，补偿器就会产生自动安平的作用。但使用自动安平水准仪仍应认真进行粗略整平。另外，由于补偿器相当于一个重力摆，不管是空气阻尼或者磁性阻尼，其重力摆静止稳定需 $2\sim4s$，故瞄准水准尺约过几秒钟后再读数为好。

有的自动安平水准仪配有一个键或自动安平钮，每次读数前应按一下键或按一下钮才能读数，否则补偿器不会起作用。使用时应仔细阅读仪器说明书。

第五节　数字水准仪

电子数字水准仪是集电子光学、图像处理、计算机技术于一体的当代最先进的水准测量仪器。它具有速度快、精度高、使用方便、作业员劳动强度轻、便于用电子手簿记录、实现内外业一体化等优点，代表了当代水准仪的发展方向，具有光学水准仪无可比拟的优越性。图 3-5-1 为拓普康 DL-111C 数字水准仪，图 3-5-2 为对应的条形码水准标尺。

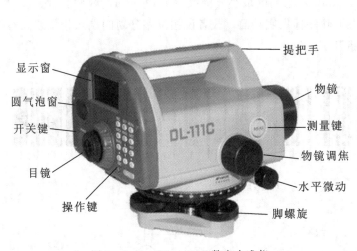

图 3-5-1　DL-111C 数字水准仪　　　　图 3-5-2　条形码水准标尺

本节仅以日本拓普康 DL-111C 电子数字水准仪（图 3-5-1）为例，对仪器的构造、功能及其使用作一简要介绍（详细内容可参阅该仪器说明书和使用手册）。

一、基本原理

拓普康电子数字水准仪采用了相位法读数原理。与其他电子水准仪一样，标尺的条码像经过望远镜、物镜、调焦镜、补偿器的光学部件和分光镜后分成两路：一路成像在阵列CCD上，用于进行光电转换，另一路成像在分划板上，供目镜观测。

图 3-5-3（a）表示标尺上部分条码的图案，其中有三种不同的码条。R 表示参考码，其中有三条 2mm 宽的黑色码条，因标尺以黄色为底色，故两条黑色码条之间是一条1mm 宽的黄色码条。以中间的黑色码条的中心线为准，每隔 30mm 就有一组 R 码条重复出现。在每组 R 码条的左边 10mm 处有一道黑色的 B 码条。在每组参考码 R 的右边10mm 处为一道黑色的 A 码条。每组 R 码条两边的 A 和 B 码条的宽窄不相同，仪器设计时安排它们的宽度按正弦规律在 0 到 10mm 之间变化。其 A 码条的周期为 600mm，B 码条的周期为 570mm，如图 3-5-3（b）所示。当然，R 码条组两边黄码条宽度也是按正弦规律变化的，这样在标尺长度方向上就形成了亮暗强度按正弦规律周期变化的亮度波。在图中条码的下面画出了波形，纵坐标表示黑条码的宽度，横坐标表示标尺的长度。实线为 A 码的亮度波，虚线为 B 码的亮度波。由于 A 和 B 两条码变化的周期不同，也可以说A 和 B 亮度波的波长不同，在标尺长度方向上的每一位置上两亮度波的相位差也不同。这种相位差就好像传统水准标尺上的分划，可由它标出标尺的长度。只要能测出标尺某处的相位差，也就可以知道该处到标尺底部的高程，因为相位差可以做到和标尺长度一一对应，即具有单值性，这也是适当选择两亮度波的波长的原因。在 DL-111C 中，A 码的周期为 600mm，B 码的周期为 570mm，它们的最小公倍数为 1 140mm，因此在 3m 长的标尺上不会有相同的相位差。为了确保标尺底端面，或者说相位差分划的端点相位差具有唯一性，A 和 B 码的相位在此错开了 $\pi/2$。

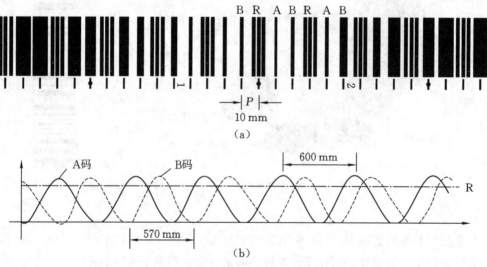

(a)

(b)

图 3-5-3 拓普康电子水准仪标尺的编码及信号亮度波

当望远镜照准标尺后,标尺上某一段的条码就成像在线阵 CCD 上,黄条码使 CCD 产生光电流,随条码宽窄的改变,光电流强度也变化。将它进行模数转换(A/D)后,得到不同的灰度值。图 3-5-4 表示了视距在 40.6m 时,标尺上某小段成像到 CCD 上经 A/D 转换后,得到的不同灰度值(纵坐标),横坐标是 CCD 上像素的序号,当灰度值逐一输出时,横轴就代表时间了。从图中的横坐标标记的数字判断,仪器采用了 512 个像素的线阵 CCD。图 3-5-4 中所示就是包含有视距和视线高信息的测量信号。

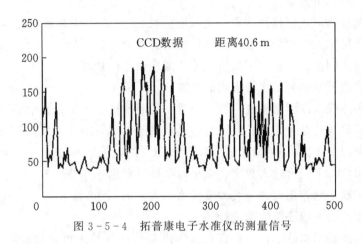

图 3-5-4　拓普康电子水准仪的测量信号

在拓普康 DL 系列电子水准仪中采用快速傅立叶变换(FFT)计算方法将测量信号在信号分析器中分解成三个频率分量,其中包含 A、B 两码频率的信号,将 A 和 B 两信号的相位求相位差,即得到视线高读数。这只是初读数,因为视距不同时,标尺上的信号波长与测量信号波长的比例不同。虽然在同一视距上 A 码和 B 码的波长比例相同,可以求出相位差或视线高,但是其精度并不高。

R 码是为了提高读数精度和求视距而设置的。设两组 R 码的间距为 p ($p=30$mm),它在 CCD 线阵上成像所占的像素个数为 z,像素宽为 b ($b=25\mu$m),则 p 在 CCD 线阵上的成像长度为:

$$l=z\times b \tag{3-5-1}$$

z 可由信号分析得出,b 是 CCD 光敏窗口的宽度,因此 l 和 p 都为已知数据。根据几何光学成像原理,可以用视距丝测量距离的视距测量原理求出视距:

$$D=\frac{p}{l\times f} \tag{3-5-2}$$

式中,f 是望远镜物镜的焦距,同时还可以求出物像比:

$$A=\frac{p}{f} \tag{3-5-3}$$

于是将测量信号放大到与标尺上的一样时,再进行相位测量,就可以精确得到相位差,并确定唯一的视线高读数。

电子数字水准仪的操作方法十分方便,只要将望远镜瞄准标尺并调焦后,按测量键(MEAS),4s 钟后即显示中丝读数;再按测距键(DIST),马上显示视距;按存储键可把数据存入内存存储器，仪器自动进行检核和高差主计算。观测时，不需要精确夹准标尺分划，也不用在测微器上读数，可直接由电子手簿（PCMCIA 卡）记录。

二、主要特点

拓普康 DL‑111C 电子数字水准仪外造型美观、内置功能强、采单功能丰富，并有各种信息提示，具有以下特点：

（1）利用图像比对进行自动读数（用条形标尺），比人工法读数精度高且无读数误差影响。必要时也可用人工读数（条形码标尺反而为普通标尺刻划）。

（2）能有多次测量、自动求平均值、统计测量误差的功能。

（3）具有高程放样和测量水准支点的功能。

（4）有三种路线水准测量模式：后前前后、后后前前、后前；当给定测量限差值，仪器可自动判别测量误差是否超限，超限时会提示重测，能自动计算线路闭合差等。

（5）有三种记录模式：RAM 方式、RS‑232C 方式、OFF 方式。

（6）在字母状态下，可输入数字、大小写字母及常用标点符号等。

（7）当测量键不起作用（如光线太暗、遮挡太多时），可输入人工测量高程和平距读数，以使线路水准测量程序能继续进行。

（8）虽然仪器显示窗较小，但保存在仪器内部的测量结果可在仪器上用 SRCH 键进行查阅。

（9）若水准标尺倾斜，读数显示窗将不显示读数，这就可以避免因标尺没有扶正导致倾斜而引起的系统误差。

（10）DL‑111C 安有 128KB 的内存器，用于电子手簿记录，测量数据通过接口直接输入到微机磁盘或打印机上，为内外业信息一体化提供了基础。

（11）有倒置标尺功能，适合于天花板、地下水准测量。

（12）可用来概略测定水平角，精确到 1°。

（13）可测量水平距离，测距精度为 10～50mm。

（14）可按仪器内置程序进行 i 角检验与校正；对检验步骤，仪器均有提示，检验后的 i 角值及校正之正确读数均直接显示在屏幕上，整个检校工作十分方便。

三、基本操作

电子水准仪的操作步骤与光学水准仪基本相同，其步骤为：

（1）安置仪器，将三脚架拉升至适当高度，拧紧架腿，固定螺丝并使脚架顶面大致水平，用架头中心螺丝将仪器固定。

（2）对中，当仪器用于测角或定线时，应用锤球对中地面标志点，当只进行水准测量时，可省去这一步骤。

（3）整平，旋转三个脚螺旋使圆水准器气泡居中。

（4）调焦及照准，旋转目镜调焦螺旋，使十字丝清晰，在望远镜照准标尺后通过物镜调焦螺旋，将标尺调焦清晰，以消除视差，并通过调节水平微动螺旋，使望远镜严格照准标尺。

（5）开机，按相应的测量键，得水平视线读数及平距。

四、注意事项

（1）不要将镜头对准太阳，将仪器直接对准太阳会损伤观测员眼睛及损坏仪器内部电子元件。在阳光直接射向物镜时，应用伞遮挡。

（2）条纹编码尺表面保持清洁，不能擦伤，仪器是通过读取尺子黑白条纹来转换成电信号的，如果尺子表面粘上灰尘、污垢或擦伤，会影响测量精度或根本无法测量。

（3）尽量采用木脚架。金属脚架易受震动，影响测量精度。

（4）仪器免受震动，在仪器运输中特别要注意。

（5）不能使仪器直接晒在太阳下。高温（>50℃）环境对仪器是不利的，同时也要防止温度的急速变化，当仪器从车子中取出或从仪器箱中取出后，应使仪器慢慢与周围环境相适应，温度的急速变化对测量有影响。

（6）电池电压检查。测量前，须对电池电压进行检查，如果发现电压太低应充电或更换电池。

（7）同一测段的往测与返测，宜分别在上午与下午进行。

（8）考虑折光影响，在视距<30m时，前、后视距差不应超过 0.5m，其累积误差不超过 1.0m，视线高度在 0.5m 以上。

（9）测量时调焦清晰程度，一般只影响测量时间，对测量精度无显著影响。

（10）测量时标尺应尽量立在阳光下，并使尺子的照度均匀。视场中的阴影会使仪器无法读数。视线中的遮挡率与视距成正比，即距离越远，遮挡率越大。只要能读数，遮挡率对读数误差影响很小。

第六节　三、四等水准测量

一、水准点和水准路线

（一）水准点

在水准测量中，用以标志和保存水准测量成果的地面固定点，称为水准点。水准点有永久性和临时性两种。永久性水准点用混凝土预制而成，上面嵌入半球形金属标志，如图 3-6-1（a）所示。球形标志的顶点表示水准点的点位。临时性水准点可利用地面突出的岩石用红漆标记，也可用木桩打入地下，桩顶钉一半球形的铁钉，如图 3-6-1（b）所示。

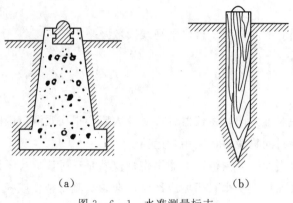

（a）　　　　　　　　　　　（b）

图 3-6-1　水准测量标志

水准点应选在土质坚实、便于长期稳定保存和使用的地方。埋设之后用红油漆编号，号前常冠以字母 BM，并绘制点位略图，称为点之记，以备日后寻找使用。

（二）水准路线

将测区内已知高程的水准点与待测高程点，按一定的形式进行水准联测而形成的水准测量路线，叫做水准路线。根据测区的已有水准点情况和测量的需要，水准路线一般可布设成如下几种形式：

1．附合水准路线

从一个已知高程的水准点 A 起，沿一条路线进行水准测量，以测定另外一些水准点（P_1、P_2、P_3）的高程，最后联测到另一个已知高程的水准点 B，如图 3-6-2（c）所示，称为**附合水准路线**。

2．闭合水准路线

从一个已知高程的水准点 A 出发，沿一条路线进行水准测量，测定沿线若干水准点（P_1、P_2、P_3）的高程，最后又回到该已知水准点上，如图 3-6-2（b）所示，称为**闭合水准路线**。

3．支水准路线

从一个已知高程的水准点 A 出发，沿一条路线进行水准测量，测定沿线若干水准点（P_1、P_2、P_3）的高程，最后既不联测到另一已知点上去，也不回到该已知点上，如图 3-6-2（a）所示，则这种水准路线称为**支水准路线**。由于支水准路线没有检核条件，因此必须往返测量。当支线长度在 20km 以内时，按四等水准测量精度施测；支线长度在 20km 以上时，按三等水准测量精度施测。

4．附合水准网

若干条单一水准路线相互连接构成的形状，称为水准网。相互连接的点称为节点。

有两个以上已知高程水准点的水准网，如图 3-6-2（d）所示，称为**附合水准网**。

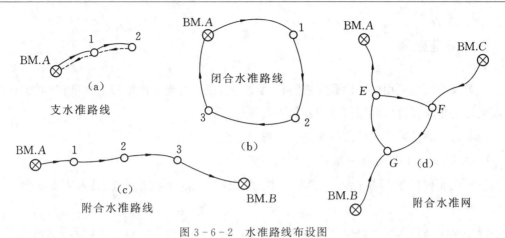

图 3-6-2 水准路线布设图

5. 独立水准网

最多只有一个已知高程水准点的水准网，称为**独立水准网**。

二、技术要求（《国家三、四等水准测量规范》（GB/T 12898—2009））

1. 设置测站的要求

表 3-6-1   三、四等水准测量观测技术要求

等级	类型	视线长度	前后视距差	视距累积差	视线高度
三等	DS3	≤75m	2.0m	5.0m	三丝能读数
	DS1、DS05	≤100			
四等	DS3	≤100m	3.0m	10.0m	三丝能读数
	DS1、DS05	≤150			

2. 测站观测限差要求

表 3-6-2   三、四等水准观测限差要求

等级	观测方法	基辅分划读数之差	基辅分划所测高差之差	单程双转点法观测时左右路线转点差	检测间歇点高差之差
三等	中丝读数法	2.0mm	3.0mm	—	3.0mm
	光学测微法	1.0mm	1.5mm	1.5mm	
四等	中丝读数法	3.0mm	5.0mm	4.0mm	5.0mm

三、外业施测

三等水准测量采用中丝读数法进行往返测。当使用有光学测微器的水准仪和线条式因瓦水准尺观测时，也可以进行单程双转点观测。

四等水准测量采用中丝读数法进行单程观测。

1. 三等水准测量的观测顺序为：后—前—前—后

（1）水准仪照准后视标尺的黑面、粗平，读取上、下丝读数，记入表 3-6-4 的（1）、（2）栏。

（2）旋转倾斜螺旋，使符合气泡严格居中，稳定后读取中丝读数，记入表 3-6-4 的（3）栏。

（3）转动望远镜，照准前视标尺的黑面，确认符合气泡居中后，读取前视黑面中丝读数，记入表 3-6-4 的（4）栏。

（4）读取前视黑面上、下丝读数，分别记入表 3-6-4 的（5）、（6）栏。

（5）转动标尺，照准标尺的红面，读取标尺的红面读数，记入表 3-6-4 的（7）栏。

（6）转动望远镜，照准后视标尺的红面，确认符合气泡居中后，读取红面中丝读数，记入表 3-6-4 的（8）栏。

2. 四等水准测量的观测顺序为：后—后—前—前

（1）水准仪照准后视标尺的黑面、粗平，读取上、下丝读数，记入表 3-6-4 的（1）、（2）栏；也可以不读上、下丝，直接读视距，记入表 3-6-4 的（12）栏。

（2）转动倾斜螺旋，使符合气泡严格居中，稳定后读取中丝读数，记入表 3-6-4 的（3）栏。

（3）后视标尺转为红面，确认符合气泡居中，读取红面中丝读数，记入表 3-6-4 的（8）栏。

（4）转动望远镜，照准前视标尺，依上述（1）、（2）、（3）步骤读取前视黑面上、下丝读数，前视黑面中丝读数和红面中丝读数，分别记入表格的（5）、（6）、（4）、（7）栏。

对于采用单程双转点法观测时，在每一转点处，安置左右相距 0.5m 的两个尺台，相应于左右两条水准路线。每一测站按规定的观测方法和操作程序，首先完成右路线的观测，而后进行左路线的观测。

3. 间歇与检测

工作间歇时，最好能在水准点上结束观测。否则，应选择两个坚稳可靠、光滑突出、便于放置标尺的固定点，作为间歇点。间歇后，应进行检测，检测结果符合限差要求即可起测。如无固定点可选择，测间歇前在最后两测站的转点处打入带帽钉的木桩作间歇点。间歇后进行检测，比较任意两转点间歇前后所测高差，若符合限差要求，即可由此起测。否则，须从前一水准点起测。检测高差不予采用。

4. 读数取位

表3-6-3　　　　　　　　　　**三、四等水准观测读数取位规定**

等　级	中丝读数法		光学测微法	
	视距丝	中丝	视距丝	中丝
三等	1	1	1	0.1
四等	1	1	1	1

5. 三、四等水准测量观测手簿记录（见表3-6-4）

表3-6-4　　　　　　　　　　**三、四等水准测量观测手簿**

测自　　　　至　　　　　　　　　　　　　　　　年　　月　　日

开始时刻　　　时　　分　　　　　　　　　　　天气：

结束时刻　　　时　　分　　　　　　　　　　　呈像：

测站编号	后尺 下丝 上丝	前尺 下丝 上丝	方向及尺号	标尺读数		K+黑一红	高差中数	备注
	后距	前距		黑面	红面			
	视距差d	∑d						
	(1)	(5)	后	(3)	(8)	(10)		
	(2)	(6)	前	(4)	(7)	(9)		
	(12)	(13)	后一前	(16)	(17)	(11)	(18)	
	(14)	(15)						
1	1571	0739	后	1384	6171	0		
	1197	0363	前	0551	5239	−1		
	37.4	37.6	后一前	0833	0932	+1	0832.5	
	−0.2	−0.2						
2	2121	2196	后	1934	6621	0		
	1747	1821	前	2008	6796	−1		
	37.4	37.5	后一前	−0074	−0175	+1	−0074.5	
	−0.1	−0.3						
3	1914	2055	后	1726	6513	0		
	1539	1678	前	1866	6554	−1		
	37.5	37.7	后一前	−0140	−0041	+1	−0140.5	
	−0.2	−0.5						

续表

测站编号	后尺	下丝/上丝	前尺	下丝/上丝	方向及尺号	标尺读数		K+黑-红	高差中数	备注
	后距		前距			黑面	红面			
	视距差 d		$\sum d$							
4	1965		2141		后	1832	6519	0		
	1700		1874		前	2007	6793	+1		
	26.5		26.7		后-前	-0175	-0274	-1	-0174.5	
	-0.2		-0.7							
5	1540		2813		后	1304	6091	0		
	1069		2357		前	2585	7272	0		
	47.1		45.6		后-前	-1281	-1181	0	-1281	
	+1.5		+0.8							
6					后					
					前					
					后-前					
$\sum$					后					
					前					
					后-前					

注：手簿最后一格中的每一栏用来统计前面 7 格中的对应栏数据之和。

四、测站上的计算及检核

依据三、四等水准测量的测站观测要求，记录者应迅速地进行以下计算和检核。

1. 前后视距差及视距累积差的计算及检核

（1）后视距离：　　　　　　　(12)=(1)-(2)=后视下丝-上丝

（2）前视距离：　　　　　　　(13)=(5)-(6)=前视下丝-上丝

（3）视距差：　　　　　　　　(14)=(12)-(13)=后视距离-前视距离

（4）视距累积差：　　　　　　(15)=本站的(14)+前站的(15)

2. 高差计算及检核

（1）红、黑面读数之差：

$$(9)=(4)+K-(7)=前视黑面中丝+K-红面中丝$$
$$(10)=(3)+K-(8)=后视黑面中丝+K-红面中丝$$

顾及 K 值参与计算时，影响计算速度，所以对（9）和（10）的计算作如下的规定：

$$(9)=(4)的后两位尾数-[(7)的后两位尾数+13]$$
$$(14)=(3)的后两位尾数-[(8)的后两位尾数+13]$$

例如：　　　　　　　　$51-[39+13]=-1$　　　　$84-[71+13]=0$

（2）红、黑面高差：

$$(16)=(3)-(4)=后视黑面中丝-前视黑面中丝$$
$$(17)=(8)-(7)=后视红面中丝-前视红面中丝$$

红、黑面高差之差：　　　　　　$(11)=(10)-(9)$

高差中数：　　　　　　$(18)=[(16)+(17)\pm100]/2$

注意：高差中数取位到 0.1mm。

只有当记录者经过以上计算，并且确认各项指标合格之后，方可通知观测者和立尺员移到下一站进行观测。切记，**只有仪器移动，后尺尺垫才能动**。

五、观测中应遵守的事项

（1）观测时须用测伞遮蔽阳光。

（2）在连续各站上安置水准仪的三脚架时，应使其中两脚与水准路线的方向平行，第三脚轮换置于路线的左、右侧。

（3）除路线转弯处外，每一站上仪器和前、后尺的三个位置，尽量接近一条直线。

（4）同一测站上观测时，一般不得两次调焦。

（5）每一测段的往测与返测，其测站数均应为偶数，由往测转为返测时，两支标尺须互换位置，并应重新整置仪器。

六、水准测量的内业计算

当水准测量的外业结束之后，应计算水准路线上各待定点的高程。开始计算之前，必须认真地、全面地对外业观测手簿进行检查。确认无误后，相关责任人签上名字，方可进行计算。

1．计算工作的数值取位

表 3-6-5　　　　　　　　　　　　三、四等水准测量计算取位规定

等级	往返测距离总和 （km）	测段距离中数 （km）	各测站高差 （mm）	往返测高差总和 （mm）	测段高差中数 （mm）	高程 （mm）
三	0.01	0.1	0.1	0.1	1	1
四	0.01	0.1	0.1	0.1	1	1

2. 求各待定点间的距离和高差

如图 3-6-3 所示，先绘一条水准路线的略图，然后把已知点高程和各待定点间的距离及高差分别标示在略图上，并将相应的数据填写在高程误差配赋表中，见表 3-6-6。

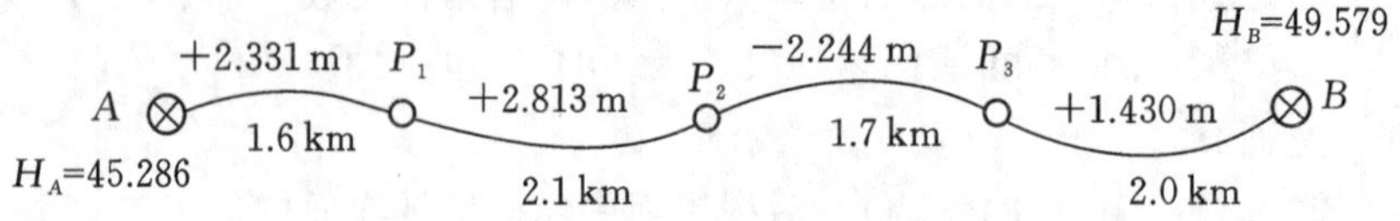

图 3-6-3 附合水准路线的内业计算

表 3-6-6　　　　　　　　　　　　　　水准测量高程误差配赋表

计算者：　　　　　　　　　　　检查者：

点名	距离	平均高差	改正数	改正后高差	点之高程	备注
A	km	m	mm	m	45.286	已知高程
	1.6	+2.331	-8	+2.323		
1					47.609	
	2.1	+2.813	-11	+2.802		
2					50.411	
	1.7	-2.244	-8	-2.252		
3					48.159	
	2.0	+1.430	-10	+1.420		
B					49.579	已知高程

注：表格中的高差和高程必须以 m 为单位。

3. 求水准路线的闭合差和容许闭合差

闭合差：就是高差观测值与理论值之间的不符值，用 f 表示。

$$f = \sum h_{观测值} - h_{理论值} \tag{3-6-1}$$

(1) 闭合水准路线：是从一个已知点出发，又回到这个已知点，所以高差理论值 $h = 0$。

$$f = \sum h \tag{3-6-2}$$

(2) 附合水准路线：是从一个已知点出发，附合另一个已知点，所以高差理论值：

$$h_{理} = H_B - H_A = 终点高程 - 起点高程$$

代入式 (3-6-1) 得

$$f = \sum h_{观测值} - h_{理论值} = \sum h_{观测值} - (H_B - H_A) \tag{3-6-3}$$

$$= 观测高差之和 - (终点高程 - 起点高程)$$

或者　　　　　　　　　$= 起点高程 + 观测高差之和 - 终点高程$

(3) 支水准路线：因为支水准路线是进行了往返观测，因此，不符值是每测段的往测高差与返测高差之和，称为往返测高差的较差。因为考虑了往返测高差理论上大小相等，符号相反，所以在计算较差时是往返测高差之和，而不是往返测高差之差。

$$f = h_{往} + h_{返} \qquad\qquad (3-6-4)$$

《国家三、四等水准测量规范》（GB/T 12898—2009）规定三、四等水准测量的往返测高差不符值与环线闭合差的限差如表 3-6-7 所示，依上述一系列公式求出的水准路线的闭合差（不符值），若不超限，则成果合格。否则应查明原因，重新观测。

表 3-6-7　　　　　　　　　　　三、四等水准路线闭合差限差值规定

等级	测段、路线往返测高差不符值	测段、路线的左、右路线高差不符值	附合路线或环线闭合差	
			平　原	山　区
三等	$\pm 12\sqrt{K}$	$\pm 8\sqrt{K}$	$\pm 12\sqrt{L}$	$\pm 15\sqrt{L}$
四等	$\pm 20\sqrt{K}$	$\pm 14\sqrt{K}$	$\pm 20\sqrt{L}$	$\pm 25\sqrt{L}$

注：L 为附合路线（环线）长度，以 km 为单位；K 为路线或测段的长度，以 km 为单位；山区指高程超过 1 000m 或路线中最大高差超过 400m 的地区。

　　例如：如图 3-6-3 所示，有

$$L = 1.6 + 2.1 + 1.7 + 2.0 = 7.4 \text{km}$$

$$f_{容} = 20\sqrt{7.4} = 54 \text{mm}$$

$$f = \sum h_{测} - h_{理}$$

$$= 2.331 + 2.813 - 2.244 + 1.430 - (49.579 - 45.286)$$

$$= 0.037 \text{m} = 37 \text{mm}$$

由于 $f < f_{容}$，说明此观测成果合格。

4. 计算高差改正数及改正后的高程

由于闭合差主要是由各测站观测误差累积而成。路线越长，测站数越多，则误差积累所形成的闭合差就会越大。所以，可将闭合差按距离（或按测站数）成正比且反号分配到各测段中去，以消除闭合差。各测段所分配的值，叫做高差改正数。

各测段高差改正数：

$$V_i = \frac{-f_h}{\sum S} \times S_i = -\frac{路线闭合差}{路线总长} \times 相应测段长$$

$$\qquad\qquad (3-6-5)$$

$$= \frac{-f_h}{\sum n} \times n_i = -\frac{路线闭合差}{测站总数} \times 该测段测站数$$

　　一般来说，在比较平坦的地区测量时，由于测站的距离大致相等，所以可以按测段长度计算高差改正数；当地形起伏较大时，则按测段测站数来计算。

　　各段改正数之总和应与闭合差数值相等，符号相反。由于在计算的过程中存在四舍五入，所以可能会出现改正数之和与闭合差数值不相等的现象，有可能多（或少）1mm，这时就必须强制性地改正某一测段。

　　　　　　　　各测段改正后的高差＝平均高差＋改正数

　　各测段改正后的高差总和应与理论值相等。

三、四等水准测量，每千米水准测量的偶然中误差 M_Δ 和全中误差见表 3-6-8。

表 3-6-8　　　　三、四等水准测量偶然中误差和全中误差限差规定

等　级	偶然中误差 M_Δ	全中误差 M_w
三等	3.0mm	6.0mm
四等	5.0mm	10.0mm

每千米水准测量偶然中误差 M_Δ 按式（3-6-6）计算：

$$M_\Delta = \pm\sqrt{\frac{1}{4n}\left[\frac{\Delta\Delta}{R}\right]} \tag{3-6-6}$$

式中：Δ——测段往返测不符值（mm），R——测段长度（km），n——测段数。

每千米水准测量全中误差 M_w 按式（3-6-7）计算：

$$M_w = \pm\sqrt{\frac{1}{N}\left[\frac{WW}{F}\right]} \tag{3-6-7}$$

式中：W——经过各项改正后的水准环闭合差（mm），F——水准环线长（km），N——水准环数。

第七节　水准仪的检查校正

一、圆水准器的水准轴应平行于仪器的垂直轴

图 3-7-1 中的 VV 为仪器的旋转轴，LL 为圆水准器的水准轴。

设 VV 和 LL 不平行，存在一个夹角 α，那么当圆水准器居中时，水准轴 LL 是竖直的，而旋转轴 VV 是倾斜的，如图 3-7-1（a）所示。当仪器旋转180°时，圆水准器也绕旋转轴转180°。很显然，水准轴与旋转轴之间存在一个夹角 α。加之旋转轴本身与垂直轴之间的夹角为 α，此时水准轴与垂直轴之间的夹角为 2α，如图 3-7-1（b）所示。

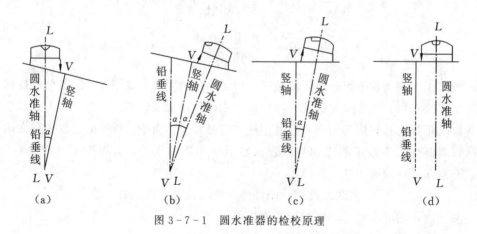

图 3-7-1　圆水准器的检校原理

检验与校正方法（对于普通水准仪可借助管气泡校正）：

先将管水准器平行于任意两个脚螺旋，将圆气泡整平，用微倾螺旋将符合气泡符合。然后旋转180°，若符合气泡不符合，旋转微倾螺旋，使符合气泡移动偏差的一半，如图3-7-2（c）所示，再相对旋转与管气泡平行的两个脚螺旋，使符合气泡移动偏差的另一半，如图3-7-2（d）所示，即符合气泡符合。

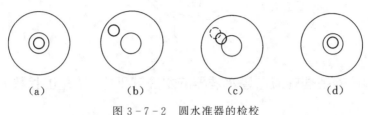

(a)　　　　　(b)　　　　　(c)　　　　　(d)

图3-7-2 圆水准器的检校

上述调整，由于操作中不可能十分准确地估计气泡偏差的一半，所以需要反复操作，即将仪器旋转180°，用微倾螺旋微调与管气泡平行的两个脚螺旋各让气泡移动一半，使气泡符合。直至仪器旋转180°前、后气泡仍严格符合。

最后将管气泡旋转90°，旋转第三个脚螺旋，使符合气泡符合，此时表明仪器的旋转轴处于铅垂状态。

完成以上操作之后，再来看圆气泡的偏差情况。若不居中，则需要校正圆气泡底部的三个校正螺丝，如图3-7-3所示。

以上是对水准仪有管水准器而言，若是自动安平水准仪，它的校正方法就更直接。即先将圆气泡整平，将仪器旋转180°，若圆气泡不居中，用三个脚螺旋让气泡移动一半，另一半则通过圆气泡旁边的校正螺丝来完成，以上工作也要反复进行。

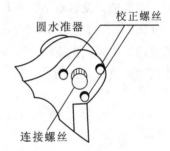

图3-7-3 圆水准器校正螺丝

二、十字丝的横丝应水平

水准测量是用横丝读数的，因此横丝应严格水平，否则当用横丝的不同位置读数时，会有不同的结果，从而影响观测的精度。

检核的方法：

由于横丝与竖丝垂直。先整平仪器，在10～20m处悬挂一个吊锤。然后观测竖丝是否与吊锤线完全重合。若不重合，则应校正。

校正方法：

旋下十字丝校正螺丝的护盖。旋松十字丝环上的校正螺丝，如图3-7-4所示。转动十字丝，使竖丝与吊锤线完全重合。拧紧螺丝，盖上护盖。

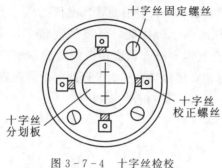

图 3-7-4　十字丝检校

三、望远镜的视准轴应与管水准器的水准轴平行（i 角的检核）

根据水准测量的原理可知，水准测量是用水准仪所提供的水平视线来测定两点间的高差。而水平视线的获得是靠水准仪的管水准器（对于自动安平水准仪而言是补偿器），也就是说，仪器的视准轴和管水准器的水准轴二者必须平行。当管水准器气泡居中时，水准轴和视准轴都是水平的。当二者不平行，存在一个很小的夹角 i 时，显然，当管水准器整平时，视准轴并没有水平，而与水平线有一个很小的夹角 i。

如图 3-7-5 所示，当视准轴和水准轴间存在一个夹角 i 时，按水准仪的操作方式，将管气泡居中时，正确的读数应为 a。但实际上由于视准轴不水平，此时的读数为 a'，二者之间的差值 $\Delta = a - a'$。

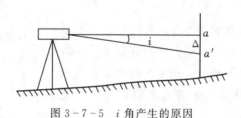

图 3-7-5　i 角产生的原因

由图不难看出，Δ 不仅与 i 有关，而且与仪器到标尺间的距离 S 有关。当 i 角一定时，S 越大，Δ 越大。这是因为：

$$\Delta = S \times \tan i \tag{3-7-1}$$

由于 i 角很小，所以有 $\tan i \approx i$。则有：

$$\Delta = S \times \frac{i}{\rho} \quad (\rho = 206\ 265'') \tag{3-7-2}$$

下面讨论 i 角对测定两点间高差的影响。

如图 3-7-6 所示，设仪器到前、后标尺的水平距离为 S_1、S_2 时，由式 3-7-2 可知：

$$\Delta_1 = a - a' = S_1 \times \frac{i}{\rho}, \quad \Delta_2 = b - b' = S_2 \times \frac{i}{\rho}$$

于是当 $S_1 = S_2$ 时，则有 $\Delta_1 = \Delta_2$。

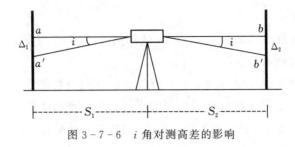

图 3-7-6　i 角对测高差的影响

也就是说，当 $S_1 = S_2$ 时，无论 i 角多大，对测定两点间的高差 h_{AB} 的理论值 h 的影响可以相互抵消，这是因为：

理论高差

$$h_{AB} = a - b = (a' + \Delta_1) - (b' + \Delta_2)$$
$$= a' - b' = h'_{AB} \text{（观测高差）}$$

（1）第一种检核方法：

如图 3-7-7 所示，在平坦的场地上，依次量取一直线 $I_1 A B I_2$，它们的距离分别为 $I_1 A = 5\text{m}$、$AB = 50\text{m}$、$B I_2 = 5\text{m}$。在 A、B 两点打上木桩（或放置尺垫）。在 I_1、I_2 处先后安置仪器，仔细整平后，分别在 A、B 标尺上各照准基本分划四次。将观测数据及计算数据填于表格 3-7-1 中。

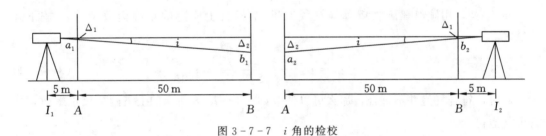

图 3-7-7　i 角的检校

表 3-7-1　　　　　　　　　　　　　**i 角的检校计算表**

仪　器：　　　　　　　标　尺：　　　　　　　　　　　　　　日　期：

观测者：　　　　　　记录者：　　　　　　　　　　　　检查者：

仪器位置	I_1		I_2	
观测次序	A 尺读数 a_1	B 尺读数 b_1	A 尺读数 a_2	B 尺读数 b_2
1	1 484	1 489	1 510	1 517
2	1 485	1 487	1 511	1 516
3	1 484	1 488	1 510	1 517
4	1 484	1 487	1 512	1 517
中数	1 484.2	1 487.8	1 510.8	1 516.8
高差 $(a-b)$ mm	−3.6		−6.0	

计算方法：

当 $i=0$ 时，视准轴水平，在 I_1 处和 I_2 处所测的高差 h_{AB} 相等。

当 $i\neq0$ 时，视准轴不水平：

仪器在 I_1 处时，读数分别为 a_1、b_1，所得 A、B 两点的高差 $h_1=a_1-b_1$；

仪器在 I_2 处时，读数分别为 a_2、b_2，所得 A、B 两点的高差 $h_2=a_2-b_2$。

显然 $h_1\neq h_2$，顾及仪器的 i 角不变。那么仪器在 I_1 处时有：

$$h_{AB}=(a_1-\Delta_1)-(b_1-\Delta_2)=(a_1-b_1)-(\Delta_1-\Delta_2)=h_1-(\Delta_1-\Delta_2)$$

仪器在 I_2 处时有：

$$h_{AB}=(a_2-\Delta_2)-(b_2-\Delta_1)=(a_2-b_1)+(\Delta_1-\Delta_2)=h_2+(\Delta_1-\Delta_2)$$

根据高差相等，所以有：

$$h_1-(\Delta_1-\Delta_2)=h_2+(\Delta_1-\Delta_2)$$

$$2(\Delta_1-\Delta_2)=h_1-h_2$$

考虑到关系式 $\Delta=S\times\dfrac{i}{\rho}$，代入上式整理，得 i 角：

$$i=\frac{h_1-h_2}{2\times(S_1-S_2)}\times\rho \tag{3-7-3}$$

校正方法：

在 I_2 处，用倾斜螺旋将望远镜视线对准 A 标尺上应有的正确读数 a_2'。a_2' 按下式计算：

$$a_2'=a-\frac{S_2\times(h_1-h_2)}{2\times(S_2-S_1)} \tag{3-7-4}$$

此时，符合气泡并不符合，那么可以调节如图 3-7-8 所示的上下两个校正螺丝，使符合气泡符合。

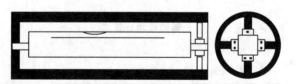

图 3-7-8　管气泡校正

（2）第二种检核方法：

如图 3-7-9（a）所示，在平坦的场地上，选择距离 80m 的 A、B 两点，打上木桩（或放置尺垫），在 A、B 点的中间安置仪器（$S_1=S_2=40\text{m}$），测出 A、B 两点的高差 h_{AB}。由于此时前后视距相等，所以 i 角对高差的影响相互抵消，测得 A、B 两点的高差 h_{AB} 与理论值一致。将观测数据及计算数据填于表格 3-7-2 中。

将仪器移至 AB 延长线上，如图 3-7-9（b）所示，离开 A 点 3～5m 的地方安置仪器。然后分别读取 A、B 两尺的读数，记在表格 3-7-2 中。

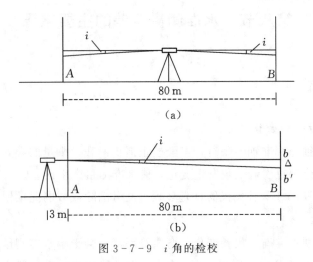

图 3-7-9 *i* 角的检校

表 3-7-2   ***i* 角的检校计算表**

仪器位置	中点		A 点附近	
观测次序	A 尺读数 a	B 尺读数 b	A 尺读数 a′	B 尺读数 b′
1	1 484	1 489	1 510	1 517
2	1 485	1 487	1 511	1 516
3	1 484	1 488	1 510	1 517
4	1 484	1 487	1 512	1 517
中数	1 484.2	1 487.8	1 510.8	1 516.8
高差 (a−b) mm	−3.6		−6.0	

当 $i=0$ 时，视准轴水平，所得高差与仪器位于中点时所测的高差 h_{AB} 相等。

$$h_{AB}=a'-b'$$

当 $i\neq0$ 时，视准轴不水平，读数分别为 a'、b'，所得高差 $h'_{AB}=a'-b'$，显然，$h_{AB}\neq h'_{AB}$。由图可知：

$$h'_{AB}-h_{AB}=(a'-b')-(a-b)$$
$$=(a'-a)-(b'-b)$$

当仪器位于 A 点附近，由于距离很近，依 $\Delta=S_A\times\dfrac{i}{\rho}$ 可知，由于仪器距 A 点很近，i 角对 A 标尺读数的影响可以忽略不计，即 $a=a'$，则有：

$$\Delta=h_{AB}-h'_{AB}$$

于是： $$i=\Delta\times\frac{\rho}{S}\approx2.5\Delta$$

校正方法同上。

第八节　水准测量误差的主要来源

一、仪器误差

1. 仪器校正后的残余误差

主要是水准管轴与视准轴不平行，虽经校正但仍然残存少量的误差，而且由于望远镜调焦或仪器温度变化都可引起 i 角发生变化，使水准测量产生误差。所以在观测时，要注意使前、后视距相等，打伞避免仪器日光曝晒，便可消除或减弱此项误差的影响。

2. 水准尺误差

由于水准尺刻划不准确，尺长变化、弯曲等因素，会影响水准测量的精度。因此，水准标尺须经过检验才能用。至于标尺的零点不等差，可以在一个测段中使测站数为偶数的方法予以消除。

二、观测误差

1. 水准管气泡居中误差

设水准管分划值为 τ''，居中误差一般为 $\pm 0.1\tau''$，采用符合水准器时，气泡居中精度可以提高一倍，故居中误差为：

$$m_\tau = \pm \frac{0.15\tau''}{2\rho''} \times D \qquad (3-8-1)$$

式中，D 为水准仪到水准尺的距离。

若 $D=75\text{m}$，$\tau=20''$，则 $m_\tau = \pm 0.4\text{mm}$，因此，为消除此项误差，每次读数前，应严格使气泡居中。

2. 读数误差

在水准尺上估读毫米数的误差，与人眼的分辨能力、望远镜的放大倍率以及视线长度有关，通常按下式计算：

$$m_V = \frac{60''}{V} \times \frac{D}{\rho''} \qquad (3-8-2)$$

式中，V 为望远镜的放大倍率，$60''$ 为人眼的极限分辨能力。

设望远镜的放大倍率 $V=30$ 倍，视线长为 100m，则 $m_V = \pm 1\text{mm}$。

3. 水准尺倾斜影响

由图 3-8-1 可知，水准尺倾斜将使尺上读数增大，这是因为正确的读数为 $a = a' \times \cos\alpha$。式中 α 为倾斜的角度，所以有：

$$\Delta a = a' - a = a' \times (1 - \cos\alpha) \qquad (3-8-3)$$

可见 Δa 的大小既与尺子的倾斜角度 α 有关，也和在尺上的读数 a' 有关。如水准尺倾

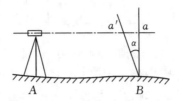

图 3-8-1 水准尺倾斜影响

斜读数为 3m，倾斜 2°时，将会产生 2mm 的误差。倾斜 4°时，将会产生 4mm 的误差。同时，无论标尺往前倾，还是往后倾，读数都会增大。因此，在高精度水准测量中，水准尺上要安置圆水准器，读数时一定要严格居中。

三、外界条件的影响

1. 仪器下沉和尺垫下沉

由于仪器下沉或尺垫下沉，使视线降低，从而引起高差误差。这类误差会随着测站数的增加而积累，因此，观测时要选择土质坚硬的地方安置仪器和设置转点，且要注意踩紧脚架，踏实尺垫。若采用"后、前、前、后"的观测程序或采用往返观测的方法，取成果的中数，可以减弱其影响。

2. 地球曲率及大气折光影响

如图 3-8-2 所示，用水平视线代替大地水准面在尺上读数产生的误差为 Δh，此处用 c 代替 Δh。则有：

$$c = \frac{D^2}{2R}$$

式中，D 为仪器到水准标尺的距离，R 为地球的平均半径，为 6 371km。

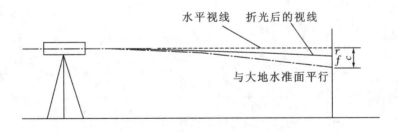

水平视线　折光后的视线

与大地水准面平行

图 3-8-2 地球曲率及大气折光影响

实际上，由于大气折光的作用，视线并非是水平的，而是一条曲线，曲线的曲率半径为地球半径的 7 倍，其折光量的大小对水准标尺读数产生的影响为：

$$r = \frac{D^2}{2 \times 7R} = \frac{D^2}{14R}$$

二者影响之和为：

$$f = c - r = 0.43 \frac{D^2}{R} \tag{3-8-4}$$

大气折光的原因主要是由于空气密度的不均匀。太阳出来时，地面温度比空气低，因此空气密度下大上小，视线往上弯曲；太阳下山时，情况正好相反。同时，视线离地面近，折射也就愈大，所以一般规定视线必须高出地面一定高度（如 0.3m），就是为了减少此项影响。如果使前后视距相等，那么上述的影响将得到消除或大大减弱。

3. 温度的影响

温度的变化不仅引起大气折光的变化，而且当烈日照射水准管时，由于水准管本身和管内液体温度的升高，气泡向温度高的方向移动，而影响仪器水平，产生气泡居中误差，观测时应注意撑伞遮阳。

此外，大气的透视度、地形条件及观测者的视觉能力等，都会影响测量精度，由于这些因素而产生的误差与视线长度有关，因此通常规定高精度水准测量的视线长度为 40～50m，三、四等水准测量的视线长度为 70～120m。

以上所述各项误差来源，都是采用单独影响的原则进行分析的，而实际情况则是综合性的影响。只要作业中注意上述措施，特别是操作熟练后在观测速度提高的情况下，各项外界影响的误差都将大为减少，完全能达到施测精度要求。

附录　部分行业规范水准测量技术规定及要求汇总

1. 《工程测量规范》（GB 50026—2007）

水准测量的主要技术要求

等级	每千米高差全误差（mm）	路线长度（km）	水准仪型号	水准尺	观测次数		往返较差、附合或环线闭合差	
					与已知点联测	附合或环线	平地（mm）	山地（mm）
二等	2	—	DS1	因瓦	往返各一次	往返各一次	$4\sqrt{L}$	—
三等	6	≤50	DS1	因瓦	往返各一次	往一次	$12\sqrt{L}$	$4\sqrt{n}$
			DS3	双面		往返各一次		
四等	10	≤16	DS3	双面	往返各一次	往一次	$20\sqrt{L}$	$6\sqrt{n}$
五等	15	—	DS3	单面	往返各一次	往一次	$30\sqrt{L}$	—

注：① L 为往返测段、附合或环线的水准路线长度（km）；n 为测站数。

② 数字水准仪测量的技术要求和同等级的光学水准仪相同。

水准观测的主要技术要求

等级	水准仪型号	视线长度 (m)	前后视距较差 (m)	前后视距较差累积 (m)	视线离地面最低高度 (m)	基辅分划或黑红面读数较差 (mm)	基辅分划、黑红面或两次高差较差 (mm)
二等	DS1	50	1	3	0.5	0.5	0.7
三等	DS1	100	3	6	0.3	1.0	1.5
	DS3	75				2.0	3.0
四等	DS3	100	5	10	0.2	3.0	5.0
五等	DS3	100	近似相等	—	—	—	—

电磁波测距三角高程测量的主要技术要求

等级	每千米高差全中误差 (mm)	边长 (km)	观测方式	对向观测高差较差 (mm)	附合或环形闭合差 (mm)
四等	10	≤1	对向观测	$40\sqrt{D}$	$20\sqrt{\sum D}$
五等	15	≤1	对向观测	$60\sqrt{D}$	$30\sqrt{\sum D}$

注：① D 为测距边的长度（km）。

② 起讫点的精度等级，四等应起讫于不低于三等水准的高程点上，五等应起讫于不低于四等水准的高程点上。

③ 路线长度不应超过相应等级水准路线的长度限值。

电磁波测距三角高程观测的主要技术要求

等级	垂直角观测				边长测量	
	仪器精度等级 (″)	测回数	指标差较差 (″)	测回较差 (″)	仪器精度等级	观测次数
四等	2	3	7	7	10mm 级仪器	往返各一次
五等	2	2	10	10	10mm 级仪器	往一次

2.《城市测量规范》(CJJ T8—2011)

各等级水准测量的主要技术要求（mm）

等级	每千米高差中数中误差		测段、区段、路线往返测高差不符值	测段、路线的左右路线高差不符值	附合路线或环线闭合差		检测已测测段高差之差
	偶然中误差 M_Δ	全中误差 M_w			平原丘陵	山区	
二等	≤±1	≤±2	≤±4$\sqrt{L_s}$	—	≤±4$\sqrt{L}$		≤±6$\sqrt{L_I}$
三等	≤±3	≤±6	≤±12$\sqrt{L_s}$	≤±8$\sqrt{L_s}$	≤±12$\sqrt{L}$	≤±15$\sqrt{L}$	≤±20$\sqrt{L_I}$

续表

等级	每千米高差中数中误差		测段、区段、路线往返测高差不符值	测段、路线的左右路线高差不符值	附合路线或环线闭合差		检测已测测段高差之差
	偶然中误差 M_Δ	全中误差 M_W			平原丘陵	山区	
四等	≤±5	≤±10	≤±20$\sqrt{L_s}$	≤±14$\sqrt{L_s}$	≤±20$\sqrt{L}$	≤±25$\sqrt{L}$	≤±30$\sqrt{L_l}$
图根	≤±10	≤±20	—	—	≤±40$\sqrt{L}$	≤±16$\sqrt{n}$	—

注：① M_Δ 和 M_W 的计算方法见式（3-6-6）和式（3-6-7）。

② L_s 为测段、区段或路线长度，L 为附合路线或环线长度，L_l 为检测测段长度，均以 km 计。

③ 山区指路线中最大高差超过 400m 的地区。

④ 水准环线由不同等级水准路线构成时，闭合差的限差应按各等级路线长度分别计算，然后取其平方和的平方根为限差。

⑤ 检测已测测段高差之差的限差，对单程及往返检测均适用；检测测段长度小于 1km 时，按 1km 计算。

各等级水准观测的视线长度、前后视距差、视线高度的要求(m)

等级 \ 项目	视线长度		前后视距差	任一测站上前后视距累积差	视线高度
	仪器类型	视距			
二等	DS1	≤50	≤1.0	≤3.0	下丝读数≥0.3
	DS05	≤60			
三等	DS3	≤75	≤2.0	≤5.0	三丝能读数
	DS1、DS05	≤100			
四等	DS3	≤100	≤3.0	≤10.0	三丝能读数
	DS1、DS05	≤150			
图根	DS1	≤100	—	—	中线能读数

注：当成像清晰、稳定时，三、四等水准观测视线长度可以放长 20%。

各等级水准测量的测站观测限差(mm)

等级 \ 项目		上下丝读数平均值与中丝读数的差		基辅分划或黑红面读数的差	基辅分划黑红面或两次高差的差	单程双转点法观测左右路线转点差	检测间歇点高差的差
		5mm 刻划标尺	10mm 刻划标尺				
二等		1.5	3.0	0.4	0.6	—	1.0
三等	光学测微法	—		1.0	1.5	1.5	3.0
	中丝读数法			2.0	3.0	—	
四等		—		3.0	5.0	4.0	5.0

图根三角高程测量的技术要求

仪器类型	中丝法测回数		垂直角较差、指标差较差(″)	对向观测高差、单向两次高差较差(m)	各方向推算的高程较差(m)	附合路线或环线闭合差	
	经纬仪三角高程测量	光电测距三角高程测量				经纬仪三角高程测量(m)	光电测距三角高程测量(mm)
DJ6	1	对向1单向2	≤25	≤0.4×S	≤0.2H_c	≤±0.1$H_c\sqrt{n_S}$	≤±40$\sqrt{[D]}$

注：① S 为边长（km），H_c 为基本等高距（m），n_S 为边数，D 为距边边长（km），$[D]$ 为路线或环线边长之和。

② 仪器高和觇标高（棱镜中心高）应准确量取至毫米，高差较差或高程较差在限差内时，取其中数。

③ 当边长大于 400m 时，应考虑地球曲率和折光差的影响。计算三角高程时，角度应取至秒，高差应取至厘米。

珠穆朗玛峰历次高程测量简介

　　珠穆朗玛峰是喜马拉雅山脉的主峰，海拔 8 844.43m，是地球上第一高峰，位于东经 86°55′31″，北纬 27°59′17″，地处中尼边界东段。北坡位于中国西藏定日县境内，南坡位于尼泊尔王国境内。藏语名称：Chomolungma，意为"神女第三"，尼泊尔名称：Sagarmatha，意为"天空之神"，西方称呼：EVEREST。珠穆朗玛峰山体呈巨型金字塔状，威武雄壮昂首天外，地形极端险峻，环境异常复杂。雪线高度：北坡为 5 800～6 200m，南坡为 5 500～6 100m。东北山脊、东南山脊和西山山脊中间夹着三大陡壁。在这些山脊和峭壁之间又分布着 548 条大陆型冰川，总面积达 1 457.07平方千米，平均厚度达 7 260m 冰川的补给主要靠印度洋季风带两大降水带积雪变质形成，冰川上有千姿百态、瑰丽罕见的冰塔林，又有高达数十米的冰陡崖和步步陷阱的明暗冰裂隙。还有险象环生的冰崩雪崩区，珠峰不仅巍峨宏大，而且气势磅礴，在它周围20km 的范围内，群峰林立，山峦叠嶂，仅海拔 7 000m 以上的高峰就有 40 多座。

　　珠穆朗玛峰是世界最高峰，它的精确高度，多少年来一直为世人关注。从1714—2005年近300年来，一轮又一轮地追问珠峰的高度，已成为人类认识地球、了解自然、检验科技水平和探索科技发展的过程，更是人类挑战自身、突破极限的过程。

　　1852年，以英国人华夫为首的测量队用大地测量的方法，在印度平原上测定珠峰的高度为8 840m，首次确定珠峰为世界最高峰。

　　1954年，印度测量局在1852年测量的基础上，重新测定珠峰为8 847.6m。

　　1975年，我国在"登山、测绘、科考"一体的组织原则下，首次在珠峰设置3.5m的觇标。在以珠峰为中心的69°的扇形区域内选择了9个测站点，至珠峰的距离为8.5～21.2km，高程为5 600～6 240m。这9个点的坐标和高程分别利用三角测量、导线测量、水准测量和三角高程测量方法求得。在9个测站上对珠峰觇标观测水平角和垂直角，根据水平角确定珠峰的水平位置和各测站至珠峰的水平距离。根据三角高程测量原理，由这些垂直角和水平距离确定各测站同珠峰之间的高差，进而推得从我国黄海平均海面起算的珠峰高程为8 848.13m。

　　1987年，在意大利人阿迪托·德希奥的领导下，采用全球定位系统（GPS）分别求得珠峰正高8 872m，乔戈里峰正高8 616m，再次确定珠峰为世界第一高峰。这次测量称为20世纪精度最差的测量。

　　1992年5月和10月间，美国、意大利分别采用GPS技术和光电测距仪技术，重新测定珠峰高程，德希奥提供的数据为8 846.10m，比我国提供的数据少2.03m。

　　2005年3月20日到6月20日，登山测量队员在珠峰顶架设了三角测量觇标、激光测距反射棱镜。在平均海拔5562m的6个观测站完成了2天三角测距观测。利用雪深探测雷达在峰顶观测了39分钟，完成了峰顶覆雪厚度的测量。利用GPS全球定位技术完成了36分钟的空间定位观测。为了推算峰顶重力值，重力梯度观测沿登山路线推进至距珠峰1.9km的7695m高度，此后第二批队员冲击峰顶，继续进行数据采集之后的复杂数据计算工作。此次采用了经典测量与卫星GPS测量结合的技术方案，并首次在珠峰测量中动用了冰雪深雷达探测仪，把水准测量数据、重力测量数据、卫星观测数据和其他所有测量数据放在数据中心进行处理，得出了珠峰高度的最终数据。同年10月9日，经国务院批准发布，珠穆朗玛峰的最新海拔高程为8 844.43m，测量精度为±0.21m。

　　为了更精确地测量珠峰的高度，国家自然资源部于2020年4月30日在珠峰大本营正式启动2020珠峰高程测量，并于5月27日成功登顶，完成了多方面的测量工作。此次测量登山队由国测一大队和中国登山队共同组成，登山队携带了多种国产高新设备，测量方式分别涉及GNSS卫星测量、雪深雷达测量、重力测量、卫星遥感、似大地水准面精化等多种传统与现代测量技术，旨在将珠峰的高度数据测量准确。与以往历次测量相比，本次珠峰高程测量工作重点在五个方面实现了技术创新和突破：一是依托我国自主研制的北斗卫星导航系统，开展测量工作；二是国产测绘仪器装备全面担纲本次测量任务；三是首次应用航空重力技术，提升测量精度；四是利用实景三维技术，直观展示珠峰自然资源状况；五是登顶观测，获取可靠测量数据。

思考题与习题

1. 用水准仪测量 A、B 两点间高差，已知 A 点高程为 $H_A = 12.658\text{m}$，A 尺上读数为 1 526mm，B 尺上读数为 1 182mm，求 A、B 两点间高差 h_{AB} 为多少？B 点高程 H_B 为多少？绘图说明。

2. 何谓水准管轴？何谓圆水准轴？何谓水准管分划值？

3. 何谓视准轴？视准轴与视线有何关系？

4. 何谓视差？产生视差的原因是什么？视差应如何消除？

5. 水准测量中为什么要求前后视距相等？

6. 水准测量中设置转点有何作用？在转点立尺时为什么要放置尺垫？何点不能放置尺垫？

7. DS3 型水准仪有哪几条主要轴线？它们之间应满足哪些几何条件？为什么？哪个是主要条件？

8. 水准测量中，怎样进行记录计算校核和外业成果校核？

9. 自动安平水准仪不需要整平吗？

10. 计算下表中闭合水准路线各水准点的高程。

闭合水准路线的计算

序号	点名	高差观测值 H_i(m)	测段长 D_i(km)	测站数 n_i	高差改正(mm) $v_i = -W \cdot n_i / N$	高差最或然值 (m)	高 程(m) (9)
	BM	(1)	(3)	(4)	(7)	(8)	67.648
1		+1.224	0.535	10			
	A						
2		-2.424	0.980	15			
	B						
3		-1.781	0.551	8			
	C						
4		+1.714	0.842	11			
	D						
5		+1.108	0.833	12			
	BM						67.648
(2) $W = \sum h_i = \quad$ mm $W_容 = \pm \quad$ mm			(5) $[D] = \quad$ km	(6) $N = $	(10) $\sum v = \quad$ mm	$\sum h = $	

11. 计算下表中附合高程导线各高程点的高程。

附合高程导线的计算

序号	点名	站数	高差观测值 h_i(m)	测段长 D_i(km)	高差改正 $v_i=-W_h/[D]$ (mm)	高差最或然值 $h_i=h_i+v_i$(m)	高 程 H(m)(8)
	BM$_1$		(1)	(2)	(5)	(7)	231.566
1		14	+30.461	1.560			
	A						
2		8	−51.253	0.879			
	B						
3		20	+120.315	2.036			
	C						
4		10	−78.566	1.136			
	D						
5		16	−36.560	1.764			
	BM$_2$						215.921

(3) W_h＝ mm $W_容$＝± mm	(4)[D]＝ km	(6)$\sum v$＝ mm	

12. 为了测量平台顶部 B 点的高程，在平台上顶边吊一钢尺延伸到平台底。已知用水准仪在平台底部测得图中标尺读数 $a_1=1.530$m，$b_1=0.380$m；将水准仪搬迁到平台顶部测得标尺读数 $a_2=13.480$m，$b_2=1.030$m。试计算 A、B 两点间的高差 h。如果 A 点的高程为 23.845m，试求 B 点的高程。

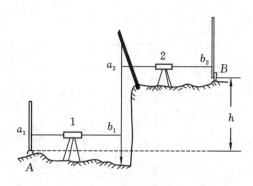

技 能 训 练

技能训练一　水准仪的认识和基本操作

一、目的与要求

(1) 认识水准仪的基本结构,了解其主要部件的名称及作用。

(2) 练习水准仪的安置、瞄准与读数。

(3) 练习用水准仪读水准尺的方法及计算两点间高差的方法。

(4) 每 3～4 人一组,观测、记录计算、立尺轮换操作。

二、仪器及工具

DS3 水准仪 1 台,水准尺 2 把,记录板 1 块,测伞 1 把。

三、操作步骤

(1) 安置仪器。安置仪器于两点之间。先将三脚架张开,使其高度适当,架头大致水平,并将架脚踩实;再开箱取出仪器,将其和脚架连接螺旋牢固连接。

(2) 认识仪器各部件,并了解其功能和使用方法。如准星和照门、目镜调焦螺旋、物镜调焦螺旋、制动螺旋、微动螺旋、脚螺旋、圆水准器、管水准器,等等。

(3) 粗略整平。先用双手同时向内(或向外)转同一对脚螺旋,使圆水准器泡移动到中间,再转动另一只脚螺旋使气泡居中。若一次不能居中,可反复进行。旋转螺旋时应注意气泡移动的方向与左手大拇指或右手食指运动方向一致。

(4) 瞄准。转动目镜调焦螺旋,使十字丝分划清晰;松开制动螺旋,转动仪器,用准星和照门瞄准水准尺,拧紧制动螺旋;转动微动螺旋,使水准尺位于视场中央;转动物镜调焦螺旋,使水准尺清晰,注意消除视差。

(5) 精平与读数。眼睛通过位于目镜左方的符合气泡观察窗观看水准器泡,右手转动微动螺旋,使气泡亮端的半影像吻合(成圆弧状),即符合气泡严格居中,用十字丝横丝在水准尺上读取四位数字,读数时应从小数往大数读,依次读米(m)、分米(dm)、厘米(cm),再估读毫米(mm),一次报出四位数。

四、注意事项

(1) 三脚架安置高度适当,架头大致水平。三脚架确实安置稳妥后,才能把仪器连接于架头。

（2）调节各种螺旋均应有轻重感。

（3）掌握正确的操作方法，操作应轮流进行，每人操作一次，严禁几人同时操作仪器。第二人开始练习时，改变一下仪器的高度。竖立水准尺于 A 点上，用望远镜瞄准 A 点上的水准尺，精平后读取后视读数，并记入手簿；再将水准尺立于 B 点上，瞄准 B 点上的水准尺，精平后读取前视读数，并记入下列手簿。计算 A、B 两点的高差：

$$h_{AB} = 后视读数 - 前视读数$$

改变仪高（每仪器高度的变化大于 10cm），由第二人做一遍，并检查与第一人所测结果是否相同。

（4）读数前水准管气泡必须居中，读数后一定要检查气泡是否居中，若不居中则必须重新读取读数。

水准测量记录手簿（两次仪高法）

测站	点号	水准尺读数（mm）		高差（mm）	平均高差（mm）	备注
		后视读数	前视读数			
1	A					
	B					
	A					
	B					
2	A					
	B					
	A					
	B					

五、思考题

（1）为什么气泡移动方向与左手拇指移动方向一致？

（2）使用一对脚螺旋时，为什么要相对地旋转？

（3）使用望远镜时，为什么一定要先调目镜，再调物镜对光螺旋？

（4）怎样使用微动螺旋？什么情况下微动螺旋会不起作用？

（5）为什么照准标尺的方向改变后，要重新用微倾螺旋使气泡符合？

（6）当后视读数结束后，转动望远镜瞄准前视水准尺，此时圆水准器泡已偏离，如何处理此种情况。

技能训练二　普通水准测量

一、目的与要求

（1）练习等外水准测量的施测、记录、计算、闭合差调整及高程计算方法。

（2）熟悉闭合水准路线的施测方法。

（3）路线高差闭合差的限差值：

$$f_{n允}=\pm 30\sqrt{L}\,\text{mm}$$

式中，L 为水准线路长，单位 km。

各项操作每人独立完成，外业资料和内业计算，每人一套完整的数据。

二、仪器及工具

DS3 水准仪 1 台，水准尺 2 把，记录板 1 块，尺垫 2 个，测伞 1 把。

三、方法与步骤

（1）场地布置：选一适当场地，在场中选一个坚固点作为已知高程点 BM_A（假定为一整数），然后根据场地的具体情况，在地面选择一条至少能进行四个测站的闭合水准路线，在路线中间位置选取一个坚固点 B 作为待测高程点。

（2）在 BM_A 和转点 TP_1 大致等距离处安置水准仪，进行粗略整平和目镜对光。

（3）后视 A 点的水准尺，精平后读取后视读数，记入手簿；前视 TP_1 点上的水准尺，精平后读取前视读数，记入手簿。并计算两点间高差。

（4）沿着选定的路线，将仪器搬至 TP_1 点和 B 点大致等距离处，仍用第一站施测的方法进行观测。依次连续设站，经过若干转点，连续观测，最后回至 A 点。

（5）计算检核。

$$\sum 高差 = \sum 后视读数之和 - \sum 前视读数之和$$

（6）高差闭合差的计算与调整。

闭合水准路线高差闭合差的计算：

$$f_h = \sum h$$

若 $f_h \leq f_{h允}$，表明测量满足《工程测量规范》（GB 50026—2007）的要求，测量成果合格，否则必须返工重测。

（7）闭合差的调整。

当 $f_h \leqslant f_{h\text{允}}$ 时，则将闭合差反号按测站数或距离成正比例的原则调整各段高差。即

$$v_i = \frac{-f_h}{\sum L_i} \cdot L_i \quad \text{或} \quad v_i = \frac{-f_h}{\sum n_i} \cdot n_i$$

式中，L_i 和 n_i 分别为各测段路线之长和测站数，$\sum L_i$ 和 $\sum n_i$ 分别为水准路线总长和测站总数。调整数算至毫米。调整后计算改正高差及各点高程，填入下表中。根据 A 点高程和各点间改正后的高差推算转点、B 点和 A 点之间的高差，最后算出的 A 点高差应与已知值相等，以资校核。

普通水准测量记录表

日期＿＿＿＿＿＿　　地点＿＿＿＿＿＿　　记录＿＿＿＿＿＿　　观测＿＿＿＿＿＿

测　站	测　点	水准尺读数（m）		高　差（m）		高程（m）	备　注
		后视	前视	＋	－		
	BM$_A$						
	TP$_1$						
	B						
	TP$_2$						
	...						
	BM$_A$						
计算	$\sum$						
检核	$(\sum a - \sum b) =$			$\sum h =$			

水准测量成果整理计算表

点 号	距 离 (km)	观测高差 (m)	高差改正数 (m)	改正高差 (m)	高 程 (m)	备 注
$\sum$						
辅助计算						

四、注意事项

(1) 注意水准测量进行的步骤，严防水准仪和水准尺同时移走。

(2) 注意正确填写记录。

(3) 要选择好测站和转点的位置，尽量避开行人和车辆的干扰，保持前后视距离相等，视线长不超过 100m，最小读数不小于 0.30m。

(4) 水准尺要立直，用黑面读数。转点要选择稳固可靠的点，用尺垫时要踩实。

(5) 读数时要注意气泡符合，消除视差，防止读错、记错。

(6) 仪器要保护好，迁站时仪器应抱在胸前，所有仪器盒等工具都要随人带走。

(7) 记录要书写整齐清楚，随测随记，不得重新誊抄。

五、思考题

(1) 什么是视差？为什么会产生视差？如何消除视差？

(2) 为什么要使前后视距离相等？

（3）怎样检查计算有无错误？

（4）怎样检查测量有无错误？

（5）产生闭合差的原因有哪些？

技能训练三　水准仪的检验和校正

一、目的与要求

（1）练习水准仪的检验和校正方法；

（2）巩固和深入理解水准仪检验和校正的原理。

二、训练内容

（1）检验和校正圆水准器；

（2）检验十字丝的横丝；

（3）检验水准管轴与视准轴平行。

三、实训组织和实习仪器及工具

（1）3 人或 4 人一组。

（2）每组借用：DS3 级水准仪 1 台，尺垫 2 个，水准尺 1 根，记录板 1 块，伞 1 把。

（3）每人自备：实习记录纸 1 张，铅笔，小刀。

四、步骤和要求

各组把水准仪和尺垫安置在统一安排的地点。

（1）检验圆水准器的误差，把仪器平转 180°后气泡中心偏离零点的距离（估计）记入记录，每人进行一次检验。如确有较明显偏差时，在教师指导下进行校正。然后进行第二次检验，把检验结果记录下来。

（2）十字丝的横丝检验。在 20m 外立水准尺，检验十字丝横丝，把横丝左端和右端读数之差记录下来，每人进行一次检验，横丝不作校正。

（3）检验水准管轴与视准轴是否平行时，把尺垫置于 A、B 两点，AB 相距不小于 50m。将水准仪分别置于 AB 的中点和 B（或 A）点附近，测两点高差两次，记录读数并计算高差。两次高差之差即为远尺上读数所产生的误差。每人进行一次检验，若所得误差相符，计算出远点的正确读数进行校正。校正应在教师的指导下进行，校正后必须再进行一次检验，并记录检验结果。当误差小于 4mm 时可不再校正。

（4）实习记录以小组为单位，每位成员交1份。

五、注意事项

（1）检验工作必须十分仔细，每人检验一次，两次所得结果证明确实存在误差时，才能进行校正，校正后必须进行第二次检验。

（2）校正必须特别细心，校正螺丝应由指导教师先松动，才能开始校正工作。拨动校正螺丝时用力要适当，严防拧断螺丝。

（3）校正前必须先弄清该部件的构造，螺丝的旋向和校正的次序。拨校正螺丝时，先转动应松开的一个，后转动应旋紧的一个。校正到正确位置时，螺丝必须同时旋紧。

（4）校正时仪器上方应该用伞遮住阳光。

六、思考题

（1）水准仪应满足的三个主要条件是什么？哪些是主要的？

（2）这些条件若不满足，对水准测量将会产生什么样的影响？

（3）假使这些条件没有满足，而又无法先校正好，工作时应如何处理？

（4）当水准管轴与视准轴不平行时，经检验后，怎样判断气泡符合时视线是向上倾斜还是向下倾斜，能否据此估算出对不同距离处水准尺上读数的影响？

水准仪的检验与校正

日期＿＿＿＿＿＿　　班级＿＿＿＿＿＿　　小组＿＿＿＿＿＿　　姓名＿＿＿＿＿＿

圆水准轴平行于竖轴

转 180°检查的次数	气泡偏差数（mm）

十字丝横丝垂直于竖轴

检查的次数	误差是否显著

视准轴平行于水准管轴(i角)检校

测站位置	次数	A 尺读数(a)	B 尺读数(b)	高　　差	
AB 中间	1			平均高差 $h_{AB}=$	三次高差互差不超过 3mm
	2				
	3				
仪器于近 A 尺端,检验校正	1			$h'_{AB}=$ B 点尺上应读数 $b_1(b_1=a-h_{AB})$	
	2			$h'_{AB}=$ B 点尺上应读数 $b_2(b_2=a-h_{AB})$	
	3			$h'_{AB}=$ B 点尺上应读数 $b_3(b_3=a-h_{AB})$	
i 角计算					

$\Delta = h_{AB}-h'_{AB}=$　　　　　$i=\Delta\times\rho/S=$

对于 DS3 型水准仪,当 i 角小于 20 秒时就不须校正

技能训练四　四等水准测量

一、目的与要求

(1)掌握四等水准测量的观测、记录和计算方法。

(2)掌握《工程测量规范》对四等水准测量各项限差的要求。

二、仪器与工具

DS3 水准仪 1 台,双面水准尺 1 对,尺垫 2 个,工具袋 1 个,测伞 1 把,铅笔自备。

三、方法和步骤

(1)观测前,指导老师讲解水准尺的分划注记、观测顺序、技术指标要求。

(2)指导老师给定已知高程点和待测高程,构成符合水准路线。

(3)观测与记录。

① 照准后视水准尺黑面,读取下、上、中三丝读数,记入记录手簿(1)、(2)、(3)栏。

② 将水准尺转为红面,后视水准尺红面,读取中丝读数,记入记录手簿(4)栏。

③ 前视水准尺的黑面,读取下、上、中三丝读数,记入记录手簿(5)、(6)、(7)栏。

④ 将水准尺转为红面,前视水准尺红面,读取中丝读数,记入记录手簿(8)栏。

(4)计算检核并填表。

① 测站上的计算检核;

② 水准路线的计算检核。

四、注意事项

(1)一个测站观测完毕,应马上计算,只有各项限差符合要求后,才能进行下一个测站的观测。

(2)双面水准尺的尺常数应记清,其中一根为4.687m,另一根为4.787m,迁站时,应注意两根尺的顺序不能颠倒。

(3)四等水准测量的观测顺序为后—后—前—前。

四等水准测量记录手簿

日期 _____ 天气 _____ 地点 _____

观测 _____ 记录 _____ 仪器 _____

测站编号	后尺 下丝/上丝/后距/视距差	前尺 下丝/上丝/前距/视距差累加	方向及尺号	水准尺读数 黑面(m)	水准尺读数 红面(m)	K+黑-红(mm)	高差中数(m)	备注
	(1)	(5)	后	(3)	(4)	(13)		
	(2)	(6)	前	(7)	(8)	(14)	(18)	$K_1=$
	(9)	(10)	后一前	(15)	(16)	(17)		$K_2=$
	(11)	(12)						
1								
2								

续表

测站编号	后尺	下丝 上丝	前尺	下丝 上丝	方向及尺号	标尺读数		K＋黑一红（mm）	高差中数（m）	备注
	后距		前距			黑面（m）	红面（m）			
	视距差		视距差累加							
3										
计算与检核										

水准点高程计算表

测点	实测高差	水准路线长度	高差改正数	改正后高差	改正后高程	备注
辅助计算						

第四章　经纬仪测量

角度测量是确定地面点位置的基本测量工作之一，经纬仪是角度测量的主要仪器。角度测量分为水平角测量和竖直角测量。测量水平角是为了求算地面点的平面位置，测量竖直角是为了求得地面点间的高差或将倾斜距离化算为水平距离。

第一节　角度测量原理

一、水平角及其测量原理

水平角并不是地面上两相交直线在空间的夹角，而是测站点至两目标方向线夹角在水平面上的投影。如图 4-1-1 所示，A、B、C 是不同高度的三个地面点。A_1、B_1、C_1 是这些点在同一水平面上的投影，水平面上的直线 B_1C_1 和 B_1A_1 之间的夹角 β 即是地面两直线 BA 和 BC 间的水平角。也就是说，无论 A、B 两点的高度如何变化，只要 BA、BC 始终在两个垂直平面内，那么它们的水平角就始终不变。由此可见，水平角就是空间两直线在水平面上垂直投影的夹角。从空间几何的概念上来理解，也可以说是包含 BA、BC 两直线的垂面所夹的二面角。任一水平面和两垂面的交线所夹的角，就是相应的水平角。

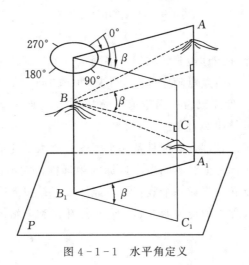

图 4-1-1　水平角定义

为了测定水平角的大小，可在两竖直面交线 BB_1 任何地方水平放置一个有角度分划的圆盘（从 $0°\sim 360°$ 顺时针方向刻划），并使其中心与 B 点在同一铅垂方向上，那么这个水平角的大小，就可以由刻度盘上两相应方向的读数之差求得。

有了水平放置的度盘，还要有能上下、左右旋转的照准设备去瞄准目标 A、C，还要有能在度盘上读出数值的设备。有了这个设备，就可以读出 BA、BC 方向在度盘上的读数 a 和 c，称为方向值，则水平角就是两个方向值之差，即

$$\beta=\angle A_1B_1C_1=c-a \qquad (4-1-1)$$

二、竖直角及其测量原理

在同一竖直面中，地面某点至目标的方向线与水平视线的夹角称为**竖直角**，也叫**高度角**或**垂直角**。如图 4-1-2 所示，若目标在水平视线之上，叫做仰角，竖直角符号为正（＋）；若目标在水平视线之下，叫做俯角，竖直角符号为负（－）。竖直角的取值范围是 $-90°\sim+90°$。

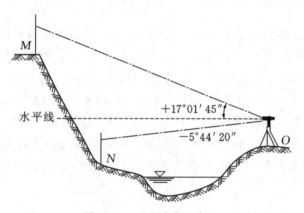

图 4-1-2 竖直角的定义

为了测量竖直角，要在望远镜旋转轴的一端固定一个与旋转轴正交的竖直度盘，使其刻划中心设在旋转轴上，竖直度盘随望远镜上下转动而转动。在仪器结构设计上，使望远镜视线在水平位置时，竖盘读数为一固定值（例如 $90°$），则当望远镜瞄准目标时，读取竖直度盘读数，就可以计算出竖直角。

综上所述，测量角度的仪器，必须具备一个能安置成水平的带有刻划的圆盘和竖直的度盘，还有一个能照准不同方向、不同高度目标的望远镜，它不仅能在水平方向上旋转，而且还能在竖直方向上旋转而形成一个竖直面，经纬仪就是按上述水平测角和竖直测角原理设计制造的一种测角仪器。值得说明的是，电子经纬仪和全站仪等电子测角仪器也是按上述测角原理设计的。

第二节　DJ6 型光学经纬仪

经纬仪的种类很多，如光学经纬仪、电子经纬仪、激光经纬仪、陀螺经纬仪、地面摄影经纬仪等。其中光学经纬仪是地形测量中普遍采用的仪器。

国产光学经纬仪按精度划分为 DJ07、DJ1、DJ2、DJ6、DJ15 等不同等级。D、J 是"大地测量"和"经纬仪"汉语拼音的第一个字母，右边数字为野外一测回方向中误差，以秒为单位，数字越大，精度越低。

一、光学经纬仪的基本构造

光学经纬仪主要由基座、水平度盘和照准部三大部分组成。如图 4-2-1 所示。

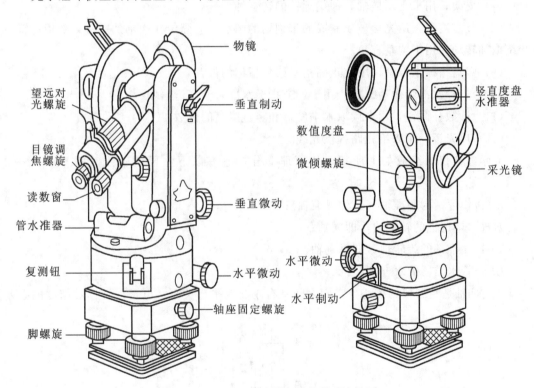

图 4-2-1　DJ6 型光学经纬仪的基本构造

（一）基座部分

（1）基座：用于支承仪器。

（2）基座连接螺旋，用来将基座与脚架相连。

（3）脚螺旋，用来整平仪器。

（4）圆水准器，用来粗平仪器。

（5）轴座固定螺丝，用于连接基座和照准部。

（二）水平度盘

水平度盘用于测水平角，由光学玻璃制成，其上刻有 0°～360°顺时针注记的分划线。

（三）照准部

（1）水平制动螺旋，控制照准部的水平方向转动。

（2）水平微动螺旋，水平制动后，利用它微动照准部，以便精确对准目标。

（3）管水准器，用于精确整平仪器。

（4）望远镜，用于照准目标，由物镜、调焦透镜、目镜和十字丝组成。

（5）望远镜制动螺旋，控制望远镜竖直方向的转动，所以又称垂直制动螺旋。

（6）望远镜微动螺旋，制动后，利用它上下微动望远镜，以便精确对准目标。

（7）支架，用来支承横轴，即望远镜的转动轴。

（8）竖直度盘，用光学玻璃制成的带刻划的圆盘，它固定在横轴的一端，随望远镜一起绕横轴转动，用于测垂直角。

（9）竖盘指标水准管，用它正确指示读数指标的位置。

（10）指标水准管微动螺旋，用于调节指标水准管使气泡居中。

（11）读数显微镜，用来读取水平度盘和竖直度盘的读数。

（12）反光镜，用来给光路提供光线。

光学经纬仪的组成如上所述。从原理上分析它有以下主要的轴线，如图 4-2-2 所示。

ZZ：望远镜的照准轴（又称视准轴）；

HH：望远镜的转动轴，即横轴；

VV：照准部的旋转轴，即垂直轴；

LL：管水准器的水准轴。

上述四轴是经纬仪的核心，它们之间具有正交或平行关系，也是保证读数精度的必要条件。

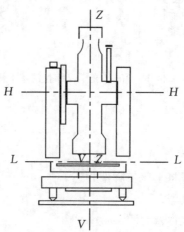

图 4-2-2　经纬仪的主要轴线

二、读数方法

各种光学经纬仪因读数设备不同，其读数方法也不一致。下面仅介绍一种常见的带分微尺的读数方法。

如图 4 - 2 - 3 所示，在读数显微镜中可以看到两个读数窗。注有"H"（或"水平"、或"一"）的是水平度盘读数窗；注有"V"（或"竖直"、或"⊥"）的是竖盘读数窗。每个读数窗上刻有分成 60 小格的分微尺，其长度正好等于度盘间隔 1°的宽度，因此分微尺上一小格的分划值为 1′，可估读到 0.1 小格，即为 6″。

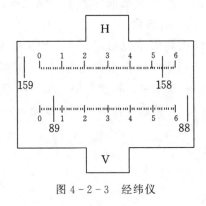

图 4 - 2 - 3　经纬仪

读数时，先调节读数显微镜的目镜，使读数清晰。然后读出位于分微尺中的度盘分划线的度数；再读度数指标线和分微尺的 0 分划线间的小格数，读取分数；最后估读秒数。秒值一定是 6 的倍数。图中的水平度盘读数为 158°54′12″，竖盘读数为 89°06′00″。

第三节　水平角观测

一、经纬仪的整置

经纬仪的整置包括对中、整平两项工作。对中的目的是使仪器的中心与测站点的标志中心在同一铅垂线上，使度盘中心位于水平角角顶的铅垂线上。对中的方法有吊锤对中和光学对点器对中两种。整平的目的是使仪器的旋转轴与铅垂线重合，即水平度盘处于水平位置。下面介绍一种用光学对点器对中的方法。

具体操作步骤如下：

（1）架好三脚架，保持架头大致水平，挂上吊锤。移动三脚架使吊锤与地面标志中心大致对齐，取下吊锤，将脚架踩实，安上仪器。若没有锤球可利用时，可直接用眼从架头中心螺旋的中心孔看地面标志中心，或者也可以用一小物从中心螺旋的底部垂直自由落下，根据落下的位置移动脚架。

（2）先调整对点器的物镜对光螺旋和目镜对光螺旋，看清地面点位和对点圆环；然后旋转三个脚螺旋，使地面点位和对点器的十字丝重合。

（3）升降三脚架腿使圆水准器气泡居中。升降架腿时左手大拇指压在活动的架腿上，其余手指抓紧固定的架腿，这样即使松开紧固螺旋架腿也不会大起大落，同时还可以控制架腿的微调。

（4）先将管气泡平行任意两个脚螺旋，如图 4-3-1 中的 A、B。相对旋转脚螺旋 A、B 使管气泡居中（其中左手大拇指移动的方向为气泡要移动的方向）；然后将仪器旋转 90°（此时管气泡与 A、B 垂直），旋转脚螺旋 C 使管气泡居中。

（5）重复上述（2）～（4）步骤，直到管气泡在两个方向都水平。从光学对点器中观察对中情况，当光学对点器的十字丝与地面标志中心偏差不大时，稍稍松开中心连接螺旋，平移仪器（不要旋转），使二者重合。

整平时应注意：三个脚螺旋高低不应相差太大，如脚螺旋因高低相差太大而转动不灵，或已旋到极限而气泡尚未居中时，不得再用力转动，应将三个脚螺旋调回到中部位置，再搬动架腿，重新调整使架头水平，再次对中、整平。用两个脚螺旋使平行于脚螺旋连线方向的管水准器气泡居中，再转动仪器后，只能旋动第三个脚螺旋使气泡居中，不能再旋转前两个脚螺旋。

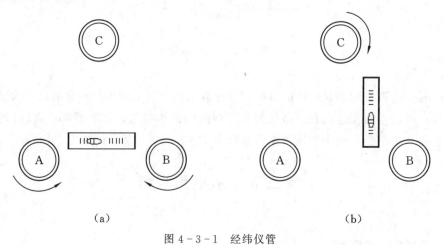

（a）　　　　　　　　　　　　　　　　（b）

图 4-3-1 经纬仪管

二、目标瞄准

（1）瞄准目标应先松开望远镜制动螺旋和水平微动螺旋，将望远镜对准天空，调节目镜调焦螺旋，使十字丝影像清晰，并清除视差。

（2）然后用望远镜上的粗瞄装置瞄准目标，旋紧望远镜制动螺旋。转动物镜调焦螺旋，使目标成像清晰。

（3）最后用望远镜微动螺旋和水平微动螺旋精确照准目标。照准目标时应尽量瞄准目标底部，使十字丝的竖丝平分目标，或用十字丝双丝夹准目标，如图 4-3-2 所示。

目标瞄准时应注意：为了减小目标不垂直产生的方向偏差，照准时最好不要照准目标

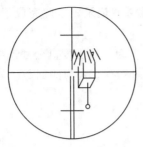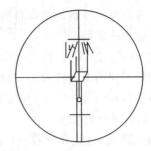

图 4 - 3 - 2　瞄准目标

的顶部，而应尽可能地对准目标的底部。

三、水平角的观测方法

水平角观测的方法主要有测回法和方向观测法。为了消除仪器的某些误差，一般用盘左和盘右两个盘位进行观测。所谓**盘左**就是相对观测者而言竖盘在望远镜的左边（又称正镜）；**盘右**则是竖盘在望远镜的右边（又称倒镜）。

（一）测回法

用测回法测角只适用于观测两个方向之间的角度。如图 4 - 3 - 3 所示，要测量 $\angle AOB$ 对应的水平角 β，先在 A、B 上设置观测目标（如花杆），在 O 点上整置仪器，按下述步骤进行观测和记录：

图 4 - 3 - 3　水平角观测（测回法）

（1）盘左位置，瞄准目标 A，拧紧水平制动螺旋，调焦使目标影像清晰，用微动螺旋使十字丝中心部分的竖丝精确地照准目标 A，配置度盘。为了避免盘右方向的读数小于 180°而造成计算不便，通常将其配置在 0°01′左右。

（2）松开水平制动螺旋，顺时针方向旋转照准部 1～2 周后，再精确照准目标 A，读数并记录在表格中。

（3）顺时针方向照准目标 B，读数并记录，至此完成了**上半测回**。

（4）将望远镜变换到盘右位置，逆时针方向旋转照准部并精确照准目标 B，读数并记录。

（5）逆时针方向旋转并精确照准目标 A 后，读数并记录，至此完成了**下半测回**。上、下两个半测回合称为**一测回**。

为了提高观测的精度，往往需要观测几个测回。为了减少度盘分划误差的影响，不同测回之间，应配置不同的度盘位置。递增的原则是 $180/n$，n 为测回数。如 3 测回，则各测回的起始方向值为 $0°01'$，$60°$ 和 $120°$。

表 4-3-1 的有关计算如下：

（1）$2C =$ 盘左读数 $-$（盘右读数 $-180°$）。

例如：A 方向的 $2C = 0°01'30'' - (180°01'12'' - 180°) = +18''$；

B 方向的 $2C = 75°42'18'' - (255°42'06'' - 180°) = +12''$。

为了提高计算速度，顾及盘左、盘右读数相差 180°，只用盘左和盘右的秒值参与计算，当然要顾及分值的不同。

例如：某目标盘左读数为 $0°03'08''$，盘右读数为 $180°01'36''$，这时求 $2C$ 时，可按下式计算

$$2C = 68'' - 36'' = +32''$$

（2）各方向的平均值 $\left(\dfrac{左+右}{2}\right)$，即同一方向上、下半测回方向值的平均值。

$$平均值 = \frac{1}{2}(盘左读数 + 盘右读数 \pm 180°)$$

表 4-3-1   **水平方向观测手簿**

第 测回	仪器	点 名	等级	月 日
天气	观测者	记录者	检查者	

方向名	读 数		$2C$ ($''$)	$\dfrac{左+右}{2}$ ($''$)	方向值 (° ′ ″)
	盘左(° ′ ″)	盘右(° ′ ″)			
A	0 01 30	180 01 12	+18	21	0 00 00
B	75 42 18	255 42 06	+12	12	75 40 51
A	60 10 18	240 10 06	+12	12	0 00 00
B	135 51 06	315 50 48	+18	57	75 40 45
					75 40 48

例如：A 方向 $= \dfrac{1}{2}(0°01'30'' + 180°01'12'' - 180°) = 0°01'21''$；

B 方向 $= \dfrac{1}{2}(75°42'18'' + 255°42'06'' - 180°) = 75°42'12''$。

为了简化计算，一般只取秒值参与计算，顾及分值的不同。而度和分则主要以盘左为主。

例如：某目标的读数分别为 $0°03'08''$ 和 $180°02'54''$，该方向的平均值 $= \dfrac{1}{2}(68'' + 54'') = 61'' =$

$1'01''$。所以该方向值为 $0°03'01''$。当左、右的分值不相同时,把不同部分拿来参与计算。

（3）求归零后的方向值。

将各方向（包括起始方向）的平均方向值,分别减去起始方向的平均方向值,叫做方向值**归零**,归零后所得各方向值叫做归零后的方向值。

例如:A 方向 $=0°01'21''-0°01'21''=0°00'00''$;

B 方向 $=75°42'12''-0°01'21''=75°40'51''$。

（4）求各测回的方向值的平均值。

若观测 2 个以上测回,则应将各测回所得的方向值取平均值,作为最后该方向的方向值。

例如:B 方向的平均值 $=\dfrac{1}{2}(75°40'51''+75°40'45'')=75°40'48''$。

以上是两个方向的水平方向观测,按照上述程序进行观测、记录及计算工作,称为测回法。测回法观测的误差有两项限定:①上下两半测回角值之差;②各测回角值互差。由于使用仪器的标称精度不同,其限差要求也相应不同,表 4-3-3 列出了 DJ2 和 DJ6 经纬仪的两项限差。

（二）方向观测法

当观测的方向数多于两个以上时,则按照测回法依点号顺序照准所有观测方向,这就是方向观测法;若每次照准完所有方向后最后又重新照准起始方向,并进行一次读数,称为**全圆方向观测法**。

如图 4-3-4 所示,图中有 A、B、C、D 四个方向。全圆方向的作业步骤和观测、记录及计算方法如下:

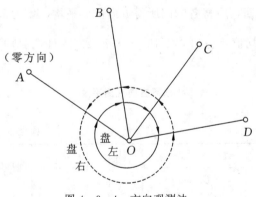

图 4-3-4 方向观测法

（1）将仪器安置于 O 点,取盘左位置,选择四个方向中目标清晰、背景明亮、距离适中、易于照准的一个方向,作为起始方向（通常称为零方向）。同样,为了避免盘右方向的读数小于 $180°$ 而造成计算不便,通常将其配置在 $0°01'$ 左右。

（2）顺时针方向旋转照准部两周后,再依次照准 A、B、C、D 四个方向,最后顺时针方向照准 A 方向,读数并记录,最后再一次照准 A 方向,称为"照准归零"。半测回内两次观测 A 方向的读数之差,称为**半测回归零差**,半测回归零差 $=$ 下－上。分别为 Δ

左、△右。

例如：在表 4-3-2 中的第一测回中：
$$\triangle 左 = 12'' - 18'' = -6''$$
$$\triangle 右 = 18'' - 24'' = -6''$$

（3）盘右位置，按逆时针方向依 A、D、C、B、A 的顺序观测下半测回，读数并记录。

至此，完成了一测回的工作。如果要测多个测回，则要配置不同的度盘位置，依上述方法进行测量。表格的有关计算如下：

（1）$2C = $ 盘左读数 $-$（盘右读数 $\pm 180°$）。

（2）各方向的平均值 $\left(\dfrac{左+右}{2}\right)$，即同一方向上、下半测回方向值的平均值。

$$平均值 = \frac{1}{2}(盘左读数 + 盘右读数 \pm 180°)$$

由于每一测回 A 方向有两个方向值，因此还要对 A 方向的两个平均值再取平均数，写在小括号内。

例如，在表 4-3-2 中的第一测回中，两个 A 方向的平均值分别为 21″ 和 15″，再取二者的平均值为 18″。

（3）求归零后的方向值。

将各方向（包括 A 方向）的平均方向值，分别减去 A 方向的平均方向值，叫做归零后的方向值。所得各方向值叫做归零后的方向值。

例如：A 方向的归零后方向值 $= 0°01'18'' - 0°01'18'' = 0°00'00''$；

B 方向的归零后方向值 $= 48°22'33'' - 0°01'18'' = 48°21'15''$。

（4）求各测回同一方向的平均值。

若观测两个以上测回，应将各测回所得方向值取平均，作为最后该方向的方向值。

例如：B 方向的平均值 $= \dfrac{1}{2}(48°21'15'' + 48°21'23'') = 48°21'19''$。

表 4-3-2　　　　　　　　　　**水平方向观测手簿**

第　　测回　　　仪器　　　　点　名　　　　等　级　　　　月　日
天气　　　观测者　　　记录者　　　检查者

点名	读数 盘左 (° ′ ″)	读数 盘右 (° ′ ″)	2C (″)	$\dfrac{左+右}{2}$ (″)	归零后方向值 (° ′ ″)	各测回平均值 (° ′ ″)
A	0 01 18	180 01 24	−06	(18) 21	0 00 00	0 00 00
B	48 22 30	228 22 36	−06	33	48 21 15	48 21 19
C	99 42 12	279 42 06	+06	09	99 40 51	99 40 48
D	165 06 24	345 06 18	+06	21	165 05 03	165 05 06
A	0 01 12	180 01 18	−06	15		

续表

点名	读数		2C (")	$\frac{左+右}{2}$ (")	归零后方向值 (° ′ ″)	各测回平均值 (° ′ ″)
	盘左 (° ′ ″)	盘右 (° ′ ″)				
	Δ左＝－06″	Δ右＝－06″				
A	90 17 24	270 17 12	＋12	(22) 18	0 00 00	
B	138 38 48	318 38 42	＋06	45	48 21 23	
C	189 58 06	9 58 06	00	06	99 40 44	
D	255 22 36	75 22 24	＋12	30	165 05 08	
A	90 17 30	270 17 24	＋06	27		
	Δ左＝＋06″	Δ右＝＋12″				

为了保证观测成果的质量,往往要对仪器及操作者在观测过程中表现出的读数作某些限制,也就是方向观测法中的限差,规范中规定不应超过表 4-3-3 之规定。

表 4-3-3　　　　　　　　　**方向观测法的各项限差**

仪器型号	测微器重合读数差	半测回归零差	一测回内 2C 互差	同一方向值各测回互差
DJ2	3	8	13	9
DJ6		18		24

（三）水平角观测应注意的几处问题

（1）仪器高度要和观测者的身高相适应;三脚架要踩实,仪器与脚架连接要牢固;操作仪器时不要用手扶三脚架,使用各种螺旋时用力要轻。

（2）尽量用光学对中器精确对中,特别是对短边测角时,为了提高测角精度,对中要求应更严格。

（3）在水平角观测当中要时刻注意水准器的变化。当观测目标间高低相差较大时,应特别注意仪器整平,若气泡偏离需要整置时应在测回间重新整置仪器。

（4）凡是超限的结果,均应重测,重测是在所有基本测回完成之后再测。然而,因配错度盘、照错方向、读错、记错、上半测回归零差超限、碰动仪器、气泡偏离过大以及其他原因未测完的测回,均可立即重新观测,称之为补测。

（5）水平角观测均应在通视良好、成像清晰、稳定时进行。晴天的日出、日落和中午前后,如果成像模糊或跳动剧烈时,不宜进行观测。

第四节　竖直角测量

一、竖直角和天顶距的概念

1. 竖直角

视线方向与同一竖直面内的水平方向之间的夹角叫竖直角，又称**高度角**，或**垂直角**，用 α 表示。

如图 4-4-1 所示，当视线方向位于水平方向之上时，叫仰角，α 为正值；反之，叫俯角，α 为负值。α 的取值范围是：

$$-90°\leqslant\alpha\leqslant+90°$$

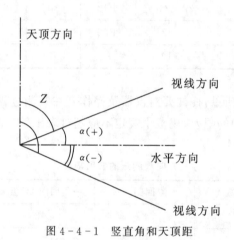

图 4-4-1　竖直角和天顶距

2. 天顶距

视线方向与同一竖直面内铅垂线之间的夹角叫天顶距，用 Z 表示，天顶距从天顶上方向下计算，取值范围是：

$$0°\leqslant Z \leqslant 180°$$

由图 4-4-1 可知，天顶距 Z 与竖直角 α 之间的关系是：

$$Z+\alpha=90° \tag{4-4-1}$$

说明：实际应用中，由于天顶距和竖直角有不同的作用，为了方便，在电子经纬仪和全站仪等电子测角仪器中均有两种不同的设置，因此要注意两者不同的区别。

二、竖直度盘的构造

竖直角与水平角一样，其角值也是度盘上两个方向读数之差。所不同的是竖直角的两个方向中必有一个是水平方向。因此，在观测竖直角时，只要观测目标点一个方向并读取竖盘读数便可算得该目标点的竖直角，而不必观测水平方向。因而经纬仪在设计时，都要求在望远镜视准轴水平时，其竖盘读数是一个固定值（如图 4-4-2 中 90°），并要求竖直度盘与旋转轴固定在一起，并随望远镜一起绕横轴转动，因此竖直度盘不能像水平度盘一样配度盘。

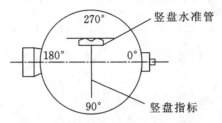

图 4-4-2 竖盘刻划注记（盘左位置）

竖直度盘由光学玻璃制成，其上刻有 0°~360°分划线，用来读取竖直度盘读数的指标，与指标水准管连接在一起，固定在一个微动架上。当气泡居中时，即指标水准管水平时，读数指标处在一个正确的位置。如图 4-4-2 所示是经纬仪竖直度盘的一种注记形式。

盘左和盘右的读数分别用 L 和 R 表示，它们之间的关系满足

$$L + R = 360°$$

(4-4-2)

三、竖直角的计算公式

观测竖直角时，只要照准目标，读出度盘读数，即可求出竖直角 α。其计算公式依度盘的注记形式而定，如图 4-4-3 所示是一种常见的形式。由图可知：

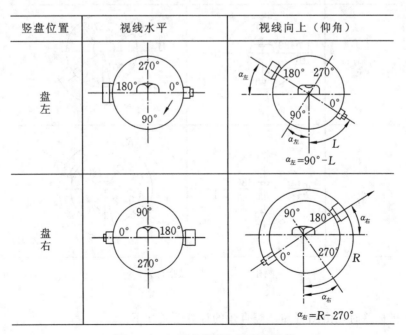

图 4-4-3 竖盘读数与竖直角计算

盘左：$\qquad\qquad\qquad\qquad \alpha_{左}=90°-L \qquad\qquad\qquad\qquad$ （4-4-3）

盘右：$\qquad\qquad\qquad\qquad \alpha_{右}=R-270° \qquad\qquad\qquad\qquad$ （4-4-4）

若取盘左、盘右竖直角中数作为竖直角计算公式，则有

$$\alpha=\frac{1}{2}(\alpha_{左}+\alpha_{右})=\frac{1}{2}(R-L-180°) \qquad\qquad （4-4-5）$$

【例4-4-1】观测某目标得盘左 $L=81°15'42''$，盘右 $R=278°44'24''$。求 α，$\alpha_{左}$ 和 $\alpha_{右}$。

解：依公式可得

$$\alpha_{左}=90°-81°15'42''=8°44'18''$$

$$\alpha_{右}=278°44'24''-270°=8°44'24''$$

$$\alpha=\frac{1}{2}(278°44'24''-81°15'42'')=8°44'21''$$

四、指标差

当望远镜的视线水平，且指标水准管气泡居中时，读数指标应处于正确的位置，此时读数为一整数（90°或270°）。但由于各种原因，这一条件往往不能满足，指标不是处在一个正确的位置，而存在一个偏差，称之为**指标差**，常用 x 表示。如图4-4-4所示，当指标偏移的方向与度盘注记的方式一致时，x 为正值，结果使读数变大；反之，则 x 为负值，使读数变小。

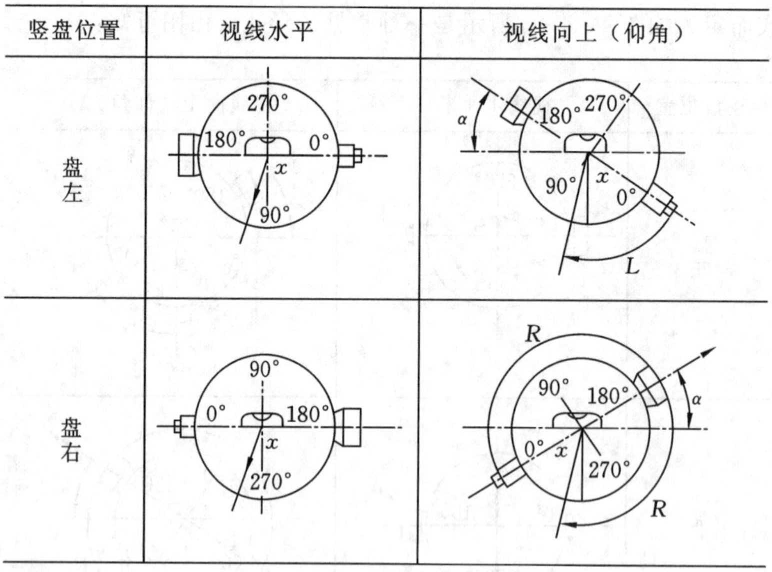

图4-4-4　竖盘指标差

当存在指标差时，由图可知，竖直角的计算公式如下：

盘左：$\qquad\qquad\qquad\qquad \alpha_{左}=90°-(L-x) \qquad\qquad\qquad$ （4-4-6）

盘右：$\qquad\qquad\qquad\qquad \alpha_{右}=(R-x)-270° \qquad\qquad\qquad$ （4-4-7）

若取盘左、盘右的中数，则有 $\alpha=\frac{1}{2}(R-L-180°)$，很显然此式与式（4-4-5）完全相同，这就意味着取盘左、盘右读数的中数，可以消除指标差的影响。

顾及盘左、盘右所测的竖直角应相等，即 $\alpha_左=\alpha_右$，那么将式（4-4-6）减去式（4-4-7），便得到指标差的计算公式如下：

$$x=\frac{1}{2}(L+R-360°) \tag{4-4-8}$$

【例 4-4-2】 已知盘左 $L=81°15'42''$，盘右 $R=278°44'24''$。求 x、α、$\alpha_左$ 和 $\alpha_右$。

解： $x=\frac{1}{2}(L+R-360°)$

$\qquad =\frac{1}{2}(81°15'42''+278°44'24''-360°)=+3''$

$\quad \alpha_左=90°-L+x$

$\qquad =90°-81°15'42''+3''=8°44'21''$

$\quad \alpha_右=R-270°-x$

$\qquad =278°44'24''-270°-3''=8°44'21''$

从以上计算结果可知，当顾及了指标差的影响之后，$\alpha_左=\alpha_右=\alpha$。说明按以上各式计算的竖直角都一样。因此在计算竖直角时，首先求出指标差 x，然后根据观测值的情况来选择计算公式，以提高计算速度。若 $L>90°$ 时，可按式（4-4-6）求竖直角。若 $L<90°$ 时，可按式（4-4-7）求竖直角。

五、竖直角观测

（1）仪器安置于测站点上，盘左位置瞄准目标点，用望远镜十字丝中间横丝精确切于目标点的某一特定位置，例如测钎或花杆顶端。

（2）旋转竖直度盘水准器微动螺旋，使竖盘指标水准器严格居中，读取竖盘读数，记入观测手簿表4-4-1的读数栏。

（3）盘右位置再瞄准目标点，使竖盘指标水准器气泡居中，读取竖盘读数，记入观测手簿表4-4-1的读数栏。

（4）依公式（4-4-8）求出指标差 x。

（5）计算竖直角 α。

当 $L>90°$ 时，按 $\alpha=90°-L+x$ 计算竖直角。

当 $L<90°$ 时，按 $\alpha=R-270°-x$ 计算竖直角。

表4-4-1   **竖直角观测记录**

目标名称	盘左读数 (° ′ ″)	盘右读数 (° ′ ″)	指标差 (″)	竖直角 (° ′ ″)
A	88 30 06	271 29 42	-06	+1 29 48
B	92 26 12	267 33 30	-09	-2 26 21

以上所述，在观测时仅用十字丝的中丝切准目标，所以又叫中丝法。但有时观测垂直角时按盘左、盘右依次用上、中、下三丝照准目标进行观测，这种方法称为**三丝法**。三丝法观测时，记录数据的方法是：盘左按上、中、下三丝读数次序记录，而盘右则按下、中、上三丝读数次序记录。然后按三丝所观测的 L 和 R 分别计算出相应的竖直角，最后以平均值为该竖直角的角值。

说明：同一台仪器，其指标差理论上应为一定值，但由于受外界条件变化和观测误差影响，实际测定的指标差总是在变化的，但通常情况下不应变化过大。所以需要规定其变化的范围，才能保证观测的精度。表 4 - 4 - 2 是《工程测量规范》（GB 50026—2007）中对竖直角的有关规定。

表 4 - 4 - 2 　　　　　　　　　　　**竖直角观测的测回数与限差**

平面网等级 项目		二、三等		四等、一、二级小三角		一、二、三级导线	
		DJ1	DJ2	DJ2	DJ6	DJ2	DJ6
测回数	中丝法	4		2	4	1	2
	三丝法	2		1	2	—	1
竖直角测回差(″) 指标差较差(″)		10	15	15	25	15	25

注：① 竖直角测回差指同一方向各测回所得的全部竖直角角值之间的差值。

② 指标差较差在分组观测时，仅在一测回内各方向按同一根水平丝计算的结果比较；单独方向连续观测时，则按同一方向各测回同一根水平丝计算的结果比较。

③ 竖直角的观测，必须在指标水准管气泡居中的条件下读数才正确，然而每次读数都要让指标水准管气泡居中很费事。因此，有的经纬仪采用指标自动归零（自动补偿）装置，当仪器整平后，指标自动处于正确位置。这样就简化了操作程序，提高了观测的速度和精度。

第五节　经纬仪的检查校正

经纬仪进行检查校正前，应先进行一般的检视，度盘和照准部旋转是否灵活；各螺旋是否灵活有效；望远镜视场是否清晰；有无灰尘、水珠、斑点；度盘有无损伤，分划线是否清晰；分微尺分划是否清晰；仪器各种附件是否齐全等。

一、经纬仪应满足的几何条件

根据经纬仪的测角原理可知，在观测时应满足下列要求：

(1) 水平度盘平面应是水平的。

(2) 垂直轴应垂直，且通过水平度盘中心。

(3) 望远镜上下转动，视准轴形成的视准面应是一个垂直平面。

(4) 竖直度盘应是垂直平面，且与水平轴垂直。

一般情况下，仪器加工、装配时能保证水平度盘垂直于垂直轴。因此，只要垂直轴垂直，水平度盘也就处于水平位置。垂直轴垂直是靠照准部管水准气泡居中来实现的。因此，照准部管水准轴应垂直于垂直轴。此外，若视准轴能垂直于横轴，则视准轴上下旋转扫出一个与横轴垂直的平面，此时，若横轴与垂直轴垂直，则视准轴平面与垂直轴平行，如图 4-5-1 所示。

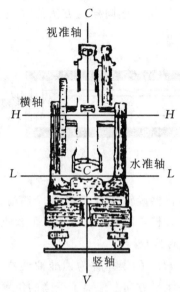

图 4-5-1　经纬仪的轴线

综上所述，经纬仪应满足的几何条件是：

(1) 照准部管水准器水准轴与垂直轴（竖轴）垂直（$LL \perp VV$）。

(2) 视准轴应垂直于横轴（水平轴）（$CC \perp HH$）。

(3) 横轴应垂直于垂直轴承（$HH \perp VV$）。

(4) 望远镜的十字丝的竖丝垂直于横轴。

(5) 垂直轴与水平度盘垂直，横轴与竖直度盘垂直。

上述几何条件，第 5 项是由厂家保证的，野外作业人员只需检查其他 4 项内容。当然为了竖直角的计算方便，还应使竖直度盘指标差接近于零。

二、经纬仪的检查与校正

1. 照准部管水准轴垂直于竖轴的检校

在角度观测时，仪器是靠照准部水准管轴来保证竖轴处于铅垂位置的。由于水准管轴不垂直于竖轴，当用管水准器整平仪器时，会使仪器竖轴倾斜 δ 角，称为竖轴误差。竖轴误差对水平角观测产生的影响，除与视线的倾角有关外，还与横轴所处的位置有关。视线倾角越大，影响也越大。而由于一个测站上竖轴的倾斜方向不变，因此采用盘左、盘右观测是不能消除其对测角的影响的。所以，在观测前要仔细地进行竖轴误差的检校，在竖直角较大时更应注意。

103

检验：先大致整平仪器，转动照准部，使水准管与两个脚螺旋平行，再相对地旋转这两个脚螺旋，使水准管气泡居中。然后将仪器旋转，如气泡仍居中，说明水准管轴垂直于竖轴。如气泡中心偏离刻划中心一格以上，则说明水准管轴不垂直于竖轴，应作校正。

校正：与校正水准仪中水准管的校正方法一样。如图 4-5-2 所示，先校正管水准器一端的上、下校正螺丝，使气泡移动偏差量的一半；再用脚螺旋使气泡居中。将照准部旋转 180°，如果气泡仍不居中，则用上述同样的方法使气泡居中。反复进行几次，直到旋转 180°前后，管气泡都居中为止。

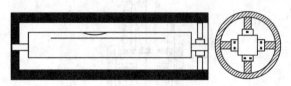

图 4-5-2 管气泡的校正

校正完管水准器之后，将仪器旋转 90°，用第三个脚螺旋使管气泡居中，此时再观察圆水准器是否居中。若不居中，校正圆气泡底部的三个校正螺丝，使圆气泡居中。

2. 视准轴应垂直于横轴的检校

视准轴 CC 不垂直于横轴 HH 的误差称为视准轴误差。产生视准轴误差的原因是十字丝位置不正确，使视准轴在水平方向上偏离了正确的位置。视准轴与正确位置的偏离角度用 c 表示，它对水平角的观测影响 Δc 可用下式表达

$$\Delta c = \frac{c}{\cos\alpha} \qquad\qquad (4-5-1)$$

式中，α 是水平角观测时视线的竖直角。

公式说明：视准轴误差对水平角观测的影响 Δc 与 c 本身的大小有关，并取决于视线倾角的大小，视线竖直角较大时，视准轴误差的影响也较大。

视准轴误差还有一个特点是用盘左、盘右两个位置分别观测同一方向时，视准轴误差 Δc 的大小相等，符号相反，所以用盘左、盘右观测取中数的方法观测水平角，可以减弱或者消除视准轴误差的影响。但视准轴误差过大，会使工作不方便，因此，须对经纬仪视准轴误差进行校正。

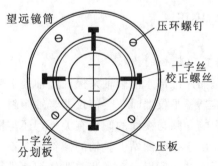

图 4-5-3 十字丝的校正

检验：选一稳定、清晰、与仪器大致等高的目标，用盘左、盘右分别照准目标，读出水平度盘的读数，若盘左、盘右正好相差 $180°$，说明仪器视准轴垂直于横轴，否则，说明仪器存在视准轴误差，其大小可按下式计算

$$c = \frac{1}{2}(n_右 - n_左 \pm 180°) \tag{4-5-2}$$

式中，$n_左$ 和 $n_右$ 分别为盘左、盘右观测同一目标的水平角读数。

对于 DJ6 型光学经纬仪，若 c 大于 $\pm 1'$ 时应进行校正。

校正：转动水平微动螺旋，将水平度盘的盘左读数调整到 $n_左 + c$（或将盘右读数调整到 $n_右 - c$）处，此时十字丝竖丝必然偏离目标。打开十字丝板护盖，用十字丝左、右校正螺丝使十字丝竖丝精确照准目标，视准轴即处于正确位置。

例如，盘左读数为 $n_左 = 18°03'30''$，盘右读数为 $n_右 = 198°09'42''$，则按式（4-5-2）可得 c 值为：

$$c = \frac{1}{2}(198°09'42'' - 18°03'30'' - 180°) = +3'06''$$

此时，盘左、盘右的正确读数为：

$$n_左 = 18°03'30'' + 3'06'' = 18°06'36''$$
$$n_右 = 198°09'42'' - 3'06'' = 198°06'36''$$

以上校正工作应反复进行，直到满意为止。

3．望远镜的十字丝竖丝垂直于横轴的检校

检验：在室内或室外 20～30m 的避风处，悬挂一吊锤。整置仪器，观察十字丝与吊锤线重合的情况，若完全重合，则说明满足条件，否则须校正。

校正：拧开十字丝护盖，松开十字丝的四个固定螺丝，旋转十字丝，使竖丝与吊锤完全重合。拧紧螺丝，盖上护盖。

DJ6 型经纬仪除了要进行以上 3 项检校之外，还应对光学对点器和垂直度盘指标差进行检校。

4．光学对点器的检校

检验：安置仪器（无须整平），在白纸上画一"＋"字，置于脚架下的地面上，旋转三个脚螺旋，使光学对点器的十字丝与地面上的"＋"字重合。将仪器旋转 $180°$，从光学对点器中观察二者的重合情况。若重合，则无须校正，否则须校正。

校正：仪器旋转 $180°$ 后，用三个脚螺旋使"＋"字移动一半，用校正针调节光学对点器的十字丝的四个校正螺丝，使"＋"字移动另一半，以使二者完全重合。再将仪器旋转 $180°$，观察是否重合，如果仍不重合，则依上述方法，再一次校正。

5．垂直度盘指标差 x 的检校

检验步骤：

（1）整置仪器，盘左照准一清晰目标，制动照准部和望远镜，旋转水平微动和垂直微动螺旋，使十字丝中心处的横丝严格地切准目标。

（2）旋转指标水准管螺旋，使指标水准管气泡居中，再观察十字丝是否切准目标，读取垂直度盘读数 L。

（3）纵转望远镜，用同样的方法读取垂直度盘读数 R。

（4）依公式（4-4-8）求指标差 x。对于 DJ6 型经纬仪而言，当 $x>25''$ 时须校正。

校正的方法：

（1）依 $L'=L-x$，求出盘左位置照准目标的正确读数 L'。

（2）用盘左位置精确地照准目标，旋转指标水准管螺旋使盘左读数处于正确的读数位置，此时指标水准管气泡不居中。

（3）调节指标水准管一端的上下校正螺丝，使气泡居中。见图4-5-2。

以上工作需反复几次，才能完全满足要求。

6. 横轴垂直于竖轴的校正

如果经纬仪左、右两个支架不等高，会造成横轴不水平，即横轴与竖轴不垂直，偏差了一个小角 i。横轴与竖轴不垂直的误差叫横轴倾斜误差。仪器若存在横轴倾斜误差，望远镜绕倾斜的横轴旋转，视准轴形成的轨迹就不是要求的竖直面，而是倾斜的平面。

横轴倾斜误差对水平角观测的影响可用下式表示

$$\Delta i = i \times \tan\alpha \qquad\qquad (4-5-3)$$

式中，α 是水平角观测时视线的竖直角。

检查方法：如图4-5-4所示，在离墙面20～30m处安置经纬仪，整平仪器，量取仪器至墙的距离 D。以盘左位置照准墙上高目标 P，然后将望远镜下俯至水平位置（$\alpha=0$），依据十字丝交点在墙上定出 P_1 点；同样倒转望远镜成盘右位置，照准原目标 P 点，再将望远镜放平，依十字丝在墙上定出 P_2 点，如果 P_1 点、P_2 点重合，则说明仪器的横轴满足条件，否则说明横轴与仪器竖轴不垂直。量取 P_1 至 P_2 的距离，根据下式求出横轴倾斜误差 i：

$$i'' = \frac{\Delta}{2D\tan\alpha}\rho'' \qquad\qquad (4-5-4)$$

图4-5-4 横轴与垂直轴不垂直检校

例如，当 $D＝20\text{m}$，$\alpha＝20°$时，通过检验，$\Delta＝5\text{mm}$，则得

$$i''＝\frac{5\times206\ 265}{2\times20\ 000\times\tan20°}＝71''$$

对于 DJ6 型仪器而言，当 $i＞20''$时需要送修理部门修理。

第六节　水平角观测误差来源

水平角的观测是测量人员借助仪器在一定的外界环境下进行的。因此误差产生的主要来源是仪器和外界环境，当然观测者本身也有影响。

一、仪器误差

仪器误差的来源主要有两个方面：一是由于仪器的加工、装配不完善而引起的误差，主要有：

（1）水平度盘的分划误差。

（2）水平度盘与垂直轴不垂直。

（3）水平度盘的分划中心与旋转中心不一致所产生的偏心差。

这些误差是不能用检校的方法来改正其影响的，只有通过一定的观测方法来消除或减弱它的影响。对于上述（1）、（2）项误差，可采用各测回间配置不同度盘位置的方法来减弱其影响。对于上述（3）项误差，则可以通过盘左、盘右读数取中数的方法来减弱和抵消其影响。

仪器误差来源的另一方面是：由于仪器的检校不完善而引起的误差。这些误差被限制在一定的范围内，通过正、倒镜观测取中数的方法来消除其影响。

二、观测误差

根据水平角观测的全过程可知，观测误差包括：仪器的对中误差、整平误差、照准误差、读数误差等几个方面。

1. 仪器的对中误差

如图 4-6-1 所示，设 O 为测站点，由于仪器存在对中偏心，仪器中心偏心至 O' 点，令 OO' 为偏心距，用 e 表示。由图可知，正确角值为 β，而由于对中偏心，实测的角值为 β'。

显然 $\Delta\beta＝\beta-\beta'＝\varepsilon_1＋\varepsilon_2$，依正弦定理有：

$$\sin\varepsilon_1＝\frac{e\sin\theta}{D_1}$$

$$\sin\varepsilon_2＝\frac{e\sin(\beta'-\theta)}{D_2}$$

考虑到 ε_1、ε_2 很小，所以有 $\sin\varepsilon_1\approx\varepsilon_1$，$\sin\varepsilon_2\approx\varepsilon_2$，$\beta'\approx\beta$，因此：

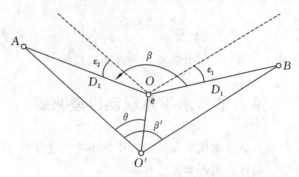

图 4-6-1　仪器对中偏心

$$\Delta\beta'' = e\rho\left(\frac{\sin\theta}{D_1} + \frac{\sin(\beta-\theta)}{D_2}\right) \qquad (4-6-1)$$

由上式可看出：此项误差与偏心距 e 成正比，与测站点到目标的距离 D 成反比。当观测角 $\beta=180°$，偏心角 $\theta=90°$ 时，$\Delta\beta$ 值最大，这时式（4-6-1）变为

$$\Delta\beta'' = e\rho\left(\frac{1}{D_1} + \frac{1}{D_2}\right) \qquad (4-6-2)$$

例如，当 $D_1=D_2=100\text{m}$，$e=3\text{mm}$ 时，

$$\Delta\beta'' = 3\times206\,265\times\left(\frac{1}{100\,000} + \frac{1}{10\,000}\right) = 12.4''$$

综上所述，在进行水平角观测时，为保证测角精度，仪器的对中误差应尽量小，特别是边长较短，且观测角接近 180°的时候更应该注意对中的影响。

2. 仪器的整平误差

主要是由于仪器整平时，水准管气泡没有严格居中，这种误差的影响是不能用观测方法来消除的。因此，在观测的过程中，若发现管水准器气泡中心偏移半格，即端点偏移一格时，应重新整置仪器，进行观测。特别是在山区，垂直角较大的时候，更应注意这一点。

3. 照准误差

影响照准误差主要有两个因素：望远镜的放大率及人眼的判断能力。另外，目标的影像及亮度也有影响。通常，望远镜的照准误差为：

$$\Delta\beta'' = \frac{60''}{V} \qquad (4-6-3)$$

式中的 V 为望远镜的放大率。

4. 读数误差

除人为因素外，读数误差主要取决于仪器读数系统的精度。对于 DJ6 型经纬仪而言，一般只能估读到 6″，而对于 DJ2 型经纬仪而言，则可以读到 1″。

5. 外界条件的影响

测量总是在一定的外界条件下进行的，因此，外界条件如风力或不坚实地面均会影响仪器的稳定性，气温将影响仪器的使用性能，而地面的热辐射则会引起影像的跳动或折光等。在测量中，应根据规范要求操作，尽量避免这些不利的因素，使其影响达到最小。

第七节 视 距 测 量

视距测量是用望远镜内的视距丝装置，根据几何光学原理同时测定距离和高差的一种方法。这种方法具有操作方便，速度快，不受地面高低起伏限制等优点。虽然精度较低，但能满足测定碎部点位置的精度要求，因此被广泛应用于碎部测量中。

经纬仪、水准仪等测量仪器的望远镜中有视距装置。最常见的是十字丝分划板上加刻与横丝平行且等距对称的两根短丝，称为**视距丝**。利用视距丝并配合视距尺，就可以进行视距测量。

一、视距测量原理

1. 视线水平时的距离公式

以内对光望远镜为例，如图 4-7-1 所示。当视线水平时，则视准轴垂直于视距尺 R。调节对光凹透镜，使视距尺上的 MN 经过物镜所成的实像 P'，再经过凹透镜所形成的虚像 P 落在十字丝平面上。这时望远镜中所看到的两视距丝 m、n 所截的视距尺像，就是视距尺上 MN 的虚像。从图中可以看出，仪器中心至视距尺的水平距离 D 为：

$$D = D' + f_1 + \delta \tag{4-7-1}$$

由于

$$\Delta MF_1N \backsim \Delta m''F_1n''$$
$$\Delta m'O_2n' \backsim \Delta mO_2n$$

可得

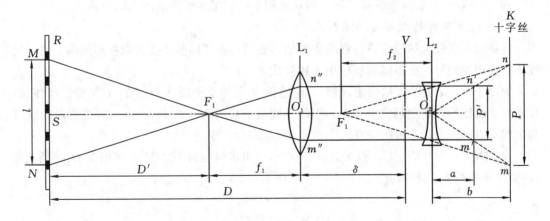

图 4-7-1 视距测量原理

109

$$D' = \frac{f_1}{p'} \times l \ , \quad \frac{1}{p'} = \frac{1}{p} \times \frac{b}{a} \tag{4-7-2}$$

式中，l——尺间隔，f_1——物镜 L_1 的焦距，a——凹透镜 L_2 的物距，b——凹透镜 L_2 的像距。

根据凹透镜成像公式得：

$$\frac{1}{f_2} = \frac{1}{a} - \frac{1}{b}$$

即

$$\frac{b}{a} = 1 + \frac{b}{f_2} \tag{4-7-3}$$

将式（4-7-3）代入式（4-7-2）中第二式得：

$$\frac{1}{p'} = \frac{1}{p}\left(1 + \frac{b}{f_2}\right) \tag{4-7-4}$$

将式（4-7-4）代入式（4-7-2）中第一式得：

$$D' = \frac{f_1}{p}\left(1 + \frac{b}{f_2}\right) \times l$$

将上式代入式（4-7-1），即得水平视距：

$$D = \frac{f_1}{p}\left(1 + \frac{b}{f_2}\right) \times l + (f_1 + \delta) \tag{4-7-5}$$

令

$$\frac{f_1}{p}\left(1 + \frac{b}{f_2}\right) = K , \quad (f_1 + \delta) = c$$

则

$$D = Kl + c \tag{4-7-6}$$

式中，K——视距乘常数，c——视距加常数。

在设计望远镜时，适当选择组合焦距及其他有关参数，可使 $K=100$，c 趋近于零而略去，则上式可变为：

$$D = Kl = 100l \tag{4-7-7}$$

式（4-7-7）就是视线水平时，内对光望远镜测定水平距离的视距公式。

2. 视线倾斜时的距离与高差公式

在地面起伏较大的地区进行视距测量的，必须使视线倾斜才能读取视距间隔。由于视线不垂直于视距尺，故不能直接应用上述公式。

如图 4-7-2 所示，欲测定仪器 A 至地面 B 点的水平距离 D，在 A 点安置经纬仪，B 点竖立视距尺，用望远镜上、中、下丝分别截于尺的 N、E 和 M 点。若视距尺的安置与视线垂直，则上、下视距丝在尺上截于 N' 和 M' 点。

设 $MN = l$，$M'N' = l'$，根据式（4-7-7）可求得倾斜距离 D'，再根据 D' 和竖直角 α，算出水平距离 D 和高差 h。

由于

$$\angle NEN' = \angle MEM' = \alpha$$
$$\angle EN'N = 90° + \varphi, \quad \angle EM'M = 90° - \varphi$$

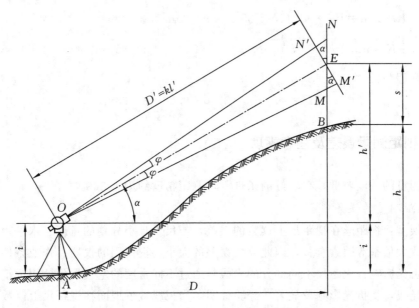

图 4-7-2　视线倾斜时距离与高差原理

考虑到 $\varphi \approx 17'11''$，可将 $\angle EN'N$ 和 $\angle EM'M$ 视为直角，所以在两个近似直角三角形中，有

$$l' = M'E + N'E = ME\cos\alpha + NE\cos\alpha = l\cos\alpha \qquad (4-7-8)$$

于是，视线倾斜时的水平距离 D 和高差 h，计算公式如下：

$$\left.\begin{array}{l} D = Kl\cos^2\alpha \\ h = \dfrac{1}{2}Kl\sin2\alpha + i - s \end{array}\right\} \qquad (4-7-9)$$

式中，h——仪器测站至地面觇点间的高差，i——仪器高，s——中丝读数。

二、视线测量的观测与计算

施测时，安置仪器于 A 点，量出仪器高 i，转动照准部瞄准 B 点视距尺，分别读取上、下、中三丝的读数，计算视距间隔。再使竖盘指标水准管气泡居中（如为竖盘指标自动补偿装置的经纬仪则无此项操作），读取竖盘读数，并计算竖直角。用计算器计算出水平距离和高差。

【例 4-7-1】　已知经纬仪上、下视距丝间隔为 $l\,\mathrm{m}$，竖直角为 $+5°35'$ 时中丝读数为 $1.4\,\mathrm{m}$，仪器高为 $1.4\,\mathrm{m}$，测站高程为 $30\,\mathrm{m}$，求测站至觇点的水平距离 D 及觇点的地面高程。

解：根据题意知，
$l = 1.0\,\mathrm{m}$，$\alpha = +5°35'$，$i = 1.4\,\mathrm{m}$，$s = 1.4\,\mathrm{m}$，$H_0 = 30.00\,\mathrm{m}$
根据式（4-7-9）有：

$$D=Kl\cos^2\alpha=100\times1\times(\cos5°35')^2=99.05\text{m}$$

$$h=\frac{1}{2}Kl\sin2\alpha+i-s=D\tan\alpha+i-s=99.05\times\tan5°35'+1.4-1.4=9.68\text{m}$$

觇点高程为:

$$H_p=H_0+h=30.0+9.68=39.68\text{m}$$

三、视距测量误差及注意事项

视距测量的精度较低,在较好的条件下,测距精度约为1/300。

1. 视距测量的误差

读数误差:视距丝在视距尺上读数的误差,与尺子最小分划的宽度、水平距离的远近和望远镜放大倍率等因素有关,因此读数误差的大小,视使用的仪器、作业条件而定。

垂直折光影响:视距尺不同部分的光线是通过不同密度的空气层到达望远镜的,越接近地面的光线,受折光影响越显著。经验证明,当视线接近地面在视距尺上读数时,垂直折光引起的误差较大,并且这种误差与距离的平方成比例地增加。

视距尺倾斜所引起的误差:视距尺倾斜误差的影响与竖直角有关,尺身倾斜对视距精度的影响很大。

2. 注意事项

(1) 为减少垂直折光的影响,观测时应尽可能使视线离地面1m以上;

(2) 作业时,要将视距尺竖直,并尽量采用带有水准器的视距尺;

(3) 要严格测定视距常数,乘常数值应在100±0.1之内,否则应加以改正;

(4) 视距尺一般应是厘米刻划的整体尺。如果使用塔尺应注意检查各节尺的接头是否准确;

(5) 要在成像稳定的情况下进行观测。

第八节 三角高程测量

当地面两点间的地形起伏较大而不便于施测水准时,可应用三角高程测量的方法,先测定两点间的高差,再求得高程。该法较水准测量精度低,常用作山区各种比例尺测图的高程控制。

一、三角高程测量原理

三角高程测量的基本思想是,根据由测站的照准点所观测的竖直角和两点间的水平距离来计算两点之间的高差。如图4-8-1所示,已知A点高程H_A,欲求B点高程H_B,可将仪器安置在A点,照准B点目标顶端N,测得竖直角α,量取仪器高i和目标高v。

如果A、B两点间水平距离为D,A、B两点高差h_{AB}为:

$$h_{AB}=D\tan\alpha+i-v \qquad (4-8-1)$$

如果用测距仪测得 A、B 两点间的斜距为 S，则高差 h_{AB} 为：

$$h_{AB} = S\sin\alpha + i - v \qquad (4-8-2)$$

B 点高程为：

$$H_B = H_A + h_{AB} \qquad (4-8-3)$$

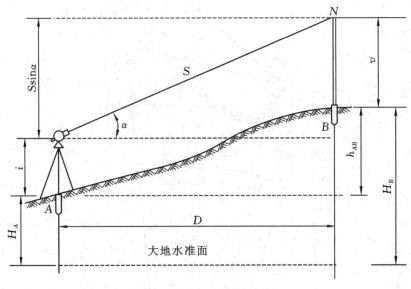

图 4 - 8 - 1　三角高程测量

二、地球曲率和大气折光对高差的影响

式（4-8-1）和式（4-8-3）是在假定地球表面为水平面（即把水准面当作水平面），认为观测视线是直线的条件下导出的。当地面上两点间的距离小于 300m 时是适用的，两点间距离大于 300m 时要顾及地球曲率。加曲率改正，称为球差改正。同时，观测视线受大气垂直折光的影响而成为一条向上凸起的弧线，必须加入大气垂直折光差改正，称为气差改正。以上两项改正合称为**球气差改正**，简称**二差改正**。

如图 4-8-2 所示，O 为地球中心，R 为地球曲率半径（$R=6371$km），A、B 为地面上两点，D 为 A、B 两点间的水平距离，R' 为过仪器高 P 点的水准面曲率半径，PE 和 AF 分别为过 P 点和 A 点的水准面。实际观测竖直角 α 时，水平线交于 G 点，GE 就是由于地球曲率而产生的高程误差，即**球差**，用符号 c 表示。由于大气折光的影响，来自目标 N 的光沿弧线 PN 进入仪器中的望远镜，而望远镜的视准轴却位于弧线 PN 的切线 PM 上，MN 即为大气垂直折光带来的高程误差，即**气差**，用符号 γ 表示。

由于 A、B 两点间的水平距离 D 与曲率半径 R' 之比值很小，例如当 $D=3$km 时，其所对圆心角约为 $2.8'$，故可认为 PG 近似垂直于 OM，$MG \approx D\tan\alpha$，于是，A、B 两点间的高差为：

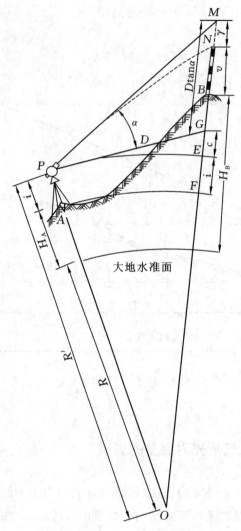

图 4-8-2 三角高程测量原理

$$h = D\tan\alpha + i - v + c - \gamma \qquad (4-8-4)$$

从图 4-8-2 可知：$(R'+c)^2 = R'^2 + D^2$。

由于 c 与 R' 相比很小，可略去，并考虑到 R' 与 R 相差甚小，以 R 代替 R'，则上式为

$$c = \frac{D^2}{2R'+c} \approx \frac{D^2}{2R} \qquad (4-8-5)$$

设因大气垂直折光而产生的视线变曲的曲率半径 R' 为地球曲率半径 R 的 K 倍，K 称为**大气折光系数**，则气差为：

$$\gamma = \frac{D^2}{2R'} = \frac{D^2}{2KR} \qquad (4-8-6)$$

将式（4-8-5）和式（4-8-6）代入式（4-8-4），得：

$$h = D\tan\alpha + i - v + \frac{1-K}{2R}D^2 \qquad (4-8-7)$$

上式与式（4-8-1）相比较，最后多了一改正项，它是由地球的曲率和大气折光引起的，称它为**球气差**，并令其等于 f，即：

$$f = c - \gamma = \frac{1-K}{2R}D^2 \qquad (4-8-8)$$

长期的研究表明，大气折光系数不仅与所在测区的纬度和地形有关，也与季节和天气因素有关，因而其值不是一个定值，但其变化在 0.10～0.14 之间。

说明：在同一地区，球气差只与两点间的距离有关，其符号在往返测高差中保持不变，因此三角高程测量一般都采用对向观测，即由 A 点观测 B 点，又由 B 点观测 A 点，取对向观测所得高差绝对值的平均数可抵消两差的影响。

三、三角高程测量的观测和计算

1. 三角高程测量的观测

（1）安置经纬仪于测站上，量取仪器高 i 和目标高 v。

（2）当中丝瞄准目标时，将竖盘水准管气泡居中，读取竖盘读数。必须以盘左、盘右进行观测。

（3）竖直角观测测回数与限差的规定应符合表4-8-1的规定。

表4-8-1　　　　　　　　　　　　**竖直角观测测回数与限差的规定**

等级和仪器项目	四等和一、二级小三角		一、二、三级导线	
	DJ2	DJ6	DJ2	DJ6
测回数	2	4	1	2
各测回互差限差	15″	25″	15″	25″

（4）用电磁波测距仪测量两点间的倾斜距离 S，或用三角测量方法计算得出两点间水平距离 D。

2. 三角高程测量计算

三角高程测量往返测所得的高差之差（经两差改正后）不应大于规范规定的限值，其值与边长的长度有关。若较差符合限差要求，取两次高差的平均值。

对图根小三角点进行三角高程测量时，竖直角 α 用 J6 级经纬仪测1～2个测回；同时为了减少折光差的影响，目标高应不小于1m，仪器高 i 和目标高 v 用皮尺量出，取至 cm。

表4-8-2是三角高程测量观测与计算实例。

表 4-8-2　　　　　　　　　　　三角高程测量观测与计算实例

起算点	A		B	
待求点	B		C	
	往	返	往	返
平距(m)	581.38	581.38	488.01	488.01
竖直角 α	+11°38′30″	−11°24′00″	+6°52′15″	−6°34′30″
仪器高 i(m)	1.44	1.49	+1.49	+1.50
目标高 v(m)	−2.50	−3.00	−3.00	−2.50
球气差 f(m)	+0.02	+0.02	+0.02	+0.02
高差(m)	+118.74	−118.72	+57.31	−57.23
平均高差(m)	+118.73		+57.27	

　　三角高程测量路线应组成闭合或附合路线。如图 4-8-3 所示,三角高程测量可沿 $A—B—C—D—A$ 闭合路线进行,每边均取对向观测。观测结果列于图 4-8-3 上,其路线高差闭合差 f_h 的容许值按下式计算:

$$f_{h允}=0.05\sqrt{\sum D^2}\ (D\ 以\ km\ 为单位) \tag{4-8-9}$$

　　若 $f_h<f_{h允}$,则将闭合差按与边长成正比分配给各高差,再按调整后的高差推算各点的高程。

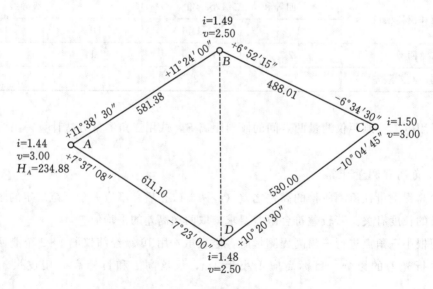

图 4-8-3　三角高程测量示意图

本初子午线的由来

本初子午线又称"首子午线"或"零子午线"，即零度经线，亦称格林威治子午线或格林尼治子午线，是位于英国格林尼治天文台的一条经线（亦称子午线）。本初子午线的东西两边分别定为东经和西经，于180°相遇。本初子午线不是东西半球的划分。

地球上的零度经线（本初子午线）是人为假定的，它不像纬度，有自然起讫（赤道和两端）。这样就使零度经线的选择，是经过一番激烈的争论后确定的。

17世纪中叶，英国的航海事业发展很快。为了解决在海上测定经度的需要，英国当局决定在伦敦东南郊距市中心约20多千米，泰晤士河畔的皇家格林尼治花园中建立天文台。1835年以后，格林尼治天文台在杰出的天文学家埃里的领导下，得到扩充并更新了设备。他首创利用"子午环"测定格林尼治平太阳时。该天文台成为当时世界上测时手段较先进的天文台。随着世界航海事业的发展，许多国家先后建立天文台来测定地方时。

国际上为了协调时间的计量和确定地理经度，第一届国际地理学会议于1871年在比利时安特卫普召开，会议作出决议："各国的海图要统一采用格林尼治子午线为零度经线，并在15年内付诸实施。"

1881年10月1日，国际子午线会议在美国华盛顿召开。最后大会通过了七个决议案，其中三个：（决议案之二）出席会议的各国政府应采用通过格林尼治天文台子午环中心的子午线作为本初子午线；（决议案之四）提倡采用世界时，根据需要也可以使用地方时或标准时；（决议案之五）世界日以本初子午线的零时为起点，民用日也从子夜零时开始。至此，本初子午线、世界时等最终得以确立，并得到大多数国家的承认。

首子午线

东西半球分界线　　　英国格林尼治天文台

格林尼治时间钟

1883年10月，在罗马召开第七届国际大地测量会议，会议决议："本初子午线必须是通过一级天文台的子午线，考虑到有90％从事海外贸易的航海者已经以格林尼治子午线为基准来计算船的位置（经度）这一实际情况，各国政府应采用格林尼治子午线作为本初子午线。"关于时间问题，会议认为：在国际交往中应采用统一的世界时，这将会带来很大的便利。

1884 年，在华盛顿召开的国际经度学术会议上，正式确定以通过英国伦敦格林尼治天文台旧址的经线作为全球的零度经线，公认为世界计算经度的起点线。通过地球两极而与赤道直交的圆弧即为子午线，又称经线。以本初子午线为零度分东西两半球为东西经各180°。但东西半球的划分是西经 20°和东经 160°。

思考题与习题

1. 什么是水平角？什么是垂直角？经纬仪为什么既能测出水平角又能测出竖直角？同一竖直面内，不同高度的目标在水平度盘和竖直度盘上的读数是否一致？

2. 经纬仪由几大部分组成？经纬仪的制动螺旋和微动螺旋各有何作用？如何使用微动螺旋？

3. 观测水平角时，为什么要进行对中和整平？简述光学经纬仪对中和整平的方法。

4. 试分述测回法和方向法观测水平角的步骤。

5. 观测水平角，如需要观测两个以上测回时，为什么各测回间要变换度盘位置？若测回数为 4，各测回的起始读数应如何变换？

6. 观测水平角时，为什么起始方向的水平度盘读数要略大于 0°00′00″，怎样进行操作？照准目标时，为什么应尽量瞄准目标底部？

7. 根据方向值求算水平角时，为什么总是用右方向值减去左方向值？

8. 计算下表水平角观测记录。

水平角观测记录

观测点 第一测回	读数		半测回方向值 (° ′ ″)	一测回方向值 (° ′ ″)	各测回平均方向值 (° ′ ″)
	盘左 (° ′ ″)	盘右 (° ′ ″)			
树北	0 02 18	180 03 24			
B202	63 49 42	243 51 06			
203	132 24 54	312 26 12			
204	163 26 18	343 27 24			
树北	0 02 12	180 03 42			

9. 什么叫竖盘指标差？如何测定经纬仪竖盘指标差？竖盘指标水准器的作用是什么？

10. 为什么观测一个水平角必须在两个方向上读数，而观测一个竖直角只要读取一个方向上的目标读数即可?

11. 完成下表中竖直角观测记录。

竖直角观测记录

测站	目标	盘左 (° ′ ″)	盘右 (° ′ ″)	指标差 (″)	竖直角 (° ′ ″)	仪器高 (m)	目标高 (m)
O	A	79 20 24	280 40 00			1.43	1.65
	B	98 32 18	261 27 54			1.43	1.58

12. 用 DJ6 型经纬仪进行角度测量时,有哪些限差规定?

13. 经纬仪采用盘左、盘右观测,可以消除哪些误差对测角的影响?

14. 经纬仪有哪些主要轴线?它们之间应满足什么几何条件?

15. DJ6 型经纬仪的检查校正有哪些项目,应按怎样的顺序进行检校?

16. 当观测目标间高低相差较大时,进行水平角观测,为什么应特别注意仪器的整平?

17. 野外作业时,如何消除光学对中器误差对观测的影响?

18. 用 DJ6 型经纬仪观测某一目标,盘左竖盘读数为 71°45′24″,该仪器竖盘为顺时针注记,测得竖盘指标差 $x=+66″$,校正指标差时,该目标正确的竖直角读数为多少?

19. 根据下表计算三角高程测量的高差值。

三角高程计算表

测 站	A	B
目标	B	A
竖直角 α	+4°30′	−4°18′
水平距离 D	375.11	375.11
$\tan\alpha$		
$D\tan\alpha$		
仪器高 i	1.50	1.40
目标高 s	1.80	2.40
两差改正 f		
高差 h		
平均高差		

技 能 训 练

技能训练一　经纬仪的认识与基本操作

一、目的与要求

（1）了解 DJ6 型光学经纬仪的基本构造和各部件的功能。

（2）掌握经纬仪对中、整平、照准和读数的方法。

（3）测量两个方向间的水平角。

（4）要求对中偏差不超过 2mm，整平误差不超过 1 格。

（5）每 3～4 人一组，轮流操作。

二、仪器及工具

DJ6 型光学经纬仪 1 台，记录板 1 块。

三、方法与步骤

（1）由仪器室借出仪器之后，到指定的点上去安置仪器。

（2）在安置仪器之前，先打开仪器箱，认清、记牢经纬仪在仪器箱中安放的位置，以便实习完后仪器能按原样装箱。

（3）仪器安装在三脚架上，认识仪器的各个主要部件的名称、作用和相互关系，如仪器的上盘、下盘、水准管，微动和制动螺旋，读数目镜，基座连接螺旋等。

（4）对中。将经纬仪水平度盘的中心安置在测站点的铅垂线上。

①垂球对中：先将三脚架安置在测站点上，架头大致水平，用垂球概略对中后，踩紧三脚架，然后用连接螺旋将仪器固定在三脚架上。若偏离测站点较多时，将三脚架平行移动；若偏离较少，可将连接螺旋松开，在架头上移动仪器使垂球尖准确对准测站点，再将连接螺旋旋紧。

②光学对中：将仪器安置在测站点上，架头大致水平，三个脚螺旋的高度适中，光学对中器大致在测站点铅垂线上，转动对中器目镜看清十字丝中心圈，再推拉或旋转目镜，使测站点影像清晰。若中心圈与测站点相距较远，则应平移脚架，再旋转脚螺旋，使两者重合。伸缩架腿，粗略整平圆水准器，再用脚螺旋使圆水准气泡居中。最后还要检查测站点与中心圈是否重合，若有很小偏差则松开连接螺旋，在架头上移动仪器，使其精确对中。

（5）整平。使经纬仪水平度盘处于水平位置，仪器竖轴铅直。使照准部水准管与任意两个脚螺旋连线平行，两手以相反方向同时旋转两个脚螺旋，使水准管气泡居中（气泡移动方向与左手大拇指移动方向一致）。再将照准部旋转 90°，转动第三个脚螺旋使水准管气泡居中。反复进行以上操作，至气泡在任何方向居中。

整平后的仪器，当水平旋转 180°时，水准管气泡偏离中心不大于 $\pm1/4$ 格；垂球尖偏离标志中心不大于 1mm。

（6）瞄准目标。松开照准部和望远镜的制动螺旋，用瞄准器粗略瞄准目标，拧紧制动螺旋。调节目镜对光螺旋，看清十字丝，再转动物镜对光螺旋，使目标影像清晰，转动水平微动和竖直微动螺旋，用十字丝精确瞄准目标，并消除视差。

（7）练习水平度盘读数。

（8）练习用水平度盘变换手轮或复测扳手配置水平度盘读数。

（9）瞄准目标，拧紧水平制动螺旋，用微动螺旋准确瞄准目标，转动水平度盘变换手轮，使水平度盘读数配到预定数值。松开制动螺旋，重新照准原目标，看水平度盘读数是否为原预定读数，否则需重新配置。

四、注意事项

（1）严禁"先安置仪器，再根据垂球尖所指画十字线"的对中方法。

（2）在三脚架头上移动经纬仪准确对中后，切勿忘记将连接螺旋扭紧。

（3）瞄准目标时，尽可能瞄准目标底部，目标较粗时，用双丝夹；目标较细时，用单丝平分。

（4）读数时，认清平盘读数窗，注意正确估读到秒。

（5）离合器扳手扳下时，度盘锁紧；扳手扳上时，度盘松开。

五、思考题

（1）经纬仪使用中为什么要对中？对中的要领是什么？

（2）上盘转动应关紧什么螺旋，松开什么螺旋？上、下盘一齐转动时，应关紧什么螺旋，松开什么螺旋？

（3）转动测微轮时，望远镜中目标的像是否也随度盘影像的移动而移动，为什么？

（4）视差对测角有何影响，如何消除它？

（5）望远镜转动时，不松制动螺旋有何害处？

（6）经纬仪为什么要整平后才能测角？

（7）用什么方法可以很快地照准目标？为什么有时望远镜方向已对准目标，而镜内还看不见目标呢？

技能训练二　测回法观测水平角

一、目的与要求

（1）掌握测回法观测水平角的观测与计算方法。

（2）进一步熟悉经纬仪的操作。

（3）每人对同一角度观测一个测回，两个半测回的较差不超过 $\Delta\beta < 40''$。

（4）每 3～4 人一组，每人测一个测回。

二、仪器及工具

DJ6 型经纬仪 1 台，记录板 1 块。

三、方法与步骤

（1）在一个指定的点上安置经纬仪，进行对中和整平。

（2）选择两个明显的固定点作为观测目标。

（3）上半测回（盘左）：先瞄左目标，读取水平度盘读数，顺时针旋转照准部，再瞄右目标，读取水平度盘读数，计算半测回角值。

（4）下半测回（盘右）：先瞄右目标，读取水平度盘读数，逆时针旋转照准部，再瞄左目标，读取水平度盘读数，计算半测回角值。

（5）成果校核，盘左盘右两个半测回的角值较差不超过 $\pm 40''$ 时，取两个半测回的角值平均值作为一测回的角值。

（6）当进行 n 个测回的观测时，需将盘左起始方向的读数按 $180°/n$ 进行度盘的配置。

测回法观测水平角

日期＿＿＿＿＿＿　　　地点＿＿＿＿＿＿　　　观测＿＿＿＿＿＿　　　记录＿＿＿＿＿＿

测站		竖盘位置	水平度盘读数 (° ′ ″)	半测回角值 (° ′ ″)	一测回角值 (° ′ ″)	备注
		左				
		右				
		左				
		右				

四、注意事项

（1）如果度盘变换器为复测式，在配置度盘时，先转动照准部，使读数为配置度数，将复测扳手扳下，再瞄准起始目标，将扳手扳上；如果为拨盘式，则先瞄准起始目标，再拨动度盘变换器，使读数为配置度数。

（2）在观测过程中，若发现气泡移动一格时，应重新整平重测该测回。

（3）每人独立观测一个测回，测回间应改变水平度盘位置。

五、思考题

（1）计算角值 β 时，为什么一定要用 $b-a$？被减数不够减时，为什么要加 $360°$？

（2）在测角过程中，若动了下盘制动或微动螺旋，对角度有何影响？

（3）对中、整平不精确，对测角有何影响？

（4）在第二半测回前，将度盘转动一个角度，对测角有何好处？

（5）测回法测角与较简单法测角（即仅用一个盘位，测一次）相比，有何优点？

（6）若前半个测回测完时，发现水准管气泡偏离中心，重新整平之后仅测下半个测回，然后取平均值可否？为什么？

技能训练三　方向观测法测水平角

一、目的与要求

（1）练习用 DJ6 型经纬仪作方向测回法测水平角的观测、记录、计算方法；

（2）区分测回法和全圆测回法的不同，要求附表。

二、训练内容

（1）安置仪器进行对中、整平；

（2）用全圆测回法测出从指定的测站 O 到所给定的三个目标 A、B、C 的方向值。

三、组织和实习仪器及工具

每 3～4 人一组。

每组借用：DJ6 型经纬仪 1 台，记录板 1 块，伞 1 把。

每人自备：方向测回法测角记录（表 4-3-2）一张。

四、步骤和要求

（1）在指定的测站上安置仪器，进行对中、整平；

（2）调清楚十字丝，选择好起始方向，安置好度盘读数，消除视差，开始观测；

（3）上半测回，顺时针观测，记录由上向下记；下半测回，逆时针观测，记录由下向上记，在一个测回中不要改变望远镜和读数目镜的焦距；

（4）读数：DJ6 型直读到 $1'$，估读到 $0.1'$，或直读到 $20''$，估读到 $2''$；

（5）限差：

仪器	光学测微器 两次重合读数差	半测回归 零差	同方向各测回 2C 值互差	各测回同一 方向值互差
DJ6	12″	18″	30″	24″

（6）每人轮流做一遍，填写实习记录，每人交一份。

方向法观测手簿

日期：_____ 地点：_____ 观测：_____ 记录：_____

测站	测回	目标	水平度盘读数		2C＝左－右 ±180 （° ′ ″）	平均读数 （° ′ ″）	归零后 方向值 （° ′ ″）	各测回归 零方向值 的平均值 （° ′ ″）	角值与 简图
			盘左 （° ′ ″）	盘右 （° ′ ″）					
O	1	A							
		B							
		C							
	2	A							
		B							
		C							
	3	A							
		B							
		C							

五、注意事项

（1）三脚架要安置稳妥，仪器连接要牢靠；

（2）正确地按照操作方法去做，仪器转动时要慢而稳；

（3）起始方向要选择清晰、距离适中的目标；

（4）每次照准部的微动螺旋转动，都必须以旋进方向去精确照准目标，使用测微器时，也要以旋进方向使度盘分划线重合；

（5）每半个测回开始测之前，先使照准部绕竖轴按观测顺序方向轻轻转两圈，然后再观测。

六、思考题

（1）测回法和方向测回法的不同之点是什么？

（2）为什么方向测回法上半测回永远顺时针转，而下半测回永远逆时针转？

（3）在开始观测时，为什么要先使照准部绕竖轴轻轻按观测顺序方向转两圈？

（4）照准部的微动螺旋和测微螺旋，为什么永远向"旋入"方向转动？

（5）2C 代表什么意思？为什么要规定 2C 间差数的限值？

（6）度盘的刻度误差如何消除？

（7）为什么要进行归零？

技能训练四　竖直角观测及竖盘指标差检验

一、目的与要求

（1）熟悉经纬仪竖盘部分的构造；掌握确定竖直角计算公式的方法。

（2）掌握竖直角观测、记录、计算及指标差的检验方法。

（3）每 3～4 人一组，轮换操作。

要求：选择二至三个不同高度的目标，每人分别观测所选目标并计算竖直角；同台仪器所测竖盘指标差互差不得超过±25″。

二、仪器及工具

DJ6 型经纬仪 1 台，记录板 1 块，测伞 1 把，拨针 1 根。

三、方法与步骤

（1）在测站点 O 上安置经纬仪，对中、整平。

（2）判断并确定仪器竖直角的计算公式。

盘左望远镜大致放平，观察竖盘读数，然后慢慢上抬望远镜，观察竖盘读数变化情况，若读数减小，则竖直角等于望远镜水平时的读数减去目标读数；反之，竖直角等于目标读数减去望远镜水平时的读数。

（3）盘左瞄准目标，并用十字丝横丝准确切于目标顶端，读取盘左读数 L 并记入观测手簿，计算竖直角 α_L。

（4）盘右同法瞄准目标并读取盘右读数 R，记入观测手簿并计算竖直角 α_R。

（5）计算竖直角和竖盘指标差：

竖直角
$$\alpha = \frac{1}{2}(\alpha_L + \alpha_R)$$

竖盘指标差
$$x = \frac{1}{2}(\alpha_R - \alpha_L)$$

竖直角观测手簿

日期：_____ 地点：_____ 观测：_____ 记录：_____

测站	目标	竖盘位置	竖盘读数 (° ′ ″)	半测回竖直角 (° ′ ″)	平均角值 (° ′ ″)	指标差	备注
		左					
		右					
		左					
		右					
		左					
		右					

四、注意事项

（1）观测过程中，对同一目标应用十字丝中横丝切准同一部位。每次读数前应使指标水准管气泡居中。

（2）计算竖直角和指标差应注意正、负号。

五、思考题

（1）为什么上下两半测回竖直角的角值互差没有限差？

（2）测竖直角时，不同的仪高观测同一个目标，竖直角的值是否相同？

技能训练五 经纬仪的检验与校正

一、目的与要求

（1）弄清主要轴线之间应满足的条件。

（2）掌握 DJ6 型光学经纬仪检验和校正的基本方法。

（3）每 3～4 人一组，轮换操作。

二、仪器及工具

DJ6 型光学经纬仪 1 台，记录板 1 块，测伞 1 把，校正针和小螺丝刀各 1 支。

三、方法与步骤

（一）照准部水准管轴垂直于竖轴的检验和校正

1. 检验方法

（1）将经纬仪严格整平。

（2）转动照准部，使水准管与三个脚螺旋中的任意一对平行，转动脚螺旋使气泡严格居中。

（3）再将照准部旋转 180°，使水准管平行于一对脚螺旋，此时，如果气泡仍居中，说明该条件能满足。若气泡偏离中央零点位置，则需要进行校正。

2. 校正方法

先旋转这一对脚螺旋，使气泡向中央零点位置移动偏离格数的一半，然后用校正针拨动水准管一端的校正螺丝，使气泡居中。如此反复进行数次，直到气泡居中后，再转动照准部，使其转动 180°时，气泡的偏离在半格以内，可不再校正。

照准部水准管检验与校正

日期：＿＿＿＿＿＿　　　天气：＿＿＿＿＿＿　　　仪器号：＿＿＿＿＿＿　　　记录：＿＿＿＿＿＿

检验（仪器旋转 180°）次数	气泡偏离格数	检验者

（二）十字丝竖丝的检验和校正

1. 检验方法

整平仪器后，用十字丝竖丝的最上端照准一明显固定点，固定照准部制动螺旋和望远镜制动螺旋，然后转动望远镜螺旋，使望远镜上下微动，如果该固定点目标不离开竖丝，说明此条件满足，否则需要校正。

2. 校正方法

（1）旋下望远镜目镜的十字丝环护罩，用螺丝刀松开十字丝环的每个固定螺丝；

（2）轻轻旋动十字丝环，将竖丝调至偏移距离的一半，则竖丝处于竖直位置；

（3）调整完毕后务必拧紧十字丝环的四个固定螺丝，上好十字丝环护罩；

此项检验、校正也可以采用与水准仪横丝检校的同样方法或者采用悬挂垂球使竖丝与垂球线重合的方法进行。

十字丝竖丝的检验与校正

日期：_____　　　天气：_____　　　仪器号：_____　　　记录：_____

检验次数	竖丝偏离情况	检验者

（三）视准轴的校验和校正

方法一：横尺方法（即四分之一法）

1. 检验方法

在 O 点上安置经纬仪，从该点向两侧各量取 $30\sim50\mathrm{m}$ 定出等距离的 A、B 两点。在 A 点上设置目标，在 B 点处横放一根水准尺，尺身与 AB 方向垂直，与仪器大致同高。

（1）盘左瞄准目标 A，固定照准部，纵转望远镜在 B 处的水准尺上读取读数 B_1；

（2）盘右再瞄准目标 A，固定照准部，纵转望远镜在 B 处水准尺上读取读数 B_2。

若 $B_1=B_2$，该条件满足。否则按下式计算出视准轴误差 C：

$$C=\frac{B_2-B_1}{4}\times\frac{1}{D_{OB}}\cdot\rho''$$

当 $C>1'$ 时，则需要校正。

2. 校正方法

（1）在水准尺上定出读数 B_3 的位置，也就是 $B_2B_3=\frac{1}{4}B_1B_2$。

（2）用拨针拨动十字丝环左右两个校正螺丝，先松开左（右）边的校正螺丝，再紧右（左）边的校正螺丝，直到十字丝交点与 B_3 点重合为止。重复上述检验与校正工作，直到 C 角小于 $1'$ 为止。

（3）调整完毕务必拧紧十字丝环上、下两校正螺丝，上好望远镜护罩。

方法二：盘左盘右的读数法

1. 检验方法

（1）选与视准轴大致处于同一水平线上的一点作为照准目标，安置好仪器后，盘左位置照准此目标并读取水平度盘读数，记作 $\alpha_左$。

（2）再以盘右位置照准此目标，读取水平度盘读数，记作 $\alpha_右$。

（3）如果 $\alpha_左=\alpha_右\pm180°$，则此项条件满足。如果 $\alpha_左\neq\alpha_右\pm180°$，则说明视准轴与仪器横轴不垂直且存在视准差 C，应进行校正。

$$C=\frac{1}{2}\left[\alpha_左-(\alpha_右\pm180°)\right] \quad 或 \quad 2C=\alpha_左-(\alpha_右\pm180°)$$

2. 校正方法

(1) 仪器仍处于盘右位置不动，以盘右位置读数为准，计算两次读数的平均值 α 作为正确读数，即

$$\alpha=\frac{\alpha_左+(\alpha_右\pm180°)}{2}$$

或用 $\alpha=\alpha_左-C(\alpha=\alpha_右+C)$ 计算 α 的正确读数。

(2) 转动照准部微动螺旋，使水平盘指标在正确读数 α 上，这时，十字丝交点偏离了原目标。

(3) 拧下望远镜目镜的十字丝护罩，松开十字丝环上、下校正螺丝，拨动十字丝环左右两个校正螺丝[先松开左（右）边的校正螺丝，再紧右（左）边的校正螺丝]，使十字丝交点回到原目标，即使视轴与仪器横轴相垂直。

(4) 调整完务必拧紧十字丝环上、下两校正螺丝，上好望远镜目镜护罩。

视准轴的检验与校正

日期：_____　天气：_____　仪器号：_____　记录：_____

检验次数	尺上读数		$\dfrac{B_2-B_1}{4}$	正确读数 $B_3=B_2-\dfrac{B_2-B_1}{4}$	视准轴误差 $C=\dfrac{B_2-B_1}{4}\times\dfrac{1}{D_{OB}}\cdot\rho''$	检验者
	盘左 B_1	盘右 B_2				

（四）横轴的检验和校正

1. 检验方法

(1) 将仪器安置在一个清晰的高目标附近（20～30m，望远镜仰角为30°左右），视准面与墙面大约垂直，如下图所示。盘左位置照准高目标 M，拧紧水平制动螺旋后，将望远镜绕横轴转至水平位置，在墙上（或横放的尺上）标出 m_1 点。

(2) 盘右位置仍照准高目标 M，放平望远镜，在墙上（横放的尺子上）标出 m_2 点。若 m_1 和 m_2 两点重合，说明望远镜横轴垂直仪器竖轴。否则需要校正。

2. 校正方法

(1) 由于盘左和盘右两个位置的投影分别向不同方向倾斜，而且倾斜的角度是相等的，取 m_1 和 m_2 的中点 m，即是高目标点 M 的正确投影位置。得到 m 点后，用微动螺

旋使望远镜照准 m 点，再仰起望远镜看高目标点 M，此时十字丝交点将偏离 M 点。

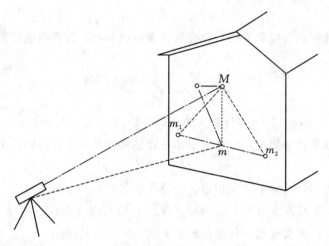

横轴检验观测示意图

（2）用校正拨针拨动横轴校正螺丝，调整一侧高度，使十字丝重新对准 M，此时横轴即垂直于竖轴。

横轴的检验与校正

日期：_____　　　天气：_____　　　仪器号：_____　　　记录：_____

检验次数	P_1P_2 距离	竖盘读数	竖直角	仪器至墙面距离 D	横轴误差 $i = \dfrac{D_{P_1P_2}\cot\alpha}{2D} \cdot \rho''$	检验者

（五）竖盘指标水准管的检验

1. 检验方法

检验方法同技能训练四，若指标差超限，应进行校正。

2. 校正方法

（1）计算出正确的竖直角 α：

$$\alpha = \frac{1}{2}(\alpha_{左} + \alpha_{右})$$

（2）仪器仍处于盘右位置不动，不改变望远镜所照准的目标。根据正确的竖角 α 和竖直度盘刻划特点求出盘右时竖直度盘的正确读数值，并用竖盘指标水准管微动螺旋使竖直度盘指标对准该正确读数值。这时，竖盘指标水准管气泡不再居中。

（3）拨针拨动竖盘水准管上、下校正螺丝，使气泡居中，即消除了指标差，达到了检校的目的。

对于有竖盘指标自动归零补偿装置的经纬仪，其指标差的校正方法如下：

取下竖盘立面仪器外壳上的指示差盖板，可见到两个带孔螺钉，松开其中一个螺钉，拧紧另一个螺钉能使垂直光路中的一块平板玻璃产生转动而达到校正的目的，仪器校正完毕后应检查校正螺钉是否紧固可靠，以防脱落。

四、注意事项

（1）按实验步骤进行检验、校正，顺序不能颠倒。

（2）需要校正部分，应在教师指导下进行，不得随意拨动仪器的各个螺丝。

一般性检验

日期：_____　　天气：_____　　仪器号：_____　　记录：_____

检验内容	检验结果	检验者
三脚架是否牢固,架腿伸缩是否灵活		
水平制动与微动是否有效		
望远镜制动与微动螺旋是否有效		
照准部转动是否灵活		
望远镜转动是否灵活		
脚螺旋是否有效		
其他		

第五章　全站仪测量

第一节　全站仪的结构

全站仪，即全站型电子测距仪（Electronic Total Station），是一种集光、机、电为一体的高技术测量仪器，是集水平角、垂直角、距离、高差测量功能于一体的测绘仪器系统。与光学经纬仪比较，电子经纬仪将光学度盘转换为光电扫描度盘，将人工光学测微读数代之以自动记录和显示读数，使测角操作简单化，且可避免读数误差的产生。因其一次安置仪器就可完成该测站上全部测量工作，所以称之为全站仪。

全站仪具有角度测量、距离（斜距、平距、高差）测量、三维坐标测量、导线测量、交会定点测量和放样测量等多种用途。内置专用软件后，还可以实现有针对性的特殊测量，如悬高测量、偏心测量、面积测量，甚至公路中线测量等。全站仪是地面测量的主要仪器之一。

一、全站仪的结构

全站仪按结构一般分为分体式（或组合式）和整体式两种，如图 5-1-1 所示。20世纪 90 年代以前，由于全站仪结构的复杂性，光电测距仪、电子经纬仪都是独立设计生产的。人们为了方便导线测量和施工测量，需要将光电测距仪（图 5-1-1 左二）安装在电子经纬仪上，就形成了图 5-1-1 中左一的分体式全站仪。随着电子信息技术的发展，自 20 世纪 90 年代后，国际厂商推出了众多品牌的整体式全站仪（图 5-1-1 中右一）。如德国蔡司、瑞士徕卡、美国天宝、日本拓普康、宾得、索佳、尼康等。

按数据存储方式分，全站仪可分为内存型与电脑型。内存型全站仪所有程序固化在存储器中，不能添加或改写，也就是说只能使用全站仪提供的功能，无法扩充；而电脑型全站仪则内置 DOS 或 Windows CE 等操作系统，所有程序均运行于其上，根据实际需要，可通过添加程序来扩充功能，使操作者进一步成为全站仪开发设计者，更好地为工程建设服务。

全站仪的结构如图 5-1-2 所示。

图 5-1-2 所示的左半部分是四大光电测量系统，即水平角、竖直角测量系统、测距系统和水平补偿系统。该系统测角部分相当于电子经纬仪，可以测定水平角、竖直角，并设置方位角；测距部分相当于光电测距仪，可测量仪器与目标点之间的斜距，进而计算为平距及高差；测量内容通过总线传递至数字处理机的微处理器进行数据处理。

图 5-1-1　组合式全站仪与整体式全站仪

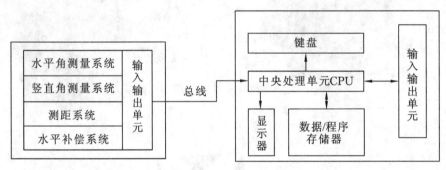

图 5-1-2　全站仪结构图

　　图 5-1-2 所示的右半部分是微处理器，主要由中央处理单元（CPU）、存储器、输入输出设备（I/O）组成，是全站仪进行数据处理的核心部件，其主要功能是根据键盘指令启动仪器进行测量工作，执行测量过程的检核和数据的传输、处理、显示及存储等工作，保证光电测量及数据处理工作有条不紊地进行。输入输出部分包括键盘、显示器及数据接口。从键盘可输入操作指令、数据并进行参数设置；显示器则可以显示当前仪器状态、工作模式、观测数据及运算结果；数据接口使全站仪可以同磁卡、磁盘、微机相互通信，进行数据交换。

　　目前，市场上全站仪的产品主要有：瑞士徕卡（Leica）公司的 Wild TC 系列，美国天宝（Trimble）公司的 Trimble S 和 M 系列，日本的产品有索佳（Sokkia）公司的 SET 系列及 PowerSET 系列、拓普康（Topcon）公司的 GTS 系列、尼康（Nikon）公司的 DTM 系列、宾得（Pentax）公司的 PTS 系列等。国内有广州南方测绘集团的南方 NTS 系列、科力达 KOLIDA 系列、三鼎 Sanding STS 系列、瑞得 Ruide 系列；中海达集团公司的中海达 ZTS 系列、海星达 ATS 系列、华星 HTS 系列以及北京博飞 BTS、苏州苏一光 RTS 品牌等。

　　各个品牌的全站仪的外观基本相同，主要外部构件均由望远镜、电池、显示器及键盘、水准器、制动与微动螺旋、基座、手柄等组成。

　　本章主要以南方全站仪为例说明全站仪的各个部件。图 5-1-3 为南方 NTS 系列全站仪的主要部件及说明。值得说明的是，其他型号系列和其他品牌系列全站仪的各个部件名称基本相同。

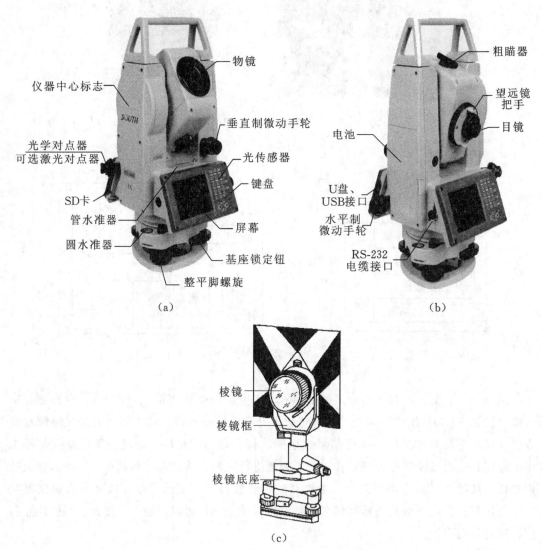

图 5-1-3　南方 NTS 全站仪功能键及棱镜部件名称

二、全站仪的主要性能

　　南方全站仪 NTS360/L/R 具备丰富的测量程序，同时具有数据存储功能。南方 NTS

-360 系列全站仪是南方公司推出的一款比较经典的机型，与拓普康 GTS300 系列性能相当，功能强大，适用于各种专业测量和工程测量。其主要性能介绍如下：

1. 绝对数码度盘

该机配置绝对数码度盘，方便作业人员开机即可直接进行测量。在测量过程中，即使中途重置电源，方位角信息也不会丢失，免除了重新置向的繁琐操作。

2. SD 卡功能

配置了 SD 卡，在作业当中各种数据都可以方便地保存到 SD 卡中。通过笔记本电脑插槽或读卡器就可以轻松在电脑上读取 SD 卡内的数据，免除了繁琐的数据传输操作。SD 卡上每 1 兆（MB）的内存可存储 8 500 组测量数据，或者 22 000 个坐标数据。

3. 强大的内存管理

设计了大容量内存，并可以方便地进行文件系统管理，实现数据的增加、删除、修改、传输等。

4. 免棱镜测距

该系列全站仪中带激光测距的免棱镜测距功能可直接对各种材质、不同颜色的物体（如建筑物的墙面、电线杆、电线、悬崖壁、山体、泥土、木桩等）进行远距离、高精度的测量。

5. 特殊测量程序

该系列全站仪在具备常用的基本测量功能之外，还具有特殊的测量程序，可进行悬高测量、偏心测量、对边测量、放样、后方交会、面积计算、道路设计与放样等工作，可满足专业测量与工程测量的需求。

三、全站仪的主要技术参数

衡量一台全站仪的性能指标有：精度（测角及测距）、测程、测距时间、程序功能、补偿范围等。表 5-1-1 中列出了该型号全站仪的主要技术指标，供参考。

表 5-1-1　　　　　　　　　　**NTS-360 系列全站仪的主要技术参数**

指标类型	NTS-362R/5R	NTS-362L/5L	NTS-362/5
	红色可见激光	红外激光	红外发光
载波(仅针对 NTS-362R/5R 系列)	0.650~0.690 μm		
测量系统	基础频率 60MHz		
EDM 类型	同轴		
最小显示	1mm		

续表

指标类型	NTS-362R/5R	NTS-362L/5L	NTS-362/5
	红色可见激光	红外激光	红外发光
激光光斑 (仅针对 NTS-362R/5R 系列)	无合作模式	约 7×14mm/20m	
	有合作模式	约 10×20mm/50m	
气象修正	输入参数自动改正		
大气折光和地球曲率改正	输入参数自动改正		
棱镜常数修正	输入参数自动改正		
距离单位	米/美国英尺/国际英尺/英尺-英寸可选		
数字显示	最大:99 999 999.999m　最小:1mm		
平均测量次数	可选取 2~255 次的平均值		

距离测量

有合作模式

测距方式	精度标准差	测量时间
棱镜精测	$\pm(2mm+2ppm\cdot D)$	<1.2s
棱镜跟踪	$\pm(5mm+2ppm\cdot D)$	<0.4s
IR 反射片	$\pm(5mm+2ppm\cdot D)$	<1.2s

无合作模式

测距方式	精度标准差	测量时间
无合作精测	$\pm(5mm+2ppm\cdot D)$	<1.2s
无合作跟踪	$\pm(10mm+2ppm\cdot D)$	<0.4s

测程

有合作模式

大气条件	标准棱镜	反射片
5km	1 000m	300m
20km	5 000m	800m

无合作模式

大气条件	无反射镜(白色)※	无反射器灰度 0.18
物体在强光下强烈热闪烁	240m	150m
物体在阴影中或阴天	300m	180m

※用来衡量反射光强度的柯达灰度标准点

		NTS-362L/5L	NTS-362/5
最大距离(良好天气)	单个棱镜	5.0km	3.0km

	NTS-362/L/R	NTS-365/L/R
角度测量		
测角方式	连续绝对式 NTS-360:光电增量式	
码盘直径	79mm	
最小显示读数	1″/5″可选	
精度	2″	5″
探测方式	水平盘:对径　垂直盘:对径	
望远镜		
成像	正像	
镜筒长度	154mm	
物镜有效孔径	望远:45mm,测距:50mm	
放大倍率	30×	
视场角	1°30′	
最小对焦距离	1m	
分辨率	3″	
自动补偿器		
系统	NTS-360L/R 双轴光电式	NTS-360 单轴电容式
工作范围	±3′	
精度	3″	6″
水准器		
管水准器	30″/2mm	
圆水准器	8′/2mm	

第二节　全站仪相位法测距的基本原理

全站仪测距的基本思想是测量红外光波在全站仪与反射棱镜之间的往返传播时间 t_{2D}，然后乘以已知的电磁波传播速度（光速 c），就得到全站仪到反射棱镜之间的距离：

$$D = \frac{1}{2} c t_{2D} \qquad\qquad (5-2-1)$$

不过，由于直接测量时间难以达到精度要求，而是直接测定由全站仪发出的连续正弦测距信号在被测距离上往返传播而产生的相位变化（即相位差），根据相位差间接求得传播时间，从而求得距离 D，如图 5 - 2 - 1 所示。

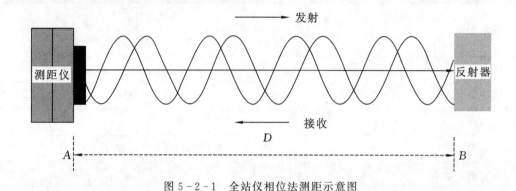

发射

接收

D

测距仪

反射器

A　　　　　　　　　　　　　　　　　　　　　　　　　B

图 5 - 2 - 1　全站仪相位法测距示意图

设测距仪在 t 时刻以振幅 A_m，角频率 w，初相位 φ_0 发射的红外光波信号为：

$$U_s = A_m \sin(wt + \varphi_0)$$

经 t_{2D} 时间延迟后到达全站仪，此时全站仪接收到的测距信号为：

$$U_r = A_m \sin(wt + \varphi_0 - wt_{2D})$$

于是，在经过被测距离延迟后，发射信号和接收信号的相位差为 wt_{2D}。

测距仪把发出的信号（参考信号）与接收的信号（测距信号）送入测相器，测相器可以测出两路信号的相位差，设测出的值为 $\varnothing$，那么有：

$$\varnothing = wt_{2D} \tag{5-2-2}$$

顾及 $w = 2\pi f$，于是上式变为：

$$t_{2D} = \frac{\varnothing}{w} = \frac{\varnothing}{2\pi f} \tag{5-2-3}$$

代入式（5 - 2 - 1），并考虑 $\lambda = c/f$，得

$$D = \frac{c}{2f} \times \frac{\varnothing}{2\pi} = \frac{\lambda}{2} \cdot \frac{\varnothing}{2\pi} \tag{5-2-4}$$

式（5 - 2 - 4）就是相位法测距的基本公式。

对上式作进一步的变换，因为任何相位差总可以分为 $2\pi \times N$ 及一个不足 2π 的 $\Delta\varnothing$ 和，即

$$\varnothing = 2\pi \times N + \Delta\varnothing = 2\pi \left(N + \frac{\Delta\varnothing}{2\pi}\right)$$

代入式（5 - 2 - 4），并令半波长 $\lambda/2 = u$，于是：

$$D = \frac{\lambda}{2} \times \left(N + \frac{\Delta\varnothing}{2\pi}\right) = u \times N + \Delta u \tag{5-2-5}$$

式中，N 为正整数，Δu 为小于半波长的小数。

从式（5 - 2 - 5）可以看出，相位法测距就好像有一把钢尺在丈量距离，尺子的长度为 u，N 为被测距离的整尺段数，Δu 为不足一个整尺的尾数，半波长 $\lambda/2$ 叫做**测尺长度**。相位法测距仪的工作过程就是计量出测尺的整尺段数和尾数的过程。

第三节　全站仪电子测角的基本原理

一、光栅度盘

全站仪和光学经纬仪有相似的机械和望远镜结构，但全站仪采用电子度盘，实现了度盘读数的电子化和自动化，不仅能同时显示并自动记录垂直角和水平角，而且采用双轴倾斜传感器来检测仪器的倾斜，从而可以通过电子学的方法来补偿由于仪器的倾斜所造成的垂直角和水平角的误差。

不过，全站仪与光学经纬仪最主要的区别在于读数系统。光学经纬仪的度盘是在360°的全圆上均匀地刻上度、分刻划并标有注记，利用光学测微器读出角度秒值。全站仪则采用光电扫描度盘，从度盘上取得电信号，根据电信号再转换成角度。

按测角度方法的不同，分为增量式光栅测角、编码度盘测角、区格式动态测角三种。下面主要介绍增量式光栅测角原理。

在光学玻璃圆盘上全圆 360°均匀而密集地刻划出许多径向刻线，构成等间隔的明暗条纹——光栅，称做**光栅度盘**，如图 5-3-1 所示。采用光栅度盘测角的编码器与发光经纬仪的度盘和绝对式编码器有很大的区别，它可以任意位置为零点来测量角度，现在大多数的电子经纬仪都采用这种编码器。

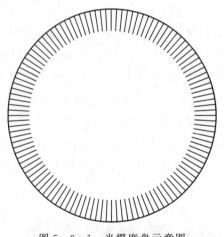

图 5-3-1　光栅度盘示意图

二、光栅度盘读数原理

通常光栅的刻线宽度与缝隙宽度相同，二者之和称为光栅的栅距。栅距所对应的圆心角即为栅距的分划值。如在光栅度盘上下对应位置安装照明器相光电接收管，光栅的刻线不透光，缝隙透光，即可把光信号转换为电信号。如图 5-3-2 所示。当照明器相接收管随照准部相对于光栅度盘转动，由计数器计出转动所累计的栅距数，就可得到转动的角度值。因为光栅度盘是累计计数的，因而通常称这种系统为增量式读数系统。

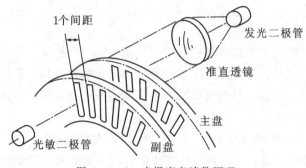

图 5-3-2　光栅度盘读数原理

仪器在操作中会顺时针转动和逆时针转动，因此计数器在累计栅距数时，也有增有减。例如在瞄准目标时，如果转动过了目标，当反向回到目标时，计数器就会减去多转的栅距数。所以这种读数系统具有方向判别的能力，顺时针转动时就进行加法计数，而逆时针转动时就进行减法计数，最后的结果为顺时针转动时相应的角值。

三、莫尔条纹及其读数放大原理

在 80mm 直径的度盘上刻线密度已达到 50/线 1mm，如此之密，而栅距的分划值仍很大，为 $1'43''$。如以 $1''$ 为单位来测量角度，采用上述方式的度盘刻线数为 360°×60（分）×60（秒）＝1 296 000 根。显然要在直径为 80mm 的玻璃度盘上刻 1 296 000 根线的话，一根线的宽度大约为 $0.1\mu m$（1/10 000mm），是非常细的，实际上是不可能的。度盘上的刻线由仪器的要求而定，一般最多为 21 600 根。为了提高测角精度，还必须用电子方法对栅距进行细分，分成几十至上千等份。由于栅距太小，细分和计数都不易准确，所以在光栅测角系统中部采用了莫尔条纹技术，借以将栅距放大，再细分和计数。莫尔条纹如图 5-3-3 所示。

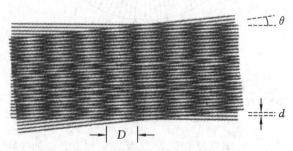

图 5-3-3　莫尔条纹读数放大原理

具体做法是，将两个相同密度和栅距的光栅度盘，即一个叫光栅主盘，另一个称之为光栅副盘以微小的间距重叠起来，并使两光栅刻线互成一微小的夹角 θ，这时就会出现放大的明暗交替的条纹，这些条纹就是**莫尔条纹**，如图 5-3-3 所示。通过莫尔条纹，即可使栅距 d 放大至 D。

设条纹宽度为 D，光栅距为 d，两面三刀光栅的小交角为 θ，则有：

$$D=\frac{d}{2\tan\frac{\theta}{2}} \tag{5-3-1}$$

由于交角 θ 很小，上式可近似简化为：

$$D=\frac{d}{\theta} \tag{5-3-2}$$

则莫尔条纹宽度 D 对光栅距 d 的放大倍数 k 为：

$$k=\frac{1}{\theta} \tag{5-3-3}$$

因 θ 很小，故 k 值很大。如当 $\theta=10'$ 时，$k\approx344$。则此可见，莫尔条纹宽度随角的减少可调得很大，这有利于在一个条纹宽度内设置多个光电探测装置。

第四节　全站仪的面板与基本设置

本节我们来熟悉一下全站仪的面板与基本参数设置。目前，国内外不同品牌和型号的全站仪众多，其操作使用步骤也是不尽相同的。在学校学习期间，由于全站仪类型和型号有限，实践时不可能都一一去操作。但是，全站仪测量的基本原理及方法是相同的，只是在外观和操作设计上不同。因此，在学习全站仪的操作与使用时，结合先前学过的经纬仪操作知识，尽量在理解测量原理的基础上，掌握某一个品牌型号的全站仪的基本操作步骤，其他品牌型号的全站仪大体类似。

在学习过程中，熟悉了基本按键操作后，按照全站仪距离测量、角度测量、坐标测量和程序测量的步骤循序渐进。对于后视定向的认识，与经纬仪角度测量时的零方向类似。当然，只有掌握了导线坐标计算的内容，才能更好地理解为何要先照准后视点，设置方位角，再照准前视点进行观测了。

下面，我们以南方普及型全站仪 NTS-360 系列为例详细地说明全站仪的操作与使用。

一、NTS-360 全站仪的显示屏及显示、按键符号和功能说明

1. 显示屏及按键说明

与大多数全站仪界面设计一样，NTS-360 全站仪屏幕位于面板左侧，采用 6 行×30 字符列的液晶显示屏（LCD），屏的下方有 4 个功能键 F1~F4，功能键随着屏内最后一行的显示内容不同而执行不同的功能。操作面板及按键说明如图 5-4-1 所示。

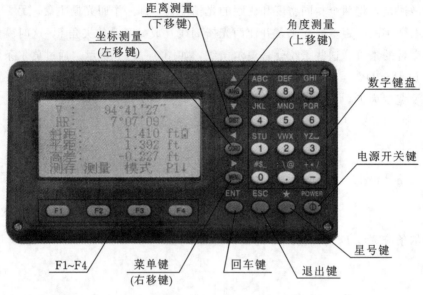

图 5 - 4 - 1　南方 NTS - 360 面板

2. 键盘符号及液晶屏显示符号说明

NTS - 360 全站仪键盘符号位于面板右侧,其中有电源开关键、测量模式键、确认键、退出键、星号键,以及数字(字符)键。键盘符号和液晶屏显示符号说明分别见表 5 - 4 - 1、表 5 - 4 - 2。

表 5 - 4 - 1　　　　　　　　　　　　　　　　键盘符号

按　键	名　　称	功　　能
ANG	角度测量键	进入角度测量模式(▲光标上移或向上选取选择项)
DIST	距离测量键	进入距离测量模式(▼光标下移或向下选取选择项)
CORD	坐标测量键	进入坐标测量模式(◀光标左移)
MENU	菜单键	进入菜单模式(▶光标右移)
ENT	回车键	确认数据输入或存入该行数据并换行
ESC	退出键	取消前一操作,返回到前一个显示屏或前一个模式
Power	电源键	控制电源的开/关
F1～F4	软　键	功能参见所显示的信息
0～9	数字键	输入数字和字母或选取菜单项
·～—	符号键	输入符号、小数点、正负号
★	星号键	用于仪器若干常用功能的操作

表 5 - 4 - 2   显示符号

显示符号	内　　容
V%	垂直角/天顶距(坡度显示)
HR	水平角(右角)
HL	水平角(左角)
HD	水平距离
VD	高差
SD	斜距
N	北向坐标
E	东向坐标
Z	高程
*	EDM(电子测距)正在进行
m	以米为单位
ft	以英尺为单位
fi	以英尺与英寸为单位

3. F1~F4 键功能说明

全站仪有角度测量、距离测量和坐标测量三种测量模式。正常情况下开机后，全站仪自动进入角度测量模式，也可通过面板测量模式键进行测量模式选择。

1）角度测量模式（三个界面菜单）

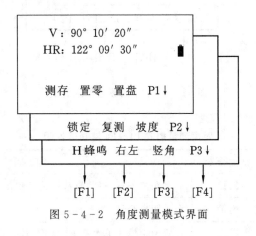

图 5 - 4 - 2　角度测量模式界面

表 5-4-3 **角度测量模式 F1～F4 键功能说明**

页数	软键	显示符号	功 能
第1页 (P1)	F1	测存	启动角度测量,将测量数据记录到相对应的文件中
	F2	置零	水平角置零
	F3	置盘	通过键盘输入设置一个水平角
	F4	P1↓	显示第2页软键功能
第2页 (P2)	F1	锁定	水平角读数锁定
	F2	复测	水平角重复测量
	F3	坡度	垂直角/百分比坡度的切换
	F4	P2↓	显示第3页软键功能
第3页 (P3)	F1	H蜂鸣	仪器转动至水平角 0°90°180°270° 是否蜂鸣的设置
	F2	右左	水平角右角/左角的转换
	F3	竖角	垂直角显示格式(高度角/天顶距)的切换
	F4	P3↓	显示第1页软键功能

2) 距离测量模式（两个界面菜单）

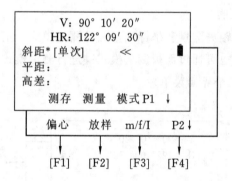

图 5-4-3 距离测量模式界面

表 5-4-4 **距离测量模式 F1～F4 键功能说明**

页数	软键	显示符号	功 能
第1页 (P1)	F1	测存	启动距离测量,将测量数据记录到相对应的文件中
	F2	测量	启动距离测量
	F3	模式	设置测距模式单次精测/N 次精测/重复精测/跟踪的转换
	F4	P1↓	显示第2页软键功能

续表

页数	软键	显示符号	功 能
第2页 （P2）	F1	偏心	偏心测量模式
	F2	放样	距离放样模式
	F3	m/f/i	设置距离单位米/英尺/英尺·英寸
	F4	P2↓	显示第1页软键功能

3）坐标测量模式（三个界面菜单）

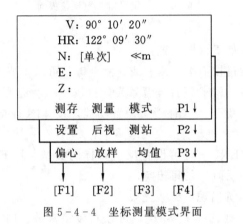

图5-4-4 坐标测量模式界面

表5-4-5 **坐标测量模式 F1～F4 键功能说明**

页数	软键	显示符号	功 能
第1页 （P1）	F1	测存	启动坐标测量,将测量数据记录到相对应的文件中
	F2	测量	启动坐标测量
	F3	模式	设置测量模式单次精测/N次精测/重复精测/跟踪的转换
	F4	P1↓	显示第2页软键功能
第2页 （P2）	F1	设置	设置目标高和仪器高
	F2	后视	设置后视点的坐标
	F3	测站	设置测站点的坐标
	F4	P2↓	显示第3页软键功能
第3页 （P3）	F1	偏心	偏心测量模式
	F2	放样	坐标放样模式
	F3	均值	设置N次精测的次数
	F4	P3↓	显示第1页软键功能

4. 星号键（★）功能说明

按下★键后，屏幕显示如图 5 - 4 - 5 所示：

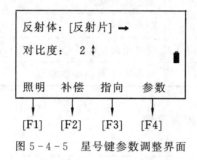

图 5 - 4 - 5 星号键参数调整界面

由星号键（★）可作如下仪器设置：

（1）对比度调节：通过按面板［▲］或［▼］键，可以调节液晶显示对比度。

（2）背景光照明：按［F1］键打开背景光，再按［F1］键关闭背景光。

（3）补偿：按［F2］键进入"补偿"设置功能，按［F1］或［F3］键设置倾斜补偿的打开或者关闭。

（4）反射体：按［MENU］键可设置反射目标的类型。按下［MENU］键一次，反射目标便在棱镜/免棱镜/反射片之间转换。

（5）指向：按［F3］键出现可见激光束。

（6）参数：按［F4］键选择"参数"，可以对棱镜常数、PPM 值和温度气压进行设置，并且可以查看回光信号的强弱。

需要指出的是，全站仪是精密的光电仪器，使用前必须认真阅读仪器的使用说明，保证面板的清洁和按键的正确操作与使用，避免按键的损坏。在操作照准使用制动过程中，其制动和微动应轻柔，不可用力过大，尤其像大多数全站仪采用的同轴制动微动螺旋，微动若过分旋转，将对仪器造成直接损害。

二、NTS - 360 全站仪的参数设置

在执行全站仪作业之前，需要根据测量环境和任务设置好相应的参数，这是非常重要的。如反射体类型、气温气压、棱镜常数、角度/距离最小显示单位等。

1. 设置棱镜体类型

NTS - 360 系列全站仪可设置为红色激光测距和不可见光红外测距，可选用的反射体有棱镜、免棱镜及反射片，作业员可根据作业需要自行设置。需要注意的是，当作业员只使用红外测距功能时，使用时所用的棱镜需与棱镜常数匹配。

表 5-4-6   棱镜体类型设置过程

操作过程	操作键	显示
①进入星号键(★)模式	[★]	反射体：[棱镜] 对比度：2 ↕ 照明　补偿　指向　参数
②按[MENU]键设置反射体类型。每按一次[MENU]键，反射体的类型就在棱镜/免棱镜/反射片之间切换。按[ESC]键，保存设置并返回到测量模式	[MENU]	反射体：[无棱镜] 对比度：2 ↕ 照明　补偿　指向　参数

2. 设置棱镜常数

当使用棱镜作为反射体时，需在测量前设置好棱镜常数。该机具有记忆功能，一旦设置了棱镜常数，关机后该常数仍被保存。需要注意的是，棱镜与全站仪是经过常数检测后在作业当中配套使用的，不同的棱镜其组合常数可能不同。因此，在进行房地产或地籍测量等较高精度工作时棱镜不能在全站仪之间交叉互换，需要保证组合常数的正确性。

表 5-4-7   棱镜常数设置过程

步骤	操作	操作过程	显示
第1步	[★] [F4]	进入星号键(★)模式，按[F4](参数)键	温度：20.0 ℃ 气压：1013.0hPa 棱镜常数：0.0 mm PPM值：0.0 ppm 回光信号：[　　] 回退　　　　确认
第2步	[▼]	按[▼]键向下移动，移到棱镜常数的参数栏	温度：20.0℃ 气压：1 013.0hPa 棱镜常数：0.0 mm PPM值：0.0 ppm 回光信号：[　　] 回退　　　　确认

续表

步骤	操作	操作过程	显示
第 3 步	输入数据 ［F4］	输入棱镜常数改正值，并按［F4］键确认，按［ESC］键，返回到星键模式	温度：　20.0℃ 气压：　1013.0hPa 棱镜常数：　15.0　mm　▮ PPM 值：　0.0 ppm 回光信号：［　　　］ 回退　　　　　　　　确认

输入范围：−99.9mm 至＋99.9mm，步长 0.1mm。

3. 气温、气压参数设置

所有全站仪（包括测距仪）出厂时，其参数都是按标准气象条件（即仪器气象改正值为 0 时的气象条件——气压：1 013hPa，温度：20℃）进行设计的。实际距离测量时，大气条件会有所不同。因此，为了顾及大气条件的影响，距离测量时须使用实际气象改正参数，按照测量时仪器周围的空气温度和仪器周围的大气压进行改正。PPM 值是指计算和预测的气象改正。大气改正的计算公式如下：

$$\Delta S = 278.44 - 0.294\,922P/(1 + 0.003\,661T)(\text{ppm}) \tag{5-4-1}$$

式中：ΔS——改正系数（单位 ppm）。

P——气压（单位 hPa），若使用的气压单位是 mmHg 时，按 1hPa＝0.75mmHg 进行换算后输入。

T——温度（单位℃）。

如果预先测得测站周围的温度和气压，例如温度＋25℃，气压 1 017.5 hPa，则根据式（5−4−1）可以计算出 ΔS＝3.519ppm，即每千米改正数为 3.5mm。因此，对于距离测量，特别是远距离测量必须加以改正。

气温、气压参数输入过程见表 5−4−8。

表 5−4−8　　　　　　　　　　　　　**气温、气压参数输入过程**

步骤	操作	操作过程	显示
第 1 步	［★］	进入星号键模式	温度：　20.0　℃ 气压：　1013.0hPa 棱镜常数：　0.0mm PPM 值：　0.0 ppm　▮ 回光信号：［　　　］ 回退　　　　　　　　确认

续表

步骤	操作	操作过程	显示
第 2 步	[F4]	按[F4](参数)键,进入参数设置功能,输入温度和气压,系统根据输入的温度和气压,计算出 PPM 值	温度: 25.0℃ 气压: 1 017.5 hPa 棱镜常数:0.0mm PPM 值:3.5 ppm 回光信号:[　　　] 回退　　　　　　确认
备注		温度输入范围:-30°~+60℃(步长 0.1℃)或-22~+140℉(步长 0.1℉)。 气压输入范围:560~1 066hPa(步长 0.1hPa) 或 420~800mmHg(步长 0.1mmHg) 或 16.5~31.5inHg(步长 0.1 inHg)。 如果根据输入的温度和气压算出的大气改正值超过±999.9ppm 范围,则操作过程自动返回到第 2 步,重新输入数据		

4. 设置角度/距离最小读数

NTS-360 系列全站仪依据不同的型号,其角度读数最小单位可以显示为 1″/5″/10″/0.1″,距离读数最小单位可以显示为 1mm/0.1mm。例如,角度最小读数 0.1″ 的设置过程如表 5-4-9 所示。

表 5-4-9　　　　　　　　　　　　　　**角度/距离最小读数**

操作过程	操作键	显示
①按[MENU]键,进入主菜单 1/2,再按数字键[5](参数设置)	[MENU] [5]	菜单　　　　　　　　1/2 1.数据采集 2.放样 3.存储管理 4.程序 5.参数设置　　　　　P↓
②按[3]键(其他设置)	[3]	参数设置 1.单位设置 2.模式设置 3.其他设置

续表

操作过程	操作键	显示
③按[1]键(角度最小读数)	[1]	其他设置　　　　　　　1/2 1.角度最小读数 2.距离最小读数 3.盘左盘右测坐标 4.自动关机开关 5.水平角蜂鸣声　　　　P↓
④按[1]~[4]键选择设置角度的最小读数选项。例:按数字键[4](0.1秒),并按[F4](确认)	[4] [F4]	角度最小读数 1.1 秒 2.5 秒 3.10 秒 [4.0.1 秒] 　　　　　　　　　　确认
⑤屏幕返回其他设置菜单		其他设置　　　　　　　1/2 1.角度最小读数 2.距离最小读数 3.盘左盘右测坐标 4.自动关机开关 5.水平角蜂鸣声　　　　P↓

第五节　全站仪基本测量

全站仪集成了水准仪测量、经纬仪测量和光电测距功能,同时内置的微处理器还能根据角度和距离计算出当前坐标参考系下的三维坐标。因此,在工程建设中,全站仪是当今使用最广的测量仪器之一,需要熟练掌握。本节将对角度测量、距离测量、高差测量、坐标测量、坐标放样和悬高测量、偏心测量等进行介绍。

一、全站仪角度测量

1. 连接电源

全站仪在进行测量作业前,首先应将充电电池按规定的时间充好电,以保证当天的工作能够完成。在测量工作过程中，要时时注意显示屏中右侧的电池符号 🔋 的变化，如果电池符号下面的黑色实心不多，表示电池电量不多了，应尽快结束操作，更换电池并充电。

2. 安置仪器

全站仪的安置过程也可分为对中、整平（粗平、精平）等，操作过程与普通经纬仪相同。一般全站仪的对中仍然通过光学对中器进行，但新购的仪器大多具有激光对中装置，使对中更加快捷。此外，有的全站仪具有电子水准气泡（如南方 NTS－700 系列），可在显示屏上直观显示气泡，调节也更方便。

3. 测角基本操作

（1）按下右下角电源开关（Power）键，打开电源。屏幕上首先显示仪器型号，大约 2 秒后，显示角度测量模式下的界面。当然，也可以通过按下面板上的角度测量模式切换进入角度测量状态。

（2）瞄准目标。

① 将望远镜对准明亮天空，旋转目镜筒，调焦看清十字丝（先朝自己方向旋转目镜筒，再慢慢旋进调焦使十字丝清楚）；

② 利用粗瞄准器内的三角形标志的顶尖瞄准目标点，照准时眼睛与瞄准器之间应保留有一定距离；

③ 利用望远镜调焦螺旋使目标成像清晰。

注意：在照准目标观察过程中，当眼睛在目镜端上下或左右移动时发现目标影像随着相应移动，这种现象叫视差。产生视差的原因是目标影像没有落在焦平面上，说明调焦未调好，会影响观测的精度，应仔细调焦并调节目镜筒消除视差。

基本操作见表 5－5－1。仪器架设在 O 点上，分别照准 A 点和 B 点，屏幕上显示的 V 是测站点到目标点的天顶距角度；HR 显示的是测站点到目标点的水平方向角。由于将 A 点水平方向置零，因此，最后照准点 B 时 HR 显示的是 A、B 两点之间的半个测回的水平夹角。

表 5－5－1 角度测量操作过程

操作过程	操作键	显示
①照准第一个目标 A	照准 A	V: 82°09′30″ HR: 90°09′30″ 🔋 测存　　置零　　置盘　　　P1↓

续表

操作过程	操作键	显示
②按[F2](置零)键和[F4](是)键,设置 A 目标的水平角为 0°00′00″	[F2] [F4]	水平角置零吗? 　　　　　　[否]　　　　　[是] V:　82°09′30″ HR:　0°00′00″ 测存　　置零　　置盘　　P1↓
③照准第二个目标 B,显示目标 B 的 V/H	照准目标 B	V:　92°09′30″ HR:　67°09′30″ 测存　　置零　　置盘　　P1↓

需要指出的是，默认情况下全站仪屏中的 V 显示的是天顶距。所谓**天顶距**，就是沿测站点铅垂线的天顶方向顺时针旋转至目标方向之间的夹角，如图 5-5-1 所示。从图上可以看出，天顶距的取值范围在 0°到 180°之间。根据前面竖直角的定义，由图 5-5-1 很容易得到目标点的竖直角（或垂直角）与天顶距的关系：

$$竖直角（或垂直角）＝90°-天顶距$$

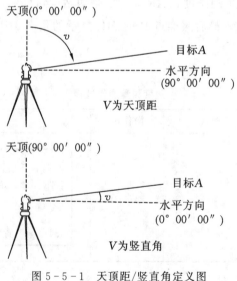

图 5-5-1　天顶距/竖直角定义图

　　在实际测量工作中,如果我们需要的成果是竖直角而不是天顶距,那我们就需要将测量的天顶距通过计算来转换。其实,竖直角/天顶距两种显示模式已经在全站仪中定义了,我们直接在全站仪当中通过设置键将天顶距测量状态改为竖直角测量模式就行了。

表 5 - 5 - 2　　　　　　　　　　　　　天顶距/竖直角测量模式转换操作过程

操作过程	操作键	显示
①按[F4](↓)键两次转到第三页功能	[F4] 两次	V: 19°51′27″ HR: 170°30′20″ 测存　　置零　　置盘　　P1↓ H 蜂鸣　右左　　竖角　　P3↓
②按[F3](竖角)键	[F3]	V: 70°08′33″ HR: 170°30′20″ H 蜂鸣　右左　　竖角　　P3↓

每次按[F3](竖角)键,天顶距/竖直角测量模式交替切换

4. 一测回水平角观测步骤

　　用全站仪进行水平角观测一测回,步骤如下:

　　(1) 进入测角模式,瞄准起始方向 A,按下 F2(置零)键(表 5 - 5 - 1),屏幕提示将当前水平度盘读数设置为 0°00′00″,按下 F4(是)键,然后顺时针空转照准部 2 圈,再次瞄准起始方向 A,并记下读数。

　　(2) 顺时针旋转照准部,精确瞄准目标方向 B,记下水平度盘读数,将此数与起始数相减即为上半测回观测角值。

　　(3) 逆时针空转两圈后,再次照准目标方向 B,记下读数。

　　(4) 最后逆时针照准起始方向 A,记下读数,将此两数相减即为下半测回观测角值。

　　上述为测回法一个测回的作业步骤,多个方向的观测宜采用全圆方向观测法,作业方法和记簿计算与经纬仪完全相同。

　　水平角观测的几个问题说明:

　　(1) 屏幕中水平度盘读数标识为"HR",表示当前观测的水平右角(顺时针方向角度增大),与望远镜旋转方向无关。可进入角度测量模式改变为水平左角"HL"(逆时针方向角度增大)。

　　(2) 对于多测回,通常将起始方向读数设置为度盘测回配置的读数,并不是 0°00′00″,此时需要手动配置度盘。

　　(3) 在瞄准目标时,应注意照准觇板中心,而非棱镜中心。

（4）竖直角观测值显示方式，可用角度测量模式进行竖直角（高度角）与天顶距的切换。

5．倾斜自动改正

在角度观测过程中，我们需要将水准管气泡严格整平，才能确保数据的精确。但有时候，水准管气泡没有严格整平，或者由于各种原因，在观测过程中发现水准管气泡没有严格整平。这时需要启动全站仪的倾斜传感器，对仪器竖轴在 X、Y 方向倾斜而引起的垂直角和水平角读数误差进行补偿改正。

当启动倾斜传感器时，将显示由于仪器不严格水平而需对垂直角和水平角自动施加的改正数。若出现"补偿超限"信息，则表明仪器超出自动补偿的范围，必须人工整平。

NTS－360R 系列全站仪的补偿设置有三种选项：双轴补偿、单轴补偿和关闭补偿。

双轴补偿：改正垂直角指标差和竖轴倾斜对水平角的误差。当任一项超限时，系统会提示"补偿超限"，用户必须先整平仪器。

单轴补偿：改正垂直角指标差。当垂直角补偿超限时，系统才给出提示。

关闭补偿：补偿器关闭。当仪器处于一个不稳定状态或有风天气，垂直角显示将是不稳定的，在这种状况下补偿器应该关闭。这样可以避免因抖动引起补偿器超出工作范围，仪器提示错误信息而中断测量。

表 5－5－3　　　　　　　　　　　　　用软件设置倾斜改正过程

操作过程	操作键	显示
①进入星（★）键模式	［★］	反射体：［棱镜］ ➡ 对比度：2 ↕ 照明　补偿　指向　参数
②按［F2］键，进入补偿设置功能	［F2］	补偿器：［双轴］ 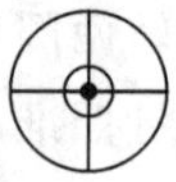 （图） 单轴　双轴　关　P1↓
③若仪器倾斜超出改正范围，则手工整平 仪器，显示屏如右图显示。 单轴：只对垂直角进行补偿。 双轴：对垂直角和水平角进行补偿		补偿器：［双轴］  （图） 单轴　双轴　关　P1↓

续表

操作过程	操作键	显示
④按[F4](P1↓)键则显示 X 轴(横轴)和 Y 轴(竖轴)方向的倾角数字,显示"补偿超限"则需人工整平仪器,直到"补偿超限"字样消失。 按[F3]键,则关闭补偿	[F4] [ESC]	补偿器：[双轴] X： 0°00′07″ Y： 补偿超限　　🔋 单轴　　双轴　　关　　P2↓ 补偿器：[双轴] X： 0°00′00″ Y： 0°00′07″　　🔋 单轴　　双轴　　关　　P2↓

若补偿器没有打开,可按屏幕下方的[F1](单轴)键或[F2](双轴)键打开补偿功能

二、全站仪距离测量

1. 距离单位选择

全站仪在进行距离测量作业前,首先应选择正确的距离测量单位。全站仪预设的距离测量单位有公制米（m）、英制英尺（f）和英制英尺·英寸（fi）。在国内作业时通常选择公制单位米（m）,根据需要也可以选择英制英尺（f）或英尺·英寸（fi）。

需要注意的是,如果在距离测量界面中改变距离单位,关机后其单位不被保存。如果需要保存距离测量单位的话需要在参数设置中进行初始设置。

表 5-5-4　　　　　　　　　距离单位模式选择操作过程

操作过程	操作键	显示
①按[F4](P1↓)键转到第二页功能	[F4]	V： 99°55′36″ HR： 141°29′34″ 斜距 ＊　　　2.344m　　🔋 平距： 2.309m 高差： −0.404m 测存　　测量　　模式　　P1↓ 偏心　　放样　　m/f/i　　P2↓

续表

操作过程	操作键	显示
②按[F3](m/f/i)键,显示单位就可以改变。每次按[F3](m/f/i)键,单位模式依次切换	[F3]	V: 99°55′36″ HR: 141°29′34″ 斜距 * 7.691ft ▮ 平距: 7.576ft 高差: −1.326ft 偏心 放样 m/f/i P2↓

2. 距离测量模式选择

为了让用户在测量距离时针对不同的测量精度要求有更多的精度选择,全站仪都设计了单次精测/N 次精测/重复精测/跟踪测量四种测量模式。

若测量精度要求不高时,可采用单次精测,由于时间短,测量效率较高。若采用 N 次精测模式,当输入测量次数后,仪器就按照设置的次数进行重复测量,并显示出距离平均值。

表 5-5-5   **距离测量模式选择操作过程**

操作过程	操作键	显示
①按[DIST]键,进入测距界面,距离测量开始	[DIST]	V: 90°10′20″ HR: 170°09′30″ 斜距 * [单次] << 平距: 高差: 测存 测量 模式 P1↓
②当需要改变测量模式时,可按[F3](模式)键,测量模式便在单次精测/N 次精测/重复精测/跟踪测量模式之间切换	[F3]	V: 90°10′20″ HR: 170°09′30″ 斜距 * [3 次] << ▮ 平距: 高差: 测存 测量 模式 P1 V: 90°10′20″ HR: 170°09′30″ 斜距 * 241.551m ▮ 平距: 235.343m 高差: 36.551m 测存 测量 模式 P1

3. 距离测量

全站仪距离测量是指全站仪中心至目标中心的距离。通常情况下距离显示值有三种：斜距 SD、平距 HD 和高差 VD，见图 5-5-2 所示。

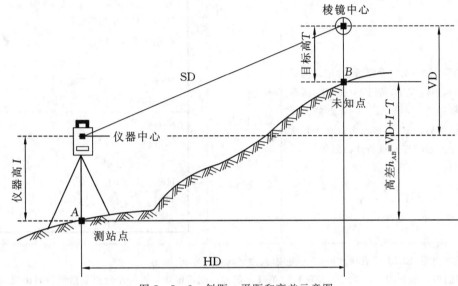

图 5-5-2　斜距、平距和高差示意图

斜距 SD 是指全站仪中心至目标中心的直线距离；平距是指斜距在过测站仪中心水平面的投影距离 HD；VD 是指斜距在过测站仪中心铅垂面的投影距离，但在全站仪的显示屏上显示的是高差。显然，从图上可以看出其关系式：$SD^2 = HD^2 + VD^2$。

表 5-5-6　　　　　　　　　　　　　　　　　　**距离测量操作过程**

操作过程	操作键	显示
①按［DIST］键，进入测距界面，距离测量开始	［DIST］	V:　　90°10′20″ HR:　170°09′30″ 斜距 *　［单次］　　　<<　█ 平距: 高差: 测存　　测量　　模式　　P1↓
②显示测量的距离		V:　　90°10′20″ HR:　170°09′30″ 斜距 *　　241.551m　　　█ 平距:　　235.343m 高差:　　36.551m 测存　　测量　　模式　　P1↓

续表

操作过程	操作键	显示
③按[F1](测存)键启动测量，并记录测得的数据，测量完毕，按[F4](是)键，屏幕返回到距离测量模式。一个点的测量工作结束后，程序会将点名自动＋1，重复刚才的步骤即可重新开始测量	[F1] [F4]	V:　　90°10′20″ HR:　170°09′30″ 斜距＊　　241.551m 平距　　　235.343m 高差　　　36.551m 〉记录吗?　　[否]　[是] 点名:　1 编码:　SOUTH V:　　90°10′20″ HR:　170°09′30″ 斜距:　241.551m 〈完　成〉

1)当光电测距(EDM)正在工作时，"＊"标志就会出现在显示屏上。

2)距离的单位表示为：m(米)、ft(英尺)、fi(英尺·英寸)，随着蜂鸣声在每次距离数据更新时出现。

3)如果测量结果受到大气抖动的影响，仪器可以自动重复测量工作

4. 地面两点间高差

1) 测站点到目标点之间高差

从图5-5-2中可以看出，既然知道了 VD，当地面测站点 A 的仪器高 I_A 和地面目标点 B 的棱镜高 T_B 已知时，那么地面 A、B 两点间的高差 h_{AB} 计算公式就很简单，表示如下：

$$h_{AB} = VD_B + I_A - T_B \tag{5-5-1}$$

由于有了两点之间高差，当测站高程已知时，就可以方便地计算出目标点高程。

2) 地面任意两点之间高差

如果全站仪同时观测了地面点 A 的垂直距离 VD_A 和另一地面点 C 的垂直距离 VD_C，那么地面两点 A 和 C 之间的高差如何求呢？

根据式（5-5-1）可以分别求出 $h_{AB} = VD_B + I_A - T_B$，$h_{AC} = VD_C + I_A - T_C$，将此两式相减得到地面上两点 B 和 C 之间高差的计算公式：

$$h_{BC} = (VD_C - VD_B) - (T_C - T_B) \tag{5-5-2}$$

上式中，地面两点间的高差与仪器高没有关系。

若两目标点上的棱镜高相同，或使用同一高度的棱镜杆，即 $T_B = T_C$，这时不需要知道棱镜高，式（5-5-2）变为我们熟悉的计算式：

$$h_{BC} = VD_C - VD_B \tag{5-5-3}$$

我们在水准测量一章中已学过，水准测量测站高差等于后尺读数减去前尺读数。按照这个思路，我们对全站仪距离测量地面两点间高差用文字可以表述为：地面上两点间的高差等于前尺高差（VD_C）减去后尺高差（VD_B）。

5. 距离测量中几个需要注意的问题

（1）全站仪在测量过程中，应该避免在红外测距模式及激光测距条件下，对准强反射目标（如交通灯等发光目标）进行距离测量。其所测量的距离要么错误，要么不准确。

（2）仪器在对目标进行距离测量时要避免光束被遮挡干扰。如有行人、汽车、动物、摆动的树枝等通过测距光路，会有部分光束反射回仪器，从而导致距离结果的不准确。

（3）当进行较长距离测量时，激光束偏离视准线会影响测量精度。这是因为发散的激光束的反射点可能不与十字丝照准的点重合。因此建议用户精确调整以确保激光束与视准线一致。

（4）不要用两台仪器对准同一个目标同时测量。

（5）对于无棱镜测距，要确保激光束不被靠近光路的任何高反射率的物体反射。

（6）为保证测量精度，在无棱镜测距模式下，要求激光束垂直于反射片，且需经过精确调整。

（7）确保不同反射棱镜的正确附加常数。在进行距离测量前通常需要确认大气改正的设置和棱镜常数的设置，再进行距离测量。

三、全站仪坐标测量

由于全站仪具有三角高程测量功能，因此可进行三维坐标测量，用于控制及碎部测量十分方便。相对于距离测量与角度测量而言，坐标测量的操作略微复杂，不过在了解了导线坐标计算的内容后，联系全站仪的具体操作方法，就容易掌握操作步骤了。

1. 测量原理概述

1）平面坐标测量原理

采用全站仪进行坐标测量，如图 5-5-3（a）所示，一般应已知地面上 S、B 两点的平面坐标，S 点为测站点（Station），B 点为后视点（Backsight），T 点为目标点（Target），将已知坐标数据输入全站仪并输入直线的坐标方位角，由全站仪测量 S 点处的水平角，即可计算直线 ST 的坐标方位角，进一步根据 S、T 点间的距离可算得两点间的坐标差值，从而求得 T 点的坐标。

2）高程测量原理

已知测站点高程，量取仪器高与目标点棱镜高，通过三角高程测量原理，可测得测站点与目标点之间的高差，即可计算目标点的高程，如图 5-5-3（b）所示。

全站仪坐标测量计算公式如下：

$$\left. \begin{array}{l} x_T = x_S + D_{ST}\cos(\alpha_{SB} + \beta) \\ y_T = y_S + D_{ST}\sin(\alpha_{SB} + \beta) \\ H_T = H_S + D_{ST}\cot Z_{ST} + i - t + c \cdot D_{ST}^2 \end{array} \right\} \tag{5-5-4}$$

式中：平距 $D_{ST} = S_{ST} \times \sin Z_{ST}$；$C = (1-K)/2R$，$K$ 为大气折光系数（约 0.14），R 为地球半径。

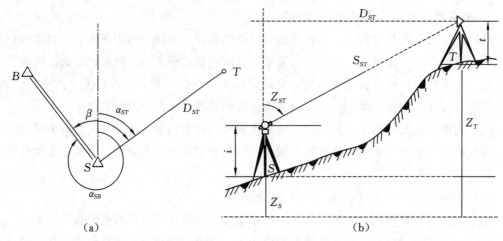

图 5 - 5 - 3   全站仪坐标测量原理

2. 基本步骤

基于上述的测量原理，全站仪三维坐标测量的步骤大致为：

(1) 在一个已知点架设仪器作为测站点，在目标点上架设棱镜。首先照准后视点，将当前水平度盘读数设置为后视方向的坐标方位角值。

(2) 照准目标点，输入目标点棱镜高、仪器高、测站点坐标等数值。

(3) 使用坐标测量功能进行观测，结果自动显示在屏幕上。平面坐标（x，y）及高程分别以（N，E，Z）显示在全站仪面板显示屏上。

3. 坐标测量步骤

以 NTS - 360 全站仪为例，在后视点、测站点及目标点安置好全站仪与棱镜后，坐标测量步骤如下：

(1) 在角度测量模式下，照准后视点，将计算好的后视方向坐标方位角设置为当前的水平度盘读数（提示：利用角度测量模式，输入水平角值）。

(2) 设置测站点坐标。按坐标测量模式键进入坐标测量模式，表 5 - 5 - 7 显示了测站坐标设置的操作过程。

表 5 - 5 - 7   测站点坐标设置

操作过程	操作键	显示
①在坐标测量模式下，按［F4］（P1↓）键，转到第二页功能	［F4］	V: 95°06′30″ HR: 86°01′59″ N: 0.168m E: 2.430m Z: 1.782m 测存 测量 模式 P1↓ 设置 后视 测站 P2↓

续表

操作过程	操作键	显示
②按[F3](测站)键	[F3]	设置测站点 N0: 0.000 m E0: 0.000 m Z0: 0.000 m 回退 确认
③输入 N 坐标,并按[F4]确认键	输入数据 [F4]	设置测站点 N0: 36.976 m E0: 0.000 m Z0: 0.000 m 回退 确认
④按照同样方法输入 E 和 Z 坐标,输入 完毕,屏幕返回到坐标测量模式		V: 95°06′30″ HR: 86°01′59″ N: 36.976m E: 30.008m Z: 47.112m 设置 后视 测站 P2↓

输入范围:　　$-99\ 999\ 999.999\ 9 \leqslant N、E、Z \leqslant +99\ 999\ 999.999\ 9\text{m}$

（3）设置仪器高及目标点高。

表 5 - 5 - 8　　　　　　　　　　　**仪器高及目标高设置**

操作过程	操作键	显示
①在坐标测量模式下,按[F4](P1↓)键, 转到第 2 页功能	[F4]	V: 95°06′30″ HR: 86°01′59″ N: 0.168m E: 2.430m Z: 1.782m 测存 测量 模式 P1↓ 设置 后视 测站 P2↓
②按[F1](设置)键,显示当前的仪器高和 目标高	[F1]	输入仪器高和目标高 仪器高: 0.000m 目标高: 0.000m 回退 确认

续表

操作过程	操作键	显示
③输入仪器高和目标高,并按[F4](确认)键	输入仪器高[F4]	输入仪器高和目标高 仪器高:　　2.000m 目标高:　　1.500m 回退　　　　　　　　　确认

输入范围:　　　−9 999.999 9≤仪器高、目标高≤＋9 999.999 9m

（4）坐标测量。

在设置完定向方位角、棱镜高、仪器高及测站点坐标之后,全站仪自动测量目标点坐标。操作过程及结果显示如表 5－5－9 所示。在全站仪中,平面坐标（x,y）及高程分别以（N,E,Z）显示在全站仪面板显示屏上。

表 5－5－9　　　　　　　　　　**坐标测量操作过程**

操作过程	操作键	显示
①设置已知点 A 的方向角	设置方向角	V:　276°06′30″ HR:　90°00′30″ 测存　　　置零　　　置盘　　P1↓
②照准目标 B,按[CORD]坐标测量键	照准棱镜[CORD]	V:　276°06′30″ HR:　90°09′30″ N ＊[单次]　　　−＜　m E:m Z:m 测存　　　测量　　　模式　　P1↓
③开始测量,按[F2]（测量）键可重新开始测量	[F2]	V:　276°06′30″ HR:　90°09′30″ N:　　　　　　36.001m E:　　　　　　49.180m Z:　　　　　　23.834m 测存　　　测量　　　模式　　P1↓

操作过程	操作键	显示
④按[F1]（测存）键启动坐标测量，并记录测得的数据，测量完毕，按[F4]（是）键，屏幕返回到坐标测量模式。一个点的测量工作结束后，程序会将点名自动＋1，重复刚才的步骤即可重新开始测量	[F1]	V:　276°06′30″ HR:　90°09′30″ N:36.001m E:49.180m Z:23.834m 〉记录吗？　　［否］［是］ 点名:1 编码:SOUTH N:　　　36.001m E:　　　49.180m Z:　　　23.834 〈完成〉

下面作几点说明：

（1）若未输入测站点坐标，系统则以最后一次测量值作为默认坐标值。

（2）关机后，测站点坐标、仪器高与棱镜高可保留。

（3）坐标测量有精测（Fine）/粗测（Coarse）/跟踪（Tracking）三种模式，可根据需要选择使用。

（4）坐标测量仍然需要设置正确的大气改正数与棱镜常数，方法同距离测量模式。

（5）在一个测站点上连续测量时，可将待测点的棱镜高固定，每次观测，只需重复照准目标，按下测量键这一步骤即可。

四、数据采集

在地形测量中，需要测量大量的地形点的三维坐标，且有时需要标注地形点的不同属性。按照上述坐标测量方法虽然可以测量其坐标，但测量效率不高，且无法标注点的属性。现今生产的全站仪都提供了不同的应用程序，封装后集成在菜单组下。通过菜单下的"数据采集"应用程序可以很好地快速实现三维地形点测量。

在 NTS-360 系列全站仪中，数据采集的过程步骤如下：

（1）在测站安置好全站仪，测量仪器高。开机后点击菜单（MENU）键，选择数据采集，按对应的数字键"1"或回车（ENT）键，输入新建文件或选择已有文件后确认。

表 5-5-10　　　　　　　　　　输入新建文件或选择已有文件

操作过程	操作键	显示
①按下[MENU]键,仪器进入主菜单 1/2,按数字键[1](数据采集)	[MENU] [1]	菜单　　　　　　　　　1/2 1. 数据采集 2. 放样 3. 存储管理 4. 程序 5. 参数设置　　　　　 P1↓
②输入新建文件名,按[F4](确认)键或[ENT]键	[F2]	选择测量和坐标文件 文件名:SOUTH 回退　　调用　　字母　　　确认
③如果要选择已有的测量文件,需要按[F2](调用)键,在显示的文件列表中选择		SOUTH　　　　　　[测量] SOUTH2. SMD　　[测量] 属性　　查找　　退出　　 P1↓

（2）输入测站点坐标，或调入先前已有坐标文件（储存在内存中）的点坐标，并输入仪器高。

表 5-5-11　　　　　　　　　　内存文件坐标设定测站坐标过程

操作过程	操作键	显示
①由数据采集菜单 1/2,按数字键[1](设置测站点),即显示原有数据	[1]	数据采集　　　　　　1/2 1. 设置测站点 2. 设置后视点 3. 测量点 　　　　　　　　　　 P1↓
②按[F4](测站)键	[F4]	设置测站点 测站点→ 编　码: 仪器高:　　　0.000m 输入　　查找　　记录　　　测站

操作过程	操作键	显示
③按[F1](输入)键	[F1]	数据采集 设置测站点 点名： 输入　调用　坐标　确认
④输入点号,按[F4]键	输入点号 [F4]	数据采集 设置测站点 点名： PT-01 输入　调用　坐标　确认
⑤系统查找当前调用文件,找到点名,则将该点的坐标数据显示在屏幕上,按[F4](是)键确认测站点坐标	[F4]	设置测站点 N0:　　　100.000m E0:　　　100.000m Z0:　　　 10.000m 〉确定吗?　　[否]　[是]
⑥屏幕返回设置测站点界面。用[▼]键将→移到编码栏	[▼]	设置测站点 测站点 →1 编码:SOUTH 仪器高：　　　0.000m 输入　查找　记录　测站
⑦按[F1](输入)键,输入编码,并按[F4](确认)键	[F1] 输入编码 [F4]	设置测站点 测站点：　　　1 编码→ 仪器高：　　　0.000m 回退　调用　字母　确认
⑧将→移到仪器高一栏,输入仪器高,并按[F4](确认)键	输入仪器高 [F4]	设置测站点 测站点：　　　　1 编码：　　　SOUTH 仪器高→ 2.000　m 回退　　　　　确认

操作过程	操作键	显示
⑨按[F3](记录)键,显示该测站点的坐标	[F3]	设置测站点 测站点：　　　　　1 编　码：　　SOUTH 仪器高→　　2.000m 输入　　　　　记录　　测站 设置测站点 N0：　　　　100.000m E0：　　　　100.000m Z0：　　　　10.000m 〉确定吗？　[否]　[是]
⑩按[F4](是)键,完成测站点的设置。 显示屏返回数据采集菜单1/2	[F4]	数据采集 1/2 1. 设置测站点 2. 设置后视点 3. 测量点 　　　　　　　　　　P↓

（3）设置后视点定向，输入目标高。

后视点定向有三种方法设定：①利用内存中的坐标数据来设定；②直接键入后视点坐标；③直接键入设置的定向角（通过坐标反算）。

表 5 - 5 - 12　　　　　　　　**内存文件坐标设定后视点坐标过程**

操作过程	操作键	显示
①由数据采集菜单 1/2,按数字键[2](设置后视点)	[2]	数据采集　　　　　　1/2 1. 设置测站点 2. 设置后视点 3. 测量点 　　　　　　　　　　P↓
②屏幕显示上次设置的数据,按[F4](后视)键	[F4]	设置后视点 后视点→1 编　码： 目标高：　　　0.000m 输入　　查找　　测量　　后视

续表

操作过程	操作键	显示
③按[F1](输入)键	[F1]	数据采集 设置后视点 点名：2 输入　调用　NE/AZ　确认
④输入点名,按[F4](确认)键	输入点号	数据采集 设置后视点 点名：2 回退　调用　字母　确认
⑤系统查找当前作业下的坐标数据,找到点名,则将该点的坐标数据显示在屏幕上,按[F4]键,确认后视点坐标	[F4]	设置后视点 NBS：　　20.000m EBS：　　20.000m ZBS：　　10.000m >确定吗?　[否]　　　[是]
⑥屏幕返回设置后视点界面。按同样方法,输入点编码、目标高		设置后视点 后视点:1 编　码:SOUTH 目标高→　1.500m 输入　置零　测量　后视
⑦按[F3](测量)键,可以检测坐标设置偏差	[F3]	设置后视点 后视点:1 编　码:SOUTH 目标高→　1.500m 角度　*平距　坐标

（4）大数据采集页面选择"3. 测量点",在相应页面中输入待测点的目标高,按"测量"或"同前"开始采集,存储数据。

五、坐标放样

在实际工作中,放样是经常使用的一种测量方法,如公路中线测设、桥台位置的放样等。所谓**放样**,就是将图上设计好的角度、边长或坐标等通过测量仪器设备放到实地上

167

去。全站仪提供的坐标放样功能就是根据设计文件中目标点的坐标，计算与实地已知点的距离及偏角，利用极坐标的方法来定位目标点。可以说是坐标测量的逆过程。

1. 基本原理

参考图 5-5-3 所示，已知地面上 S、B 两点的位置及坐标，若知道目标点 T 的坐标，则可计算测站点 S 与 B、T 两点直线的坐标方位角 α_{SB}、α_{ST}，由此方位角可计算 $\angle BST = \alpha_{ST} - \alpha_{SB}$，并由 S、T 两点的坐标计算两点距离 D_{ST}，从而由仪器计算出的 $\angle BST$ 与 D_{ST} 就可确定 T 点的位置。

2. 基本步骤

基于上述原理，全站仪坐标放样的步骤为：

（1）在一个已知点上架设仪器作为测站点。按菜单键进入测量程序，选择放样模式页面下的"1. 设置测站点"，输入或调入内存中测站点坐标，输入仪器高。

（2）将另一个已知点架设棱镜作为后视点。照准后视点，在放样模式页面下的"2. 设置后视点"中输入或调入内存中后视点坐标。

（3）将目标棱镜放在适合位置，选择放样模式页面下的"3. 设置放样点"，输入或调入内存中放样坐标，输入棱镜高，点"确定"。全站仪计算出目标点方向的水平角值与当前水平角值的差值、目标点与测站点之间的距离。

（4）先根据水平角差值定向，再按距离放样确定目标点的位置。

由于（1）、（2）两步的操作过程步骤与数据采集中的测站点、后视点的输入相同，下面以全站仪 NTS-360 为例，详细叙述坐标放样步骤（3），如表 5-5-13 所示。

表 5-5-13　　　　　　　　　　　内存文件放样坐标放样过程

操作过程	操作键	显示
①由放样菜单 1/2,按数字键[3]（设置放样点）	[3]	放样　　　　　　　　1/2 1. 设置测站点 2. 设置后视点 3. 设置放样点 P1↓
②按[F1]（输入）键	[F1]	放样 设置放样点 点名:6 输入　　调用　　坐标　　确认
③输入点号,按[F4]（确认）键	输入点号 [F4]	放样 设置放样点 点名:1 回退　　调用　　数字　　确认

操作过程	操作键	显示
④系统查找该点名,并在屏幕上显示该点坐标,确认按[F4](确认)键		设置放样点 N:　　　　100.000m E:　　　　100.000m Z:　　　　10.000m >确定吗?　　　[否]　[是]
⑤输入目标高度	输入标高 [F4]	输入目标高 目标高:　　　0.000m 回退　　　　　　　　　确认
⑥当放样点设定后,仪器就进行放样元素的计算。 HR:放样点的水平角计算值; HD:仪器放样点的水平距离计算值。 照准棱镜中心,按[F1](距离)键	照准 [F1]	放样 计算值 HR＝45°00′00″ HD＝113.286m 距离　　　坐标
⑦系统计算出仪器照准部应转动的角度。 HR:实际测量的水平角; dHR:对准放样点仪器应转动的水平角＝实际水平角－计算的水平角。 当 dHR＝0°00′00″时,即表明找到了放样点的方向		HR:　　2°09′30″ dHR＝22°39′30″ 平距: dHD: dZ: 测量　　模式　　标高　　下点
⑧按[F1](测量)键。 平距:实测的水平距离; dHD:对准放样点尚差的水平距离; dZ＝实测高差－计算高差	[F1]	HR:　　2°09′30″ dHR＝22°39′30″ 平距＊[单次]　　　　－<m dHD: dZ: 测量　　模式　　标高　　下点 HR:　　2°09′30″ dHR＝22°39′30″ 平距:　　　25.777m dHD:　　　－5.321m dZ:　　　　1.278m 测量　　模式　　标高　　下点

续表

操作过程	操作键	显示
⑨按[F2]（模式）键进行精测	[F2]	HR：　2°09′30″ dHR＝22°39′30″ 平距 *［重复］　－＜m dHD：　　　－5.321m dZ：　　　　1.278m 测量　　模式　　标高　　下点 HR：　2°09′30″ dHR＝22°39′30″ 平距　　　　25.777m dHD：　　　－5.321m dZ：　　　　1.278m 测量　　模式　　标高　　下点
⑩当显示值 dHR、dHD 和 dZ 均为 0 时，则放样点的测设已经完成		HR：　2°09′30″ dHR＝0°00′00″ 平距　　　　25.777m dHD：　　　0.000m dZ：　　　　0.000m 测量　　模式　　标高　　下点

六、特殊测量

全站仪除了前面介绍的常用基本测量功能之外，还具有诸多特殊的针对性测量程序，不仅操作简单，应用还十分方便。如悬高测量、偏心测量、对边测量、后方交会、面积计算、道路设计与放样等工作，可满足专业测量与工程测量的需求。

限于教材内容，本节只介绍悬高测量和坐标偏心测量，其他应用测量可参考全站仪操作手册或全站仪操作说明书。

1. 悬高测量

悬高测量是指通过全站仪测量获得不能或不必放置棱镜的目标点高度。如建筑物高度、电线塔高度等。这时，只需将棱镜架设于目标点所在铅垂线上的任一点，然后进行悬高测量，即可得到目标点的高度。

1）悬高测量原理

若全站仪中心高为 H_A，目标点的高度为 H，地面点 G 的棱镜高为 T，其他参数如图 5-5-4 所示，则由三角高程测量原理不难得出地面点 G 的高程为：

$$H_G = H_A + HD \cdot \tan Z_P - T = H_A + HD \cdot \tan Z_K - H$$

整理得到目标点高 H 的表达式：

$$H = HD \cdot (\tan Z_K - \tan Z_P) + T \tag{5-5-5}$$

上式就是悬高测量计算公式。它表明：目标点的高度等于镜站高加镜站水平距离与两个竖直角正切之差的乘积。

考虑到 $VD_K = HD \cdot \tan Z_K$，$VD_P = HD \cdot \tan Z_P$，当不考虑目标高时，上式变为：

$$H_{PK} = VD_K - VD_P \qquad (5-5-6)$$

此式虽与式（5-5-3）相同，但当启动免棱镜测量时会发现，不需要安置棱镜，只要测量竖直面内任意一低点位置，然后照准高点位置，就可以得到该两点的高度。

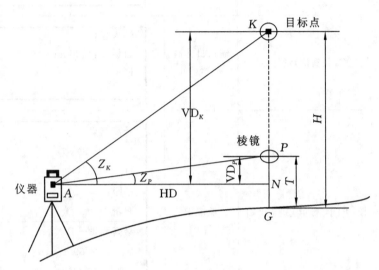

图 5-5-4　全站仪悬高测量示意图

2）悬高测量过程

设地面点 G 的棱镜高为 $T = 1.3$，则全站仪悬高测量过程如表 5-5-14 所示。

表 5-5-14 　　　　　　　　　　　　**全站仪悬高测量过程**

操作过程	操作键	显示
①按[MENU]键,进入菜单,再按数字键[4],进入应用程序功能	[MENU] [4]	菜单　　　　　　　　　　1/2 1. 数据采集 2. 放样 3. 存储管理 4. 程序 5. 参数设置　　　　　　　P1↓
②按数字键[1]（悬高测量）	[1]	1. 悬高测量 2. 对边测量 3. Z 坐标测量 4. 面积 5. 点到直线测量 6. 道路

操作过程	操作键	显示
③按数字键[1],选择需要输入目标高的悬高测量模式	[1]	悬高测量 1. 输入目标高 2. 无须目标高　🔋
④输入目标高,并按[F4](确认)键	输入目标高 [F4]	输入目标高 目标高:1.300m　🔋 回退　　　　　　确认
⑤照准棱镜 P,按[F1](测量)键,开始测量	照准 P [F1]	悬高测量－1 V:　94°59′57″ HR:　85°44′24″　🔋 平距: 测量 ────────────── 悬高测量－1 V:　94°59′57″ HR:　85°44′24″　🔋 平距:*[单次]　─<　　m 正在测距……
⑥棱镜的位置被确定,如右框所示		悬高测量－1 V:94°59′57″ HR:85°44′24″　🔋 高差 *　　　1.650m 标高　　　　　　平距
⑦照准目标 K,显示棱镜中心到目标点的垂直距离(VD)	照准 K	悬高测量－1 V:　120°59′57″ HR:　85°44′24″　🔋 高差:　　　24.287m 标高　　　　　　平距

2. 坐标偏心测量

坐标偏心测量是指通过全站仪测量获得不能或不必放置棱镜的目标点位置。如建筑物拐角、圆心物体中心等。坐标偏心测量有四种测量方式:①角度偏心测量;②距离偏心测量;③平面偏心测量;④圆柱偏心测量。本节只介绍角度偏心测量,其他偏心测量可参考全站仪操作手册。

1）角度偏心测量原理

如图 5-5-5 所示，若测站点坐标为 (X_0, Y_0)，镜站方向方位角为 T_0，由坐标计算公式得到镜站点的坐标为：

$$X_p = X_0 + HD \cdot \cos T_0, \qquad Y_p = Y_0 + HD \cdot \sin T_0$$

如果保持水平距离 HD 不变，当全站仪顺时针旋转（偏心）α 角度到圆柱体中心 A 时，则 A 的坐标为：

$$X_A = X_0 + HD \cdot \cos(T_0 + \alpha)$$
$$Y_A = Y_0 + HD \cdot \sin(T_0 + \alpha) \tag{5-5-7}$$

上式就是角度偏心测量的偏心点坐标计算公式。

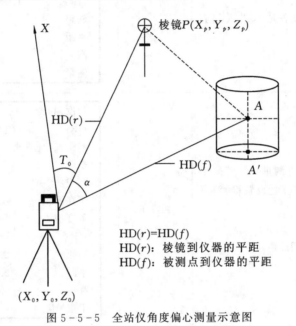

图 5-5-5　全站仪角度偏心测量示意图

2）角度偏心测量过程

全站仪角度偏心测量操作过程如表 5-5-15 所示。

表 5-5-15　　　　　　　　　　　　**全站仪角度偏心测量操作过程**

操作过程	操作键	显示
①在测距模式下按[F4]（P1↓）键，进入第2页功能	[F4]	V:　　　99°46′01″ HR：161°00′52″ 斜距 *　　　　2.207m 平距：　　　−1.326m 高差：　　　−0.374m 测存　　测量　　模式　　P1↓ 偏心　　放样　　m/f/i　　P2↓

续表

操作过程	操作键	显示
②按［F1］（偏心）键	［F1］	偏心测量 1. 角度偏心 2. 距离偏心 3. 平面偏心 4. 圆柱偏心
③按数字键［1］（角度偏心），进入偏心测量	［1］	角度偏心 HR:　　　　　170°01′15″ 斜距: 平距: 高差: 测量
④照准棱镜 P，按［F1］（测量）键，若采用重复精测模式，需按［F4］设置键）结束测量 测量仪器到棱镜之间的距离	照准 P	角度偏心 HR:　　　　　170°01′58″ 斜距 ＊　［重复］　－＜ 平距: 高差: 正在测距……　　　　　　设置 角度偏心 HR:　　　　　170°01′55″ 斜距 ＊　　　　2.207m 平距:　　　　　2.175m 高差:　　　　 －0.374m 下点
⑤利用水平制动与微动螺旋照准 A 点，显示仪器到 A 点的斜距、平距、高差	照准 A	角度偏心 HR:　　　　　160°01′55″ 斜距 ＊　　　　2.557m 平距:　　　　　2.175m 高差:　　　　　1.278m 下点
⑥显示 A 点或 A₁ 点的坐标，则按［CORD］	［CORD］	角度偏心 HR:　　　　　157°04′300″ N:　　　　　　34.004m E:　　　　　　47.968m Z:　　　　　　24.146m 下点

1）按［F1］（下点）键，可返回操作步骤④；
2）按［ESC］键，返回测距模式

第六节　全站仪使用的注意事项与维护

全站仪是一种结构复杂、价格较高、制造精密的光电仪器。目前大多数生产单位只配置一台套仪器，若因使用不当而损坏，不仅造成一定的经济损失，也会影响生产的正常进行。另一方面，若对仪器的使用不熟练，在实际工作中，可能会因操作不当导致观测数据错误或数据丢失，甚至造成程序的损坏。因此，对于全站仪，必须严格遵循其操作规程，正确熟练使用。

使用注意事项如下：

1. 新仪器的使用

新购置的仪器，在首次使用前应先将电池按规定的时间充好电，并结合仪器认真阅读使用说明书，对照仪器学习基本操作，如角度、距离、坐标的观测等。待熟练掌握后，可结合导线测量知识、公路中线测设等内容学习全站仪三维导线测量、坐标放样等内容。进一步学习有关专用程序的操作及文件管理等内容。最后学习全站仪与电脑的通信知识，建立数字化测量知识体系，充分发挥全站仪的工作效益。

2. 在操作及日常维护时应注意

(1) 在提拿仪器时，应抓住仪器的提手，并托着仪器的基座。不可以提拿望远镜筒，以免造成仪器固定部件的变形，使精度降低。

(2) 未安装滤光片时，不可将物镜直接对准阳光，否则高温会损坏仪器内部元件。免棱镜型系列全站仪的发射光是激光，使用时不能对准眼睛。

(3) 每种仪器都有其使用的环境条件的限制，不可以在超出其规定温度的环境下使用。在较高温度下使用时，应注意采取措施给仪器降温，避免其内部温度过高。

(4) 仪器使用完毕后，应用绒布或毛刷清除仪器表面灰尘。仪器被雨水淋湿后，切勿通电开机，应用干净软布擦干并在通风处放一段时间。若在潮湿环境下使用时，需用布擦干仪器表面水珠后才可装箱。

(5) 一般情况下，仪器环境温度的突变（如在很热的箱内刚取出时）会造成仪器与棱镜测程的降低。此时，需要将仪器露天放置一会，便可恢复正常工作。

(6) 仪器在搬站时，即使距离很近也要装箱搬运，切忌连在脚架上直接搬站。运输仪器时应将其装于箱内进行，运输过程中要小心，避免挤压、碰撞和剧烈震动，最好在箱子周围使用软垫。

(7) 若仪器长期不使用，应将电池卸下分开存放。并且电池应每月充电一次。

(8) 架设仪器时，建议尽可能使用木脚架。因为使用金属脚架可能会引起震动从而影响测量精度。

(9) 外露光学器件需要清洁时，应用脱脂棉或镜头纸轻轻擦净，切不可用其他物品擦拭。

(10) 作业前应仔细全面检查仪器，确定仪器各项指标、功能、电源、初始设置和改正参数均符合要求时再进行作业。

（11）若发现仪器功能异常，非专业维修人员不可擅自拆开仪器，以免发生不必要的损坏。

国际协议原点（CIO）

　　坐标系是一切地理坐标数据表达的参照系，由于全世界各国不同的地理环境，对坐标系的定义是各不相同的。目前为止，全世界所使用的坐标系多达 100 多个。尽管如此，每个坐标系的定义当中，其坐标轴 Z 轴都包含有采用国际上某个历元定义的"国际协议原点"。如我国的 CGCS2000 坐标系定义当中，就有"Z 轴指向 BIH1984.0 定义的协议极地方向（BIH 国际时间局）"。坐标系为什么要这么定义，还得从国际协议原点说起。

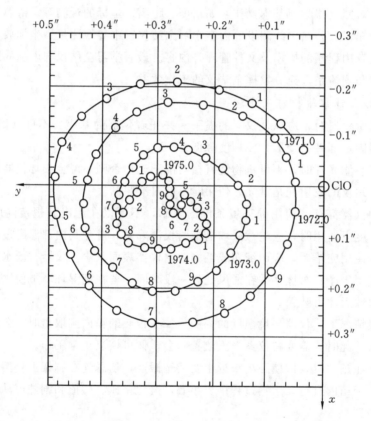

　　测量工作中我们使用的是地固坐标系，相对于地球来说坐标系是固定的。事实上，由于地球内部的构造运动，指向地球地极 Z 轴的指向是不断变化的，坐标系相对地球存在极移，这样给高精度测量工作造成许多困难。因此，国际天文学联合会和国际大地测量学会早在 1967 年便建议，采用国际上的 5 个纬度服务站，以 1900—1905 年的平均纬度所确定的平均地极位置作为基准点，通常称为国际协议原点（Conventional International Origin，CIO）。

　　1963 年以后，国际极移服务局（IPMS）一直定期公布相对于国际协议原点的极坐标，它是由 50 个参与台站综合得出的。严格来说，按照赫尔辛基大会的决议，国际协议原点只能依据国际纬度局的 5 个站的纬度值来定义。对国际协议原点来说，真正以国际协议原点作为地面极或极移原点的也只是这 5 个台站，国际极移服务局所给出的极移坐标是采用了远远多于这 5 个台站的测量数据得出的，尽管国际极移服务局声称这些数据是以国际协议原点为参考点（即作为极移原点），但严格来说是有相当差别的。

此外，独立于国际极移服务局进行极移服务的还有国际时间局（BIH），它也定期公布地极坐标。在 1959 年至 1967 年期间，国际时间局公布的极坐标是相对于"历元平极"，国际时间局将这一时期所公布的参考框架系统称为"1962BIH"系统。从 1968 年开始，国际时间局也开始了以国际协议原点作为极移原点，这时它所发布的极坐标和与之相应的参照框架，称为"1968BIH"系统。这是国际时间局试图解决与国际极移服务局之间有两个各自不同的地面极定义的又一次努力。

国际极移服务局所公布的国际协议原点，由于采用台站数据和数据处理方法的不同，这个公布的 IPMS 的原点和原定义的国际协议原点会有差异。因此，上述情况同样也适用于国际时间局。它与国际极移服务局所公布的，以及与定义的国际协议原点，三者并不一致。所以，国际时间局 1968 年开始决定以国际协议原点为参考点所公布的极坐标，在消除原来与国际极移服务局所公布的极坐标的不一致方面取得了一定的成效。

从 1982 年 7 月 1 日美国的两个台站（尤凯亚和盖沙斯堡）关闭以后，BIH 逐步取代了 IPMS。国际时间局在公布了"1979BIH"系统后认为，协议地面极就是国际时间局所公布的极坐标所相应的那个极移原点。

思考题与习题

1. 简述全站仪的结构组成及主要功能。
2. 衡量一台全站仪性能的主要指标有哪些？
3. 简述全站仪进行角度测量的主要步骤。
4. 简述全站仪进行距离测量的主要步骤。
5. 简述用全站仪进行两点间的高差测量原理。
6. 用全站仪测量两点间的高差与用水准仪测量高差相比较有何优缺点？
7. 在进行距离及坐标测量时，为何要输入正确的大气改正数及棱镜常数？
8. 全站仪进行坐标测量的基本原理是什么？
9. 在全站仪坐标测量过程中，为何后视点不需要输入高程及棱镜高？
10. 简述全站仪进行数据采集的主要步骤。
11. 简述全站仪使用注意事项有哪些？

技　能　训　练

技能训练一　全站仪的认识

一、目的与要求

（1）了解常用品牌全站仪的基本构造。

（2）熟悉全站仪的操作界面及作用。

（3）掌握全站仪的基本使用。

二、仪器及工具

（1）由仪器室借领：全站仪1套、棱镜1块、伞1把、小钢卷尺1个。

（2）自备工具：铅笔、小刀、尺子及记录表格。

三、实习步骤

1. 全站仪的认识

全站仪由照准部、基座、水平度盘等部分组成，采用编码度盘或光栅度盘，读数方式为电子显示。有功能操作键及电源，还配有数据通信接口。

2. 全站仪的使用（以南方NTS全站仪为例进行介绍）

1）测量前的准备工作

（1）电池的安装。（注意，测量前电池需充足电）

① 把电池盒底部的导块插入装电池的导孔。

② 按电池盒的顶部直至听到"咔嚓"响声。

③ 向下按解锁钮，取出电池。

（2）仪器的安置。

① 在实训场地上选择一点作为测站，另外两点作为观测点。

② 将全站仪安置于点处，对中、整平。

③ 在两点分别安置棱镜。

（3）调焦与照准目标。

操作步骤与一般经纬仪相同，注意消除视差。

2）角度测量

（1）首先从显示屏上确定是否处于角度测量模式，如果不是则按操作键转换为角度测量模式。

（2）盘左瞄准左目标 A，按置零键，使水平度盘读数显示为 0.0000，顺时针旋转照准部照准右目标 B，读取显示读数。

（3）同样方法可以进行盘右观测。

（4）如果测竖直角，可在读取水平度盘的同时读取竖盘的显示读数。

3）距离测量

（1）首先从显示屏上确定是否处于距离测量模式，如果不是则按操作键转换为距离测量模式。

（2）照准棱镜中心，按测量键，得出距离，HD 为水平距离，SD 为倾斜距离，VD 为垂直距离。

4）坐标测量

（1）首先从显示屏上确定是否处于坐标测量模式，如果不是，则按操作键转换为坐标测量模式。

（2）输入本站点 0 点及后视点坐标，以及仪器高、棱镜高。

（3）照准棱镜中心，按测量键，得出点的坐标。

四、注意事项

（1）运输仪器时，应采用原装的包装箱运输、搬动。

（2）近距离将仪器和脚架一起搬动时，应保持仪器竖直向上。

（3）拔出插头之前应先关机。在测量过程中若拔出插头，则可能丢失数据。

（4）换电池前必须关机。

（5）仪器只能存放在干燥的室内。充电时，周围温度应在 10～30℃。

（6）全站仪是精密贵重的测量仪器，要防日晒、防雨淋、防碰撞震动。严禁将仪器直接照准太阳。

五、上交资料

以小组为单位，每位成员上交全站仪测量纸质记录表一份。

全站仪测量记录表

组别：   仪器代码：

仪器高 (m)	棱镜高 (m)	竖盘 位置	水平角观测		竖直角观测		距离高差观测			坐标测量		
			水平度盘 读数	方向值 或角值	竖直度盘 读数	竖直角	斜距 (m)	平距 (m)	高程 (m)	x (m)	y (m)	H (m)

技能训练二　数据采集（坐标测量）

一、实训目的

（1）掌握用全站仪的程序进行碎部点数据采集，并利用内存记录数据的方法。

（2）掌握全站仪和计算机之间进行数据传输的方法，并学会输出碎部点三维坐标。

二、实训器具

（1）每组借全站仪 1 台，数据电缆 1 根，脚架 1 个，棱镜杆 1 根，棱镜 1 个，钢卷尺（2m）1 把。

（2）自备：4H 或 3H 铅笔，绘图草稿纸。

三、实训步骤

1. 野外数据采集

用全站仪进行数据采集可采用三维坐标测量方式。测量时，应有一位同学绘制草图。

草图上须标注碎部点点号（与仪器中记录的点号对应）及属性。

（1）安置全站仪：对中整平，量取仪器高，检查中心连接螺旋是否旋紧。

（2）打开全站仪电源，并检查仪器是否正常。

（3）建立控制点坐标文件，并输入坐标数据。

（4）新建项目文件，进入数据采集界面。

（5）设置测站：选择测站点点号或输入测站点坐标，输入仪器高并记录。

（6）设置后视定向和定向检查：选择已知后视点或后视方位进行定向，并选择其他已知点进行定向检查。

（7）碎部测量：测定各个碎部点的三维坐标并记录在全站仪内存中，记录时注意棱镜高、点号和编码的正确性。

（8）归零检查：每站测量一定数量的碎部点后，应进行归零检查，归零差不得大于1分。

2. 全站仪数据传输

（1）利用数据传输电缆将全站仪与电脑进行连接。

（2）运行数据传输软件，并设置通信参数（端口号、波特率、奇偶校验等）。

（3）进行数据传输，并保存到文件中。

（4）进行数据格式转换。将传输到计算机中的数据转换成内业处理软件能够识别的格式。

当全站仪具有内存卡或 USB 接口时，可直接用读卡器或 U 盘插入接口将数据读入计算机中。

四、注意事项

（1）在作业前应做好准备工作，将全站仪的电池充足电。

（2）使用全站仪时，应严格遵守操作规程，注意爱护仪器。

（3）外业数据采集后，应及时将全站仪数据导出到计算机中并备份。

（4）用电缆连接全站仪和电脑时，应关闭全站仪电源，并注意正确的连接方法。

（5）拔出电缆时，注意关闭全站仪电源，并注意正确的拔出方法。

（6）控制点数据、数据传输软件由指导教师提供。

（7）小组每个成员应轮流操作，掌握在一个测站上进行外业数据采集的方法。

五、上交成果

实训结束后将测量实训报告、电子版的原始数据文件以小组为单位打包提交。

技能训练三　用全站仪坐标法测设点的平面位置

一、实训目的

全站仪不仅具有高精度、能快速地测角、测距、测定点的坐标的特点，而且在施工测设中很少受天气及地形条件的限制，也显示出它的独特优势，从而在生产实践中得到了广泛应用。全站仪坐标测设法，就是使用全站仪，根据待测设点的坐标标定出点位。

二、实训要求

每人至少用全站仪直角坐标法或极坐标法测设一个点位。

三、实训器具

全站仪 1 台，棱镜 2 个，木桩数根，铁锤 1 把。

四、实训步骤

（1）将已知点数据和待测设点数据输入仪器。

（2）仪器安置在测站点，对中、整平。

（3）进入放样模式，设置测站（输入测站点、后视点和测设点的坐标），可直接调用仪器内存储数据或现场输入。

（4）跑点员将棱镜立于测设点附近，观测者用望远镜照准棱镜，按坐标放样功能键，全站仪显示棱镜位置与待测设点的坐标差值。

观测者根据屏幕显示，指挥跑点员前后左右移动棱镜位置，直到仪器显示坐标差值等于零时为止。此时，棱镜位置即为放样点的点位。

五、注意事项

跑点人员要按照观测员指挥，朝着棱镜与仪器连线方向前进或后退，沿着与连线垂直方向左右移动棱镜位置。

六、上交成果

实训结束后以小组为单位，每位成员提交一份操作过程报告。

第六章　GNSS‑RTK 测量

第一节　GNSS 定位系统概述

GNSS 是在 1995 年欧盟论证建立独立的全球导航卫星系统伽利略（Galileo）时首次提出的概念。GNSS 是 Global Navigation Satellite System 的缩写简称，全称是全球导航卫星系统，它是泛指所有在轨运行的卫星导航系统，包括全球的、区域的和增强的系统总称，不是指某一个系统。目前全球性的卫星导航系统有美国的 GPS、俄罗斯的 GLONASS、欧洲的 Galileo 和中国的北斗（Beidou）；区域性的有日本的 QZSS、印度的 IRNSS；相关的增强系统有美国的 WAAS（广域增强系统）、欧洲的 EGNOS（欧洲静地导航重叠系统）和日本的 MSAS（多功能运输卫星增强系统）等。

一、GPS 全球导航卫星系统

GPS 是英文 Navigation Satellite Timing and Ranging/Global Positioning System 的字头缩写词 NAVSTAR/GPS 的简称。它的含义是，利用导航卫星进行测时和测距，以构成全球定位系统。现在国际上已经公认将美国的这一全球定位系统简称为 GPS。

1. GPS 建立过程

1973 年 12 月，为了满足全球战略的需要，美国国防部组织陆海空三军十多个单位共同组成联合计划局。在联合计划办公室的领导下，吸取其空军提出的"621‑B"计划和海军提出的"TIMATION"计划的优点，共同研制了 Navigation Satellite Timing and Ranging/Global Positioning System（缩写成 NAVSTAR/GPS），简称 GPS。

为了管理 GPS，美国国防部将联合计划办公室设在洛杉矶的空军航天处司令部内，其组成人员包括美国陆军、海军、海军陆战队、国防制图局、交通部、北大西洋公约组织和澳大利亚的代表。自 1974 年以来，GPS 计划经历了方案论证（1974—1978 年）、系统论证（1979—1987 年）和生产试验（1988—1993 年）三个阶段。1978 年 2 月 22 日，第一颗 GPS 试验卫星发射成功，论证阶段共发射 11 颗 BLOCK I 的试验卫星（1993 年 12 月 31 日全部停止工作）。11 年后，即 1989 年 2 月 14 日发射第一颗工作卫星，到 1994 年 3 月 28 日为止共发射 35 颗 GPS 卫星。1994 年 4 月 24 日美国国防部对外宣布："GPS 系统已具备初步运作能力"。意即在全世界任何地方、任何时候均实现了全天候导航、定位和定时。图 6‑1‑1 为 GPS 卫星星座示意图。

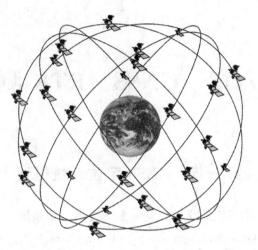

图 6 - 1 - 1　GPS 卫星星座

从 GPS 提出到 1994 年建成，历经了 20 余年。实践证实，GPS 对人类的活动影响极大，应用价值极高，所以得到美国政府和军队的高度重视，不惜投资 300 亿美元来建立这一工程，成为继阿波罗登月计划和航天飞机计划之后的第三项庞大空间计划。它从根本上解决了人类在地球上的导航和定位问题，可以满足各种不同用户的需要，给导航和定位技术带来了革命性的变化。对我们测绘行业来讲，这是卫星大地测量史上的里程碑，也是测绘历史上的一次深远的技术革命。

2. GPS 卫星和星座

全球定位系统的空间星座部分，由 24 颗卫星组成，其中包括 3 颗可随时启用的备用卫星。工作卫星分布在 6 个近圆形轨道面内，每个轨道面上有 4 颗卫星。卫星轨道面相对地球赤道面的倾角为 55°，各轨道平面升交点的赤经相差 60°，同一轨道上两卫星之间的升交角距相差 90°，如图 6 - 1 - 1 所示。轨道平均高度为 20 200km，卫星运行周期为 11 小时 58 分。同时在地平线以上的卫星数目随时间和地点而异，最少为 4 颗，最多时达 11 颗。

上述 GPS 卫星的空间分布，保障了在地球上任何地点、任何时刻均至少可同时观测到 4 颗卫星，加之卫星信号的传播和接收不受天气的影响，因此 GPS 是一种全球性、全天候的连续实时定位系统。

GPS 卫星的主体呈圆柱形，直径为 1.5m，整体在轨重量为 843.68kg，比实验卫星增重了 45%，设计寿命为 7.5 年。主体两侧配有能自动对日定向的双叶太阳能集电板，为保证卫星正常工作提供电源；通过一个驱动系统保持卫星运转并稳定轨道位置。每颗卫星装有 4 台高精度原子钟（铷钟和铯钟各两台），以保证发射出标准频率（稳定度为 $10^{-12} \sim 10^{-13}$），为 GPS 测量提供高精度的时间信息。

在全球定位系统中，卫星的主要功能是：接收、储存和处理地面监控系统发射来的导航电文及其他有关信息；向用户连续不断地发送导航与定位信息，并提供时间标准、卫星本身的空间实时位置及其他在轨卫星的概略位置；接收并执行地面监控系统发送的控制指令，如调整卫星姿态和启用备用时钟、备用卫星等。GPS 工作卫星（Block Ⅱ/ⅡA）的外形如图 6-1-2 所示。

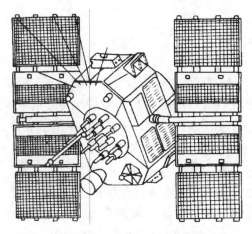

图 6-1-2 GPS Block 卫星

3. GPS 现代化计划

自 2000 年 5 月 2 日取消了 SA 政策后，美国政府启动了 GPS 现代化计划，目前进入了中期更新阶段。包括增加 GPS 的军用无线电信号的强度；设计新的 GPS 卫星型号（ⅡF）和新的 GPS 信号结构；增加 L5 频道，并将民用频道 L1、L2、L5（1.17645GHz）和军用频道 L3、L4 分开，用以改善 GPS 定位和导航的精度。

GPS 现代化计划第一阶段（2000—2009 年）。共发射 20 颗改进型的 GPS BLOCK ⅡR 型卫星，该卫星具有一些新的功能，能发射第二民用码，即在 L2 上加载 C/A 码；在 L1 和 L2 上播发 P（Y）码的同时，在这两个频率上还试验性地同时加载新的军用码（M 码）；ⅡR 型卫星的信号发射功率，不论在民用通道还是军用通道上都有很大提高。

GPS 现代化计划第二阶段（2009—2014 年）。共发射 12 颗 GPS BLOCK ⅡF 卫星。ⅡF 型卫星除了有上面提到的ⅡR 型卫星的功能外，还进一步强化发射 M 码的功率和增加发射第三民用频率，即 L5 频道。ⅡF 型卫星是 Block Ⅰ/ⅡA 型号的后续型号，新型卫星的定位精度将为老卫星的两倍，并能够承受更高的环境干扰。

GPS 现代化计划第三阶段（2014—2030 年）。计划发射 32 颗 GPS BLOCK Ⅲ新型卫星，目前已完成代号为 GPS Ⅲ的 GPS 完全现代化计划设计工作，正在研究未来 GPS 卫星导航的需求，讨论制定 GPS Ⅲ 型卫星系统结构、系统安全性、可靠程度和各种可能的风险。计划用近 20 年的时间完成 GPS Ⅲ 计划，取代目前的 GPS Ⅱ。

随着 GPS 现代化计划的推进，共发射了 42 颗卫星。目前 GPS 由 30 颗（4 颗为备份星）在轨卫星组成。早期 GPS 系统对民用信号的定位精度进行了人为限制，只有 100m 左右。目前 GPS 的全球实时单点定位精度粗码为 5～10m，精码为 1～2m，一般的民用接收机开阔区域可获得优于 5m 的定位精度，加密导航信号达到了分米级。随着我国北斗卫星导航系统 2020 年全球组网覆盖，以及可提供 1m 级民用定位精度的"伽利略"系统在未来的投入使用，GPS 系统可能被迫进一步开放民用信号的定位精度限制。

二、GLONASS 全球卫星导航系统

1. GLONASS 的建立过程

GLONASS 的起步晚于 GPS 9 年。从苏联于 1982 年 10 月 12 日发射第一颗 GLONASS 卫星开始，到 1996 年，13 年时间内历经周折，虽然遭遇了苏联的解体，由俄罗斯接替部署，但始终没有终止或中断 GLONASS 卫星的发射。1995 年初只有 16 颗 GLONASS 卫星在轨工作，1995 年进行了三次成功发射，将 9 颗卫星送入轨道，完成了 24 颗工作卫星加 1 颗备用卫星的布局。经过数据加载、调整和检验，已于 1996 年 1 月 18 日启用，整个系统正常运行。

GLONASS 系统主要应用于军事领域，在系统组成和工作原理上与 GPS 类似，也是由空间卫星星座、地面控制和用户设备三大部分组成。与美国的 GPS 系统相比，GLONASS 系统采用了不同的轨道和信号频率，更注重对高纬度地区的覆盖，而且具有较强的抗干扰能力。苏联解体后，继承了 GLONASS 系统的俄罗斯一度因为经济困难而无法为"到寿"失效的卫星发射替代卫星，使系统的在轨卫星数量急剧下降，严重影响了其使用效能。

2. GLONASS 卫星星座

GLONASS 卫星星座的轨道为三个等间隔椭圆轨道，轨道面间的夹角为 120 度，轨道倾角为 64.8 度，轨道的偏心率为 0.01，每个轨道上等间隔地分布 8 颗卫星。卫星离地面的高度为 19 100km，绕地运行周期约 11 小时 15 分，地迹重复周期 8 天，轨道同步周期 17 圈。由于 GLONASS 卫星的轨道倾角大于 GPS 卫星的轨道倾角，所以在高纬度（50 度以上）地区的可视性较好。GLONASS 星座如图 6 - 1 - 3 所示。

图 6 - 1 - 3　GLONASS 星座

3. GLONASS 系统现状

GLONASS 卫星的平均工作寿命超过 4.5 年。1990 年底补网发射了 3 颗卫星，至 2000 年年初，该系统只有 7 颗健全卫星保持连续工作。2000 年 10 月补网又发射了 3 颗卫星。到 2001 年 3 月，GLONASS 中有 13 颗健全的卫星。2001 年补网发射了 6 颗卫星，使在轨卫星增加到 17 颗。2011 年 12 月 8 日卫星数量终于达到"满员"24 颗状态，并向全球提供商业服务。目前 GLONASS 卫星有 26 颗，系统的民用信号单点定位精度在俄罗斯境内可达到 5m，在其他地方约 20～30m，与美国的 GPS 系统有一定差距。

三、伽利略（Galileo）导航卫星系统

1. Galileo 系统建立过程

为了摆脱对美国 GPS 和俄罗斯 GLONASS 定位系统的依赖，建立一个纯商业性质的民用卫星定位系统，1996 年 7 月 23 日，欧洲议会和欧盟交通部长会议制定了有关建设欧洲联运交通网的共同纲领，其中首次提出了建立欧洲自主的定位和导航系统的问题。1999 年 2 月 10 日，欧洲委员会在其名为《伽利略（Galileo）——欧洲参与新一代卫星导航服务》的报告中首次提出了"伽利略计划"。计划分为 4 个阶段：论证阶段（2000—2001 年），论证计划的必要性、可行性以及落实具体的实施措施；系统研制和在轨验证阶段（2001—2005 年）；星座布设阶段（2006—2007 年）；运营阶段（从 2008 年开始），其任务是系统地保养和维护，提供运营服务，按计划更新卫星等。

Galileo 系统最主要的设计思想是：与 GPS/GLONASS 不同，完全从民用出发，建立一个最高精度的全开放型的新一代 GNSS 系统；与 GPS/GLONASS 有机地兼容，增强系统使用的安全性和完善性；建设资金（36 亿欧元）由欧洲各国政府和私营企业共同投资。

2000 年欧盟在世界无线电大会上获得了建立 GNSS 系统的 L 频段的频率资源。2002 年 3 月，欧盟 15 国交通部长一致同意伽利略 GNSS 系统的建设。伽利略系统由 30 颗卫星（27 颗工作卫星和 3 颗备用卫星）组成。30 颗卫星部署在 3 个中高度圆轨道面上，轨道高度为 23 616km，倾角 56 度，星座对地面覆盖良好，在欧洲建立了两个控制中心。原计划 2008 年完成全系统部署并投入使用，以商业运营的模式全部民用。由于技术等问题，伽利略系统将推迟投入运营。

2. Galileo 系统特点

伽利略计划是欧洲自主、独立的全球多模式卫星定位导航系统，提供高精度、高可靠性的定位服务，实现完全非军方控制、管理，可以进行覆盖全球的导航和定位功能。伽利略系统能够与美国的 GPS、俄罗斯的 GLONASS 系统实现多系统内的相互合作，任何用户将来都可以用一个接收机采集各个系统的数据或者各系统数据的组合来实现定位导航的要求。伽利略系统可以分发实时的米级定位精度信息，这是现有的卫星导航系统所没有的。同时伽利略系统能够保证在许多特殊情况下提供服务，如果失败也能够在几秒钟内通知用户，对安全性有特殊要求的情况如运行的火车、导航汽车、飞机着路等，伽利略系统的应用就特别适合。这个民用系统将为海上和陆上交通提供极大的便利，将为欧洲公路、

铁路、空中和海洋运输、欧洲共同防务甚至是徒步旅行者有保障地提供精度为 1m 的定位导航服务。

与美国的 GPS 相比，伽利略系统更先进，也更可靠。美国 GPS 向别国提供的卫星信号，只能发现地面大约 10m 长的物体，而伽利略的卫星则能发现 1m 长的目标。一位军事专家形象地比喻说，GPS 只能找到街道，而伽利略则可找到家门。

3. Galileo 建设现状

尽管伽利略的预想目标很先进，但是目前伽利略计划的执行却出现了许多问题。由于欧盟成员国对该项目的规模和投资一直存在分歧，因此使项目启动就耽搁了几个月的时间，后又由于种种原因使该计划一延再延，欧空局（ESA）计划投资 3 000 万欧元抢占频率的 GIOVE-A2 也未能如期发射。

目前 Galileo 在轨验证卫星（In-Orbit Validation（IOV）satellites）有 4 颗。2013 年 3 月 12 日首次实现了用户定位，成为 Galileo 建设的里程碑；2014 年 2 月完成了在轨验证任务。Galileo 能有效运行，且工作状态良好，作为现有国际卫星辅助搜救组织卫星的组成部分，Galileo 可以为 77% 的救援位置提供 2000m 以内的定位精度，为 95% 的救援位置提供 5000m 以内的定位精度。目前，Galileo 的伪距单点定位精度在欧洲境内平均可达到水平方向 5m、垂直方向 10m，平均授时精度达 10ns。

在轨测试工作完成后，Galileo 的建设工作继续推进，主要是发射卫星完成星座部署和进一步部署卫星地面站。2014 年，6 颗卫星分 3 次搭乘联盟号火箭发射升空，加入现有的 Galileo 卫星星座，并于当年底开始提供初始服务。2014 年 8 月 22 日发射 2 颗 Galileo 全面运行能力卫星，但发射失败。2017 年 12 月 12 日，4 颗 Galileo 导航卫星（编号为 IOV19~22 号）由阿丽亚娜 5 火箭在法属圭亚那航天发射场发射入轨，此次发射任务使 Galileo 拥有了 26 颗卫星，即 4 颗 IOV 卫星、18 颗 FOC 卫星。其中 15 颗卫星可用来提供服务，1 颗卫星电源故障，2 颗卫星未进入预定轨道。2018 年 7 月 25 日再次发射 4 颗卫星。目前在轨工作卫星 18 颗，全部 30 颗卫星调整为 24 颗工作卫星，6 颗卫星计划于 2020 年发射完毕。

四、北斗卫星导航系统

1. 北斗一代（BD-1，1994—2000 年）

1983 年，中科院陈芳允院士和合作者提出利用两颗同步定点卫星进行定位导航的设想，这一系统称为"双星定位系统"。1994 年北斗一代（BD-1）正式立项，提出北斗卫星导航系统按照三步走的总体规划分步实施。

2000 年 10 月 31 日和 12 月 21 日，我国分别发射了两颗北斗导航试验卫星。2003 年 5 月 25 日，第三颗"北斗一号"导航定位卫星升空。两颗工作卫星和一颗备份卫星，加上地面中心站和用户一起构成了双星导航定位系统。标志着我国拥有了自己的第一代完善的区域卫星导航定位系统。

双星导航定位系统空间部分由 3 颗地球静止轨道卫星（其中 1 颗在轨备用）组成；地

面中心站包括地面应用系统和测控系统，具有位置报告、双向报文通信及双向授时功能；用户部分即车辆、船舶、飞机以及各军兵种低动态及静态导航定位的用户。北斗一代导航系统是在地球赤道平面上设置 2 颗地球同步卫星，两颗卫星的赤道角距约 60°。服务区域在东经 70～145°，北纬 5～55°范围。定位精度为：平面 20m、高程 10m。但由于该系统用户无法保持无线电静默，也无法在高速移动的平台上使用，"北斗一代"系统不能用于军事用途。

  双星导航定位系统定位的基本原理为空间球面交会测量原理，如图 6-1-4 所示。地面中心站通过两颗卫星向用户广播询问信号，根据用户响应的应答信号，测量并算出用户到两颗卫星的距离；然后根据地面中心站的数字地图，由中心站算出用户到地心的距离，根据卫星 1、卫星 2 和地面中心站的已知地心坐标以及已知用户目标在赤道平面北侧，地面中心站计算出用户的三维位置，用户的高程则由数字地面高程求出，用户的三维位置由地面中心站计算出后经卫星广播信号发给用户。

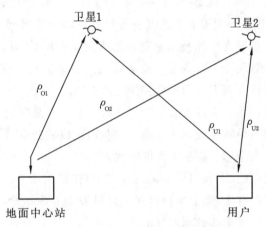

图 6-1-4 双星导航定位系统工作原理

2. 北斗二代（BD-2，2006—2012 年）

  随着应用领域的日益扩大，中国卫星导航定位的市场规模从 2000 年的不到 10 亿元增长到了 2005 年的 120 亿元，显示出强大的发展前景和经济效益。同时，与欧盟合作的"伽利略卫星导航系统"项目受阻，在此背景下，2006 年初中国决策层决定重新启动新的北斗计划，即北斗二代（BD-2）全球导航定位系统。2006 年 11 月，中国对外宣布，将在今后几年内发射导航卫星，开发自己的全球卫星导航和定位系统，并更名为 BeiDou Navigation Satellite System（简称 BDS）。

  2007 年 4 月 14 日，中国成功发射了首颗北斗导航卫星。从 2007 年至 2012 年 10 月 25 日共发射卫星总数达 20 颗，在轨工作卫星 18 颗（其中 BD-1 卫星 4 颗，2 颗已停止工作；BD-2 卫星 16 颗，2 颗失效）。由于具备 16 颗 BD-2（6 GEO＋5 IGSO＋5 MEO）覆盖中国周边及本土区域可用卫星，2012 年 12 月 27 日，国务院新闻办公室举行了北斗系统新闻发布会，正式对外公布了北斗 ICD 文件，同时北斗区域定位正式运行。这一文件的公布既兑现了北斗系统面向全球提供免费服务的承诺，又标志着北斗产业化、全球化正式拉开帷幕。北斗二代定位精度：平面 10m，高程 10m，授时精度为 50ns，测速精度为 0.2m/s。

3. 北斗三代（BD - 3，2012—2020 年）

随着北斗二代的顺利实施和运行，我国加大了北斗三代的快速建设。2018 年 12 月 26 日，北斗三号基本系统开始提供全球服务。2019 年 9 月，北斗系统正式向全球提供服务，在轨 39 颗卫星中包括 21 颗北斗三号卫星：有 18 颗运行于中圆轨道、1 颗运行于地球静止轨道、2 颗运行于倾斜地球同步轨道。2019 年 9 月 23 日成功发射第 47、48 颗北斗导航卫星，11 月 5 日成功发射第 49 颗北斗导航卫星，北斗三号系统 5 颗倾斜地球同步轨道（IGSO）卫星全部发射完毕。12 月 16 日在西昌卫星发射中心成功发射第 52、53 颗北斗导航卫星。至此，20 颗北斗三号中圆地球轨道卫星全部发射完毕。

2020 年 3 月 9 日 19 时 55 分，中国在西昌卫星发射中心用长征三号乙运载火箭，成功发射北斗系统第 54 颗导航卫星，也是第 29 颗北斗三号卫星，离全球组网只差最后一颗卫星。

2020 年 6 月 15 日晚，举世瞩目的北斗三号最后一颗全球组网卫星（地球静止轨道卫星）发射任务因运载火箭发现产品技术问题推迟发射。6 月 23 日，重新加注燃料的长征三号乙运载火箭，托举着北斗三号最后一颗全球组网卫星飞向太空，完成所有 55 颗卫星组网发射，为北斗发射任务画上一个圆满句号。2020 年 7 月 31 日，北斗三号全球卫星导航系统建成暨开通仪式在北京人民大会堂隆重举行，习近平总书记在北京人民大会堂郑重宣布，北斗三号全球卫星导航系统正式开通。由我国建成的独立自主、开放兼容的卫星导航系统，从此走向了服务全球、造福人类的时代舞台。

目前，北斗二号发射的 20 颗卫星中，仍有 15 颗在提供服务。加上北斗三号的 30 颗卫星，整个北斗系统累计有 45 颗卫星可以在轨提供服务。根据全球导航定位系统评估数据，北斗目前的精度水平完全达到预期标准。

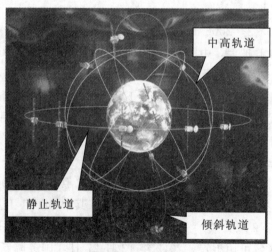

图 6 - 1 - 5　北斗系统星座

4. 北斗星座构成

北斗卫星导航系统空间段计划由 35 颗卫星组成，包括 5 颗静止轨道卫星、27 颗中圆地球轨道卫星、3 颗倾斜同步轨道卫星。5 颗静止轨道卫星定点位置分别为东经 58.75°、80°、110.5°、140°、160°，中圆地球轨道卫星运行在 3 个轨道面上，轨道面之间相隔 120°均匀分布。2012 年底北斗亚太区域导航正式开通时，已为正式系统在西昌卫星发射中心发射了 16 颗卫星，其中 14 颗组网并提供服务，分别为 5 颗静止轨道卫星、5 颗倾斜地球同步轨道卫星（均在倾角 55°的轨道面上），4 颗中圆地球轨道卫星（均在倾角 55°的轨道面上）。

5. 北斗定位方式和精度

北斗全球卫星导航系统兼具主动（有源）和被动（无源）两种定位方式，既可以知道自己在哪里，同时还可以告诉别人我在哪里。此外，同 GPS 一样，可提供开放服务和授权服务两种服务方式。开放服务是在服务区免费提供定位、测速和授时服务，定位精度为5～10m，授时精度为 50ns，测速精度 0.2m/s。授权服务是向授权用户提供更安全的定位、测速、授时和通信服务以及系统完好性信息。

目前，北斗三号全球卫星导航系统正式开通，具备了全球定位服务能力，设计定位精度 5～10m，实际定位精度 3～5m。在我国及亚太地区，实际测出来的水平定位精度是1～3m。

6. GPS 与 BDS 高精度定位比较

GNSS 以其独特的优势成为测绘行业中最主要的定位方式之一，满足测绘行业中不同精度、作业方式和实时性的要求，但目前测绘应用中仍依赖 GPS。随着 BDS 的快速发展，其与 GPS 同样都具有固定的频率和采用码分多址，因此二者定位原理相同。表 6-1-1为 BDS 和 GPS 测绘中高精度定位的比较分析结果，主要包括伪距差分（Differential GPS，DGPS）、静态基线、精密单点定位（Precise Point Positioning，PPP）和实时动态定位（Real Time Kinematic，RTK）以及网络 RTK。从表 6-1-1 中可以看出目前 BDS和 GPS 定位精度达到了相同效果。表 6-1-1 中：N 表示北方向，E 表示东方向，U 表示天顶方向。

表 6-1-1　　　　　　　　　　　　GPS 与 BDS 定位精度统计

定位系统	各方向定位精度														
	DGPS(m)			静态基线(cm)			PPP(cm)			RTK(cm)			网络 RTK(cm)		
	N	E	U	N	E	U	N	E	U	N	E	U	N	E	U
GPS	0.26	0.25	0.37	0.38	0.09	0.06	0.82	0.73	1.62	1.43	0.85	2.01	1.26	1.32	2.78
BDS	0.33	0.31	0.52	0.73	1.14	0.43	0.96	0.83	2.32	1.45	0.87	1.98	1.71	1.65	3.45
GPS/BDS	0.20	0.18	0.26	0.44	0.14	0.45				0.89	0.78	1.83	1.22	1.13	3.23

五、GNSS 定位系统的应用特点

1. 自动化程度高

GNSS 技术减少了野外作业的时间和强度。用 GNSS 接收机进行测量时，只要将天线准确地安置在测站上，主机可安放在测站不远处，亦可放在室内，通过专用通信线与天线连接，接通电源，启动接收机，仪器即自动开始工作。结束测量时，仅需关闭电源，取下接收机，便完成了野外数据采集任务。如果在一个测站上需作较长时间的连续观测，目前有的接收机可贮存连续三天的观测数据；还可以实行无人值守的数据采集，将所采集的定位数据通过数据通信方式，传递到数据处理中心，现场进行全自动化的测量与计算。

2. 观测速度快

目前，GPS 和 GLONASS 星座均已完成"满员"布置，Galileo 和 BDS 虽然还在建设中，但一测站上通常可以同时观测高达 5～16 颗（平均每个卫星系统 4 颗），因此用 GNSS 接收机作静态相对定位（边长小于 15km）时，采集数据的时间可缩短到 1h 左右，即可获得基线向量，精度为（5mm＋1ppm×D），两台仪器每天正常作业可测 4 条边。如果采用快速定位软件，对于双频接收机，仅需采集 5min 左右的时间，便可达到上述同样的精度，作业进度更快。可见，用 GNSS 定位技术建立控制网，作业迅速，比常规手段快 2～5 倍。

3. 定位精度高

大量试验表明，GNSS 卫星相对定位测量精度高，定位计算的内符合与外符合精度均符合（5mm＋1ppm×D）的标称精度，二维平面位置都相当好，仅高差方面稍逊一些。用 GNSS 相对定位结果，还可以推算出两测站的间距和方位角，精度也很好。应用实践证明，GNSS 相对定位精度在 50km 以内可达 10^{-6}，100～500km 可达 10^{-7}，1 000km 以上可达 10^{-9}。在 300～1 500m 的工程精密定位中，1h 以上观测的解其平面位置误差小于 1mm，与 ME5000 电磁波测距仪测定的边长比较，其边长较差最大为 0.5mm，较差中误差为 0.3mm。

4. 功能多、用途广

用 GNSS 信号可以进行海空导航、车辆引行、导弹制导、精密定位、动态观测、设备安装、传递时间、速度测量等。测速的精度可达 0.1m/s，测时的精度可达几十毫微秒。其应用领域不断扩大。

5. 经济效益高

大地测量实测资料表明，用 GNSS 定位技术建立大地控制网，要比常规大地测量技术节省 70％～80％的外业费用，这主要是因为卫星定位不要求测站之间互相通视，只需测站上空开阔即可，因此可节省大量的造标费用。由于无须点间通视，点位位置可根据需要，可稀可密，使选点工作甚为灵活，也可省去经典大地网中的传算点、过渡点的测量工作。随着接收机的价格不断下降，经济效益将愈益显著。

综上所述，定位技术较常规手段有明显的优势，而且它是一种被动系统，可为无限多个用户使用，信用度和抗干扰性强，将来必然会基本上取代常规测量手段。GNSS 定位技术与另两种精密空间定位技术——卫星激光测距（SLR）和甚长基线干涉（VLBI）测量系统，据近几年来全球网测量结果比较表明，其精度已能与 SLR 和 VLBI 相媲美，但接收机轻巧方便、价格较低、时空密集度高，同样显示出 GNSS 定位技术较之 SLR 和 VLBI 具有更优越的条件和更广泛的应用前途。

第二节　GNSS 坐标系统和时间系统

任何一项测量工作都离不开基准，都需要一个特定的坐标系统和时间系统。例如，在常规大地测量中，各国都有自己的测量基准和坐标系统，如我国现在使用的 2000 年国家大地坐标系（CGCS2000），对应 ITRF97 框架。由于 GNSS 是全球性的导航定位系统，其坐标系统也必须是全球性的；同时为了维护系统的运行和实时导航，需要定义时间系统。目前，四大全球卫星导航系统所定义的坐标系的原点、尺度、定向与 IERS 规范规定一致，只是对准 ITRF 框架不同；时间系统都采用原子时，但 UTC 起点不同。

一、GPS 坐标系统和时间系统

1. GPS 坐标系统（WGS - 84）

GPS 导航定位中所使用的协议地球坐标系统称为 WGS - 84 世界大地坐标系（World Geodetic System）。WGS - 84 世界大地坐标系的几何定义是：原点是地球质心，Z 轴指向 BIH1984.0 定义的协议地球极（CTP）方向，X 轴指向 BIH1984.0 的零子午面和 CTP 赤道的交点，Y 轴与 Z 轴、X 轴构成右手坐标系，如图 6 - 2 - 1 所示。

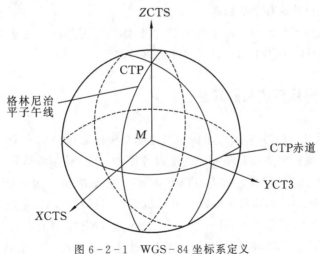

图 6 - 2 - 1　WGS - 84 坐标系定义

上述 CTP 是协议地球极（Conventional Terrestrial Pole）的简称。由于极移现象的

存在，地极的位置在地极平面坐标系中是一个连续的变量，其瞬时坐标（X_P，Y_P）由国际时间局（Bureau International del'Heure，简称 BIH）定期向用户公布。WGS-84 世界大地坐标系就是以国际时间局 1984 年第一次公布的瞬时地极（BIH1984.0）作为基准建立的地球瞬时坐标系，严格来讲属准协议地球坐标系。1985 年 10 月以前，使用的是WGS-72 坐标系，以后则使用新的 WGS-84 坐标系。

除上述几何定义外，它还有严格的物理定义，它拥有自己的重力场模型和重力计算公式，可以算出相对于椭球的大地水准面差距。在实际测量定位工作中，虽然 GPS 卫星的信号依据于 WGS-84 坐标系，但求解结果则是测站之间的基线向量或三维坐标差。在数据处理时，根据上述结果，并以现有已知点（三点以上）的坐标值作为约束条件，进行整体平差计算，得到各测站点在当地现有坐标系中的实用坐标，从而完成 GPS 测量结果向国家或当地独立坐标系的转换。

2. GPS 时间系统

GPS 系统采用 GPS 时——GPST。它的起点规定在 1980 年 1 月 6 日 UTC 的 0 点，它的秒长始终与主控站的原子钟同步，启动之后不采用跳秒调整。根据对 GPS 时间系统起点的规定，知道 GPST 与国际原子时有固定 19 秒的常数差，而且在 1980 年之后与UTC 另外还有随时间不断变化的常数差。如 1985 年 12 月，常数差为 4 秒，即 GPST＝UTC＋4 秒。

二、GLONASS 坐标系统和时间系统

GLONASS 坐标系统（PE-90），采用的是基于 Parameters of the Earth 1990 框架的PE-90 大地坐标系统。其几何定义为：原点位于地球质心，Z 轴指向 IERS 推荐的协议地球极（CTP）方向，即 1900—1905 年的平均北极，X 轴指向地球赤道与 BIH 定义的零点子午线交点，Y 轴满足右手坐标系。

GLONASS 时间系统，采用原子时 ATI 秒长作为时间基准，是基于苏联莫斯科的协调世界时 UTC（SU），采用的 UTC 时并含有跳秒改正。

三、Galileo 坐标系统和时间系统

Galileo 坐标系统（GTRF），采用伽利略地球参考框架（Galileo Terrestrial Reference Frame，GTRF）。该框架由伽利略大地测量服务原型（GGSP）负责定义、建立、维持与精化。GTRF 符合 ITRS 定义，并与 ITRF 对准，它的维持主要基于 GTRF 周解。除GTRF 外，GGSP 还提供地球自转参数、卫星轨道、卫星和测站钟差改正等产品。GTRF的发展早在 2011 年 10 月首批 Galileo 卫星升空前，GTRF 就完成了它的初始实现（2007年）。它采用了 42 个位于伽利略跟踪站（GSS）附近的 IGS 站、33 个其他 IGS 站和 13 个伽利略实验站（GESS）从 2006 年 11 月至 2007 年 6 月的 GPS 观测数据。后续的 GTRF将由使用 GPS/Galileo 数据逐步过渡到只使用 Galileo 数据。从 2013 年 4 颗 Galileo 卫星组网并开始提供导航服务以来，GTRF 每年都会发布新的版本并进行 2～3 次更新。

Galileo 的时间系统（Galileo System Time，GST），由周数和周秒组成，也是一个连续计数的时间系统。起算时刻为 UTC 时间的 1999 - 08 - 22 T00：00：00。GST 比 UTC 快 13s。因此，GST 和 GPST 之间相差 1024 周和一个很小的偏差（GPS to Galileo Time Offset，GGTO）。值得注意的是，在 RINEX 文件中习惯将 Galileo 周数设为与 GPS 周数相同。

四、BDS 坐标系统和时间系统

北斗卫星导航系统坐标系的中文名称是"北斗地球参考系"，简称"北斗坐标系"，英文名称是"BeiDou Coordinate System"，英文缩写"BDCS"。北斗坐标系通过参考历元的地面监测站坐标和速度实现，坐标系的每次实现，对应产生一个新的参考框架。为区分 BDCS 的不同实现，紧接缩写之后附括号加以标注，如 BDCS（W465）代表该框架的名称，W465 表示北斗系统时第 465 周（星期），标示该框架自第 465 周 0 秒开始执行。北斗坐标系的原点、尺度、定向与 IERS 规范规定一致，参考椭球采用 CGCS2000 椭球，坐标参考框架是 ITRF2014。

北斗卫星导航系统的系统时间叫做北斗时（BDT），属于原子时，是一个连续的时间系统，与协调世界时（UTC）的误差在 100 纳秒内（模 1 秒），起算时间是协调世界时 2006 年 1 月 1 日 0 时 0 分 0 秒。

第三节　GNSS 定位的基本原理

GNSS 的定位方法，若按用户接收机天线在测量中所处的状态来分，可分为静态定位和动态定位；若按定位的结果来分，可分为绝对定位和相对定位。

静态定位，即在定位过程中，接收机天线（观测站）的位置相对于周围地面点而言，处于静止状态；而动态定位则正好相反，即在定位过程中，接收机天线处于运动状态，定位结果是连续变化的。

绝对定位亦称单点定位，是利用 GNSS 接收机独立确定用户接收机天线（观测站）在所属坐标系中的绝对位置。相对定位则是在所属坐标系中确定接收机天线（观测站）与某一地面参考点之间的相对位置或两观测站之间相对位置的方法。

各种定位方法还可有不同的组合，如静态绝对定位、静态相对定位、动态绝对定位、动态相对定位等。目前工程、测绘领域，应用最广泛的是静态相对定位和动态相对定位。

一、绝对定位原理

利用 GNSS 进行绝对定位的基本原理为：以 GNSS 卫星与用户接收机天线之间的几何距离观测量 ρ 为基础，并根据卫星的瞬时坐标 (X_s, Y_s, Z_s)，以确定用户接收机天线所对应的点位，即观测站的位置。

设接收机天线的相位中心坐标为 (X, Y, Z)，则有

$$\rho^2 = (X-X_S)^2 + (Y-Y_S)^2 + (Z-Z_S)^2$$

上式中卫星的瞬时坐标 (X_S, Y_S, Z_S) 可根据导航电文获得，为已知，而 ρ 为伪距观测值，也可以由观测数据文件得到。因此，上述方程只有三个未知数。可见，用户用 GNSS 接收机在某一时刻只要同时接收 3 颗以上的 GNSS 卫星信号，测量出测站点（接收机天线中心）至 3 颗以上 GNSS 卫星的距离并解算出该时刻 GNSS 卫星的空间坐标，据此利用距离交会法解算出测站点的位置。

如图 6-3-1 所示，设在时刻 t_i 在测站点 P 用 GNSS 接收机同时测得 P 点至 3 颗 GNSS 卫星 S_1、S_2、S_3 的距离 ρ_1、ρ_2、ρ_3，通过 GNSS 导航电文解译出该时刻 3 颗 GNSS 卫星的三维坐标为 (X^j, Y^j, Z^j)，$j=1, 2, 3$。用距离交会的方法求解 P 点的三维坐标 (X, Y, Z) 的观测方程为：

$$\begin{cases} \rho_1^2 = (X-X^1)^2 + (Y-Y^1)^2 + (Z-Z^1)^2 \\ \rho_2^2 = (X-X^2)^2 + (Y-Y^2)^2 + (Z-Z^2)^2 \\ \rho_3^2 = (X-X^3)^2 + (Y-Y^3)^2 + (Z-Z^3)^2 \end{cases} \qquad (6-3-1)$$

解求上述方程即可求得测站点 P 的三维坐标。

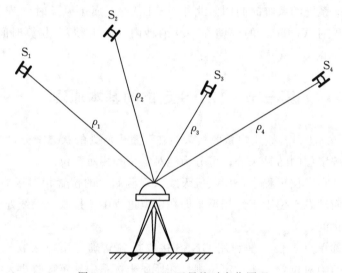

图 6-3-1 GNSS 卫星绝对定位原理

但是由于 GNSS 采用了单程测距原理，而卫星钟与用户接收机钟又难以保持严格同步，因此实际观测中，观测站至卫星之间的距离 ρ 中含有卫星钟与接收机钟同步差的影响，另外还含有载波在运行过程中电离层、对流层折射的影响，因此，称为伪距。卫星钟差、电离层、对流层折射可以通过导航电文中所给出的有关参数加以修正，但接收机钟差却一般难以预先准确地确定，所以通常将接收机钟差当作一个未知数，与测站点坐标一起在数据处理中进行解算。这样在一个观测站上要实时解出 4 个未知参数，即 3 个点位坐标分量和 1 个钟差参数，就至少得同时观测到 4 颗卫星。

当用户接收机安置在运动的载体上，并处于动态的情况下，确定载体瞬时绝对位置的定位方法，称为动态绝对定位，一般用于飞机、船舶及陆地车辆的导航，在航空物探和卫星遥感中也有广泛的用途。当接收机天线处于静止状态的情况下，以确定观测站的绝对坐标的方法，称为静态坐标绝对定位，一般用于测定观测站在所属坐标系中的绝对坐标。

由于GNSS绝对定位受卫星轨道误差、钟差及信号传播误差等诸多因素的影响，因而精度较低。目前静态绝对定位的精度可达m级，动态绝对定位的精度则为5～30m。

二、相对定位原理

GNSS相对定位，亦称差分GNSS定位，是目前GNSS定位中精度最高的一种定位方法。其基本定位原理如图6-3-2所示，用两台用户接收机分别安置在基线的两端，并同步观测相同的卫星，以确定基线端点（测站点）在坐标系中的相对位置或称基线向量。

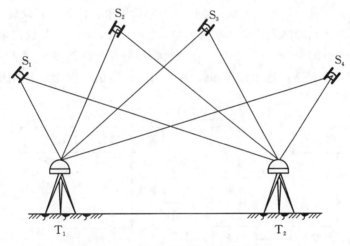

图6-3-2 GNSS卫星相对定位原理

在实际作业中，也有用多台接收机置于多条基线端点，通过同步观测GNSS卫星以确定多条基线向量。

因为在两个观测站或多个观测站同步观测相同卫星的情况下，卫星的轨道误差、卫星钟差、接收机钟差以及电离层、对流层折射误差等对观测量的影响具有一定的相关性，因此，利用这些观测量的不同组合进行相对定位，即可有效地消除或减弱上述误差的影响，从而提高相对定位的精度。

相对定位常使用的基本观测量是载波相位。相对定位的观测量可以是原始的载波相位观测量（又称非差相位观测量），也可以是在观测站、卫星、历元之间组合的差分观测量。用原始的非差相位进行的相对定位称为非差模式；用差分相位进行的相对定位称为差分模式。差分模式根据所用差分观测量的不同，又分为单差模式、双差模式和三差模式。

由于相对定位精度很高，因此高精度测量中常用相对定位法。

第四节　GNSS－RTK 测量

一、实时动态坐标定位

GNSS－RTK 是实时动态（Real Time Kinematic，RTK）测量系统的简称，是基于载波相位测量的实时差分 GNSS 测量技术。它是 GNSS 测量技术与数据传输技术相结合的组合系统，它实现了高精度和实时定位两个目标，是 GNSS 测量技术的重大突破。它的出现，使测绘工作一改过去先控制、后加密、再测图或工程放样的传统做法，使一步法自动化数字成图、工程放样一步到位成为现实，极大地提高了作业效率和减轻了劳动强度。

（一）GPS－RTK 定位的原理

基准站实时地将测量的载波相位观测值、伪距观测值、基准站坐标等用无线电传送给运动中的流动站，在流动站通过无线电接收基准站所发射的信息，将载波相位观测值实时进行差分处理，得到基准站和流动站基线向量（Δx，Δy，Δz）；基线向量加上基准站坐标得到流动站每个点的 WGS－84 坐标，通过坐标转换参数转换得出流动站每个点的平面坐标（x，y）和海拔高 h，这个过程称做 GPS－RTK 定位。作业流程如图 6－4－1 所示。

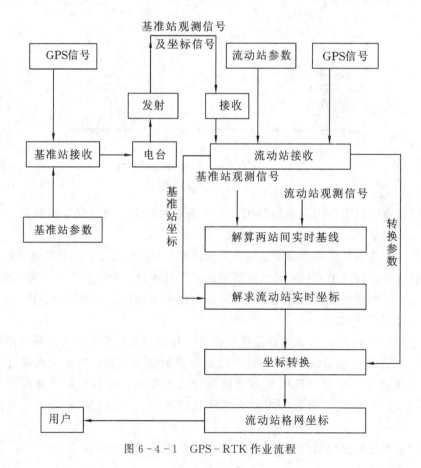

图 6－4－1　GPS－RTK 作业流程

GPS-RTK 数据处理是基准站和流动站之间的单基线处理过程，采用基准站和流动站的载波相位观测值的差分组合载波相位，将动态的流动站未知坐标作为随机的未知参数，载波相位的整周模糊度作为非随机的未知参数解算。

（二）系统组成

1. GPS 接收机

能够测量到载波相位的 GPS 接收机都能够进行 RTK 定位，但是为了能够快速、准确地求解整周模糊度，双频接收机比较理想。

2. 无线电数据链

（1）基准站发射电台：用于数据的发射和接收，有内置和外置之分。当需要传输较远的距离时一般采用外置的独立电台。

（2）流动站接收电台：可以内置在 GPS 接收机内部，也有外置的独立电台。

（3）中继站电台：可以转发接收站信号，既接收发送的信号又将接收信号发送出去，一般是外置的独立电台。

3. 电子手簿

GPS-RTK 作业过程中，流动站为 GPS 接收机和与基站通信的内置电台。为了便于建立测量项目、建立坐标系统，设置测量形式和参数、设置电台参数，实时阅读、存储测量坐标和精度，设计放样坐标或参数、指导放样等，一般采用手持式的电子手簿比较方便。

（三）动态 RTK 定位的作业过程

（1）首先将基准站天线安置在已知点上（也可安置在未知点上），对中、整平，量取天线斜高；然后将电瓶、电台及发射天线架设好并确保正确连接后开机，将其设置为基站模式。

（2）开启 RTK 手簿，蓝牙连接基站主机，按要求设置坐标系统，输入测站点地方坐标、当地中央子午线经度，以及坐标转换参数，并输入基站天线高，保存配置文件以方便下次使用。

（3）打开流动站，并将流动站设置为流动站模式。蓝牙连接流动站主机，按要求设置坐标系统，输入当地中央子午线经度，以及坐标转换参数，并输入流动站天线高，将流动站立在另一已知点上进行点校正。在校正过程中，显示屏会提示基准站是在已知点还是在未知点，根据实际情况确认后即可开始测量。

实时动态相对定位作业示意图，如图 6-4-2 所示。

二、中海达 RTK 坐标定位作业步骤

根据设备硬件配备不同，常规的基准站＋流动站作业模式有三种：内置电台模式、外挂电台模式和 GPRS 网络模式。特点是作业方式灵活，基准站既可以架设在已知点，也可以架设在未知点。另一种较常用的是基于网络的连续运行参考系统（CORS）模式，这

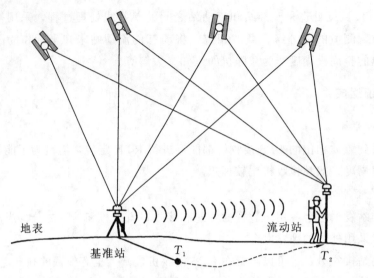

图 6-4-2　实时动态相对定位示意图

是近年来快速发展起来的一种作业模式。特点是参考站是固定的，只需一台流动站即可，测量范围较大。下面结合中海达公司生产的接收机 iRTK2 分别对以上四种作业模式进行详细介绍。

（一）内置电台模式

1. 设备

三脚架 1 个；基座 1 个；iRTK2 GPS 2 台；Andriod 系统 RTK 手簿 1 个；测量杆 1 个；长天线 1 根。

2. 基准站设置

1）基准站模式设置

单击 1 台 GPS 主机开关键启动 GPS，双击开关键进行工作模式切换（注：每双击一次，切换一个模式），直到语音提示"工作模式为 UHF 基准站"。

2）手簿与基准站连接

（1）打开手簿，点击 Hi-Survey Road 图标，启动 RTK 测量界面。软件界面如图 6-4-3所示，与手机界面相似。图中的九宫格菜单，每个菜单都对应一个功能，界面简洁直观，操作简单。

（2）方法一：将手簿与主机 NFC 识别触碰，听到"咚"的一声后，手簿中出现蓝牙连接进度条，并提示已连接（如图 6-4-4 所示）。

（3）方法二：点击图 6-4-3 下方的【设备】，进入蓝牙连接界面，点击图 6-4-5下方的【搜索设备】查找接收机，搜到相应的仪器号后选中该设备蓝牙名，弹出蓝牙配对的对话框，输入配对密码（默认为 1234 或 0000），蓝牙配对成功后即可连接接收机，或在已配对设备里选择相应的仪器号进行连接。

图6-4-3　手簿界面

手簿NFC与主机NFC标识触碰

图6-4-4　触碰连接

3）基准站位置及数据链设置

（1）设定基准站的坐标为 WGS-84 坐标系下的经纬度坐标。一般在基准站可以通过【平滑】进行采集，获得一个相对准确的 WGS-84 坐标进行设站（注：任意位置设站，不意味着任意输入坐标，务必进行平滑多次后进行设站，平滑次数越多，可靠度也越高）。如果基准站架设在已知点上，也可以通过输入已知点的当地平面坐标，或通过点击右端【点库】按钮从点库中获取。如图6-4-6所示。

图6-4-5　手动搜索连接

图6-4-6　基准站位置设置

（2）基准站使用内置电台功能，只需设置数据链为内置电台，设置频道与功率；进入【高级】界面可获取最优频道；功率有高、中、低三个选项，如图6-4-7所示。

图 6-4-7 基准站数据链设置

3. 移动站设置

设置移动站主要设定移动站的工作参数，包括移动站数据链等，移动站的设置与基准站的设置类似，只是输入的信息不同。

移动站使用内置电台，只需设置数据链为内置电台，修改电台频道，在移动站模式下搜索最优频道必须确保基准站关闭电台发射，以免影响搜索结果。电台频道必须和基准站一致。

断开基准站 GPS，启动另 1 台 GPS 将其工作模式设置为"移动站"模式。连接移动站 GPS，进入移动站设置，数据链选择"内置电台"，频道与基准站频道必须相同。

其他差分模式选 RTK，电文格式选 RTCM（3.0），截止高度角选择 15°，最后点击【设置】，即设置成功，如图 6-4-8 所示。

图 6-4-8 其他差分模式设置

注意：点击天线高按钮可设置天线类型、天线高（一般情况下量天线高为斜高，强制对中时可能用到垂直高，千万不要忘记输入）。

4. 新建项目

在主界面上点击【项目】→【新建】→【输入项目名】→右下角【√】，点击左上角【项目信息】→【坐标系统】→【椭球】（源椭球为 WGS - 84，当地椭球根据测区要求选择北京 54、国家 80 或国家 2000）→【投影】→【投影方法】（根据测区要求情况选择）→【中央子午线】（输入正确的中央子午线），【椭球转换】【平面转换】【高程拟合】都改为无，【保存】→【OK】→【OK】→【×】。项目信息、系统设置信息输入对应操作见图 6 - 4 - 9、图 6 - 4 - 10 所示。

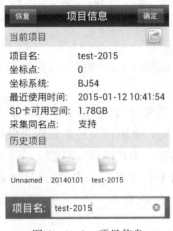

图 6 - 4 - 9　项目信息

图 6 - 4 - 10　系统设置

5. 参数计算

点击【参数坐标系统】→【参数计算】→【计算类型】（如图 6 - 4 - 11 所示）→【添加】（源坐标，一般直接采集）→输入目标坐标，重复操作第二个点→【计算】→【应用】→【保存】即可。添加参数计算界面如图 6 - 4 - 12 所示。

图 6 - 4 - 11　参数计算界面

图 6 - 4 - 12　添加参数计算

计算类型：七参数、三参数、四参数＋高程拟合、四参数、高程拟合。

三参数：方法简化，只取 X，Y，Z 平移，运用于信标、SBAS、固定差改正以及精度要求不高的地方。用于 RTK 模式下，其作用距离最好小于 3km 范围且较平坦的地方（基准站开机的模式），要求至少有一个已知点坐标。

四参数＋高程拟合：X，Y，Z 平移，尺度因子 K，也是 RTK 坐标转换常用的一种模式。通过四参数完成 WGS - 84 平面到当地平面的转化，利用高程拟合完成 WGS - 84 椭球高到当地水准的拟合。至少要有两个已知点坐标，作用范围限制在小测区使用。

七参数：平移 α_x、α_y、α_z，旋转 ω_X、ω_Y、ω_Z，尺度因子 K，适用范围较大和距离较远的 RTK 模式或 RTD 模式 WGS - 84 到北京 54 或者国家 80 的转化，至少要有三个已知点坐标。

【添加】：添加坐标点信息，包括点名、点坐标、点描述。点坐标可以来源于点选、图选及设备实时采集。

对于四参数计算结果，缩放值越接近 1 越好，一般要有 0.999 或者 1.000 以上才是合格的。旋转要看已知点的坐标系，如果是标准的 54 或者 80 坐标系，则旋转一般只会在几秒内，超过了就是不理想了。如果已知点是任意坐标系，旋转没有参考意义，平面残差小于 0.02，高程残差小于 0.03 基本就可以了。计算结果合格后，点击"运用"，启用这个结果，画面跳入坐标系统界面，我们可以查看一下，之前都为"无"的"平面转换"和"高程拟合"是否已启用。

6. 坐标测量

点击测量页主菜单上的【碎部测量】按钮，可进入碎部测量界面，这时就可以测量点的坐标了。文本界面和图形界面可通过【文本】/【图形】按钮切换，如图 6 - 4 - 13 所示。

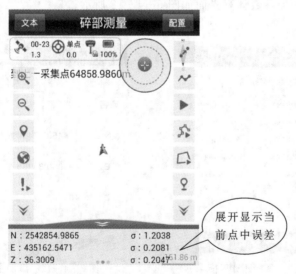

图 6 - 4 - 13　坐标测量界面

7. 数据导出

点击【项目】里的数据交换，单击下方的文件名框输入文件名，选择【数据类型】。进入数据格式设置界面后选择相应的数据格式，点击"确定"，数据导出成功，如图 6-4-14 所示。原始数据导出格式包括：自定义（*.txt）、自定义（*.csv）、AutoCAD（*.dxf）、SHP 文件（*.shp）、Excel 文件（*.csv）、开思 Scsg2000（*.dat）、南方 Cass7.0（*.dat）、PREGEO（*.dat）等。

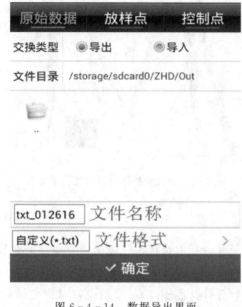

图 6-4-14　数据导出界面

（二）外挂电台模式

1. 设备

三脚架 2 个、基座 2 个、电台 1 台、蓄电池 1 台、大电台发射天线 1 个、iRTK2 GPS 2 台、iRTK2 GPS 长天线 2 根、Andriod 系统 RTK 手簿 1 个、测量杆 1 个。

2. 架设基准站

基准站一定要架设在视野比较开阔、周围环境比较空旷、地势比较高的地方；避免架在高压输变电设备附近、无线电通信设备收发天线旁边、树下以及水边，这些都对 GPS 信号的接收以及无线电信号的发射产生不同程度的影响。

1）基准站架设步骤（见图 6-4-15）

（1）将其中 1 台接收机设置为基准站外置模式。

（2）架好三脚架，安放电台天线的三脚架最好放到高一些的位置，两个三脚架之间保持至少 3m 的距离。

（3）固定好机座和基准站接收机（如果架在已知点上，要做严格的对中整平），打开

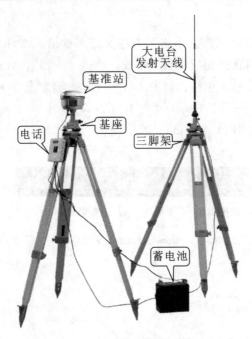

图 6 - 4 - 15　外挂电台模式连接示意图

基准站接收机。

（4）安装好电台发射天线，把电台挂在三脚架上，将蓄电池放在电台的下方。

（5）用多用途电缆线连接好电台、主机和蓄电池。多用途电缆是一条"Y"形的连接线，用来连接基准站主机（五针红色插口）、发射电台（黑色插口）和外挂蓄电池（红黑色夹子），具有供电、数据传输的作用。

重要提示：在使用 Y 形多用途电缆连接主机的时候，注意查看五针红色插口上标有红色小点，在插入主机的时候，将红色小点对准主机接口处的红色标记即可轻松插入。连接电台一端的时候操作相同。

2）基准站模式设置

单击 1 台 GPS 主机开关键启动 GPS，双击开关键进行工作模式切换（注：每双击一次，切换一个模式），直到语音提示"工作模式为 UHF 基准站"。

3）手簿与基准站连接

手簿与基准站连接的具体操作与"（一）内置电台模式"相同。

4）基准站位置及数据链设置

进入设备界面，点击【设备连接】，进入蓝牙列表界面，选中基准站蓝牙编号，点击【连接】，连接成功，点击【设置基准站接收机】，输入仪器高，点击【平滑】，等待十秒钟平滑结束，点击【数据链】，设置数据链，然后点击其他选项卡，广播格式选择 SCMRX（三星效果）、RTCM3.0（双星效果），然后点击【设置】，提示设置成功，则基准站设置成功。基准站平滑坐标、天线高的输入如图 6 - 4 - 16 所示，数据链的设置如图 6 - 4 - 17 所示。

图 6 - 4 - 16　设置基准站

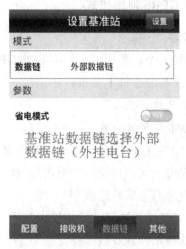

图 6 - 4 - 17　设置数据链

3. 移动站设置

断开基准站与手簿连接。启动另 1 台 GPS 将其工作模式设置为"移动站"模式。手簿蓝牙连接移动站，点击【移动站设置】，基准站是外挂电台，移动站数据链选择"内置电台"。注意电台通道设置与基准站外挂电台一致，其他选项卡设置广播格式为 SCMRX（三星效果）或 RTCM3.0（双星效果）。此处差分电文格式必须与基准站完全一致，否则无法正常工作。然后点击"确定"，移动站设置成功，等待移动站固定就行了，固定以后就可以直接外业。移动站参数设置见图 6 - 4 - 18、图 6 - 4 - 19 所示。

图 6 - 4 - 18　外挂数据链界面

图 6 - 4 - 19　外挂其他界面

后面的新建项目、参数计算、碎步测量以及数据导出作业步骤与"（一）内置电台模式"相同。

（三）GPRS 网络模式

1. 设备

三脚架 1 个；基座 1 个；iRTK2 GPS 2 台；Andriod 系统 RTK 手簿 1 个；测量杆 1 个；移动或联通手机卡 2 张。

2. 基准站设置

1) 基准站模式设置

1 台 GPS 主机插入手机卡，单击开关键启动 GPS，双击开关键进行工作模式切换（注：每双击一次，切换一个模式），直到语音提示"工作模式为 UHF 基准站"。

2) 手簿与基准站连接

手簿与基准站连接的具体操作与"（一）内置电台模式"相同。

3) 基准站位置及数据链设置

（1）点击【平滑】按钮，平滑完后点击右上角的【设置】，输入基准站高，如图 6-4-20 所示。

（2）点击【数据链】，选择数据链类型，输入相关参数，如图 6-4-21 所示。

图 6-4-20　设置基准站高

图 6-4-21　设置数据链界面

（例如：需设置的参数选择内置网络时，其中分组号和小组号可变动，分组号为七位数，小组号为 <255 的三位数）。

点击【其他】，选择差分模式、电文模式（默认为 RTK、RTCA 不需要改动），点击右上角【设置】确定。

3. 移动站设置

断开基准站 GPS 与手簿连接。将另 1 台 GPS 主机插入同网络手机卡，启动后将工作模式设置为"移动站"模式。蓝牙连接手簿,使用菜单【移动站设置】,弹出"设置移动站"对话框。在【数据链】界面,选择和输入的参数与基准站一致,如图 6-4-22所示。

图 6-4-22 移动站数据链界面

点击【其他】界面,选择、输入与基准站一样的参数,修改移动站天线高。

后面的新建项目、参数计算、碎步测量以及数据导出作业步骤与"(一)内置电台模式"相同。

(四)单基站 CORS 网络差分模式

1. 设备

已建设完成的单基站 CORS 并开通;iRTK2 GPS 1 台;Andriod 系统 RTK 手簿 1个;测量杆 1 个;通信卡 1 张。

2. 移动站与手簿的连接

选择 PDA 手簿与 GNSS 接收机的连接方式为"蓝牙",接收机和手簿的蓝牙功能都要开启,点击右下角的"连接"进入蓝牙连接界面。点击"搜索设备"搜索需要连接的设备,在设备列表中选择(接收机的仪器号),弹出蓝牙配对的对话框,输入配对密码,密码默认为 1234,已配对的设备不需再输入配对密码。iRTK2 系列弹出蓝牙配对对话框时,不需要输入密码,直接点击配对即可,蓝牙配对成功后连接接收机;如果没有找到设备,可以点击下方的【搜索设备】重新查找接收机,搜到相应的仪器号后选中该设备进行连接。设置待连接的设备连接方式、天线类型(可在连接后再进行修改)后,点击右下角【连接】。

3.移动站使用内置网络设置（如图 6-4-24 所示）

（1）数据链选择"内置网络"；

（2）网络模式选择网络类型"GPRS"；

（3）设置"运营商"：用 GPRS 时输入"CMNET"；用 CDMA 时输入"card，card"。（这里我们选择通用的"CMNET"）

（4）设置"网络服务器"：包括 ZHD 和 CORS。如果使用中海达服务器时，使用 ZHD，接入 CORS 网络时，选择 CORS。（这里我们选择"CORS"，服务器地址选择如图 6-4-23 所示）

（5）"连接 CORS"的 IP 地址与端口号：手动输入 CORS 的 IP 地址、端口号，如图 6-4-23 所示。

（6）输入"源节点号"：可获取 CORS 源列表，选择"源列表"，也可以手动输入源节点号，输入"用户名""密码"，然后点击【设置】。

（7）点击【确定】完成设置，返回上一个界面。

图 6-4-23　连接 CORS 的用户界面　　　　图 6-4-24　移动站 CORS 数据链

4.移动站其他选项

包括设定差分模式、差分电文格式、GNSS 截止高度角、天线高等参数。

（1）"差分模式"：包括 RTK、RTD、RT20，默认为 RTK，RTD 表示码差分，RT20 为单频 RTK 差分。

（2）"电文格式"：包括 RTCA、RTCM（2.X）、RTCM（3.0）、CMR、NovAtel、sCMRx。

（3）"截止高度角"：表示 GNSS 接收卫星的截止角，可在 5°~20°之间调节。

（4）"天线高"：点击【天线高】按钮可设置基准站的天线类型、天线高（注：一般情况下所量天线高为斜高，强制对中时可能用到垂直高，千万不要忘记输入）。

(5)"发送 GGA"：当连接 CORS 网络时，需要将移动站位置报告给计算主机，以进行插值获得差分数据，若正在使用此类网络，应该根据需要，选择"发送 GGA"，后面选择发送间隔，时间一般默认为"1"秒。如图 6-4-25 所示。

图 6-4-25　移动站 CORS 设置

等到所有移动站参数设置完成后点击界面右上角的【设置】，点击完成后会弹出提示框，如果设置成功，检查移动站主机是否正常接收差分信号，如果失败，检查参数是否设置错误，重复点击几次。

目前中海达已有多个网络服务器和服务器端口可供用户使用，用户可自行选择合适的服务器及端口。经验表明，对于 IP，最好选择中海达广州 1。

三、CORS 网络模式与 RTK 测量基站模式比较

1. 内置电台模式、外挂电台模式和 GPRS 网络模式比较

1）作业方式与工作环境

内置电台模式由于主机内置信号发射和接收装置，外业设备数量少，携带方便，作业方式最简单，较合适平坦测区；GPRS 网络模式是借助手机卡，通过流量传递信号，测量区域需要有网络信号覆盖才能工作，有额外的通信费用；外挂电台模式是使用独立的电台发射和接收信号，需要的外业设备数量多，基站架设麻烦，山区信号传递范围小。

2）测量范围

内置电台模式通常功率较小，一般为 2W。因此信号的传送范围有限，作用半径 1~3km，且与地形和周围植被有关；外挂电台模式是使用独立的电台，通常功率较大，一般 5~20W，作用半径可达 10km，与地形关系密切；GPRS 网络模式测量范围与手机信号覆盖范围有关。

3）测量效率与精度

相比较来说，GPRS 网络模式在手机信号良好的地区，测量范围可以很大，当然效率

相对最高；外挂电台模式作业效率次之；内置电台模式作用半径最小，作业效率相对最低。

但这种基准站＋流动站的测量模式，当测量距离距基准站愈远时精度愈低，其中高程精度降低最快。生产实践证明，在测量半径小于5km范围内时，测量精度是有保证的。

2. CORS系统与传统的RTK电台模式比较

CORS系统与上面的三种作业模式在测量效率上相比较，具有作用范围广、精度高、外业作业简单等众多优点。

（1）网络模式和电台模式的区别就是发送信号的方式不同。网络是通过GPRS网络来发送信号的，而电台是通过电磁波来发送信号的。也就是说，CORS网络模式是不可以在较偏远的山区使用的。RTK电台模式不受网络覆盖范围的影响，但必须在当地有相应的已知点和坐标系统参数。

（2）对于地面点的坐标测量，CORS模式测量只需要输入当地坐标参数，连接好网络，就可以随时进行测量，不需要自行架设基准站。

（3）CORS系统测量范围比RTK电台模式大得多。单基站CORS测量距离可达到30km，多基站CORS测量距离与基站数量和分布有关，可达上百千米。

（4）对于分级布设控制网，CORS可以大大提高速度与效率、降低测绘劳动强度和成本，减少控制点建造、测量标志保护与修复的费用。

（5）CORS的建立可以对工程建设进行实时、有效、长期的变形监测，对灾害进行快速预报。

思考题与习题

1. GNSS的含义是什么？目前包括哪些系统？

2. GNSS的应用特点有哪些？

3. 我国北斗卫星导航系统坐标系是怎么定义的？

4. 什么是绝对定位和相对定位？

5. GPS-RTK动态定位系统由哪几部分组成？

6. 简述GPS-RTK内置电台模式的作业步骤。

7. 在进行GPS-RTK测量时为什么要计算转换参数？

技 能 训 练

GNSS 的认识与 RTK 测量

一、目的与要求

（1）了解常用品牌 GNSS 接收机的基本构造，理解动态 GNSS - RTK 测量的基本原理。

（2）掌握 GNSS - RTK 测量的几种作业模式。

（3）掌握 GNSS - RTK 四种作业模式下仪器的操作方法。

（4）复习教材中有关内容，每个人当场记录一份观测手簿。

二、仪器及工具

（1）从仪器室借领：以班为单位轮流借用 GNSS 接收机 2 套、小钢卷尺 1 把。

（2）自备工具：铅笔、小刀、尺子及记录表格。

三、实习步骤

1. 中海达 GNSS 接收机认识

（1）中海达 GNSS 接收机的按键及对应的功能；

（2）GNSS 接收机工作模式设置；

（3）GNSS 接收机安置；

（4）GNSS 接收机与手簿的连接；

（5）手簿软件操作；

（6）坐标系与椭球参数选择；

（7）数据链参数的意义和设置。

2. 基准站架设

在开阔地方，将一台 GNSS 接收机从仪器箱中取出，在测站上安置仪器，整平、对中，量取仪器高，并将它设置为基准站模式；蓝牙连接手簿，按教材要求设置坐标系（椭球参数）、数据链等相关参数。

3. 移动站设置

将另一台 GNSS 接收机从仪器箱中取出，开机后设置为移动站模式；蓝牙连接手簿，按教材要求设置坐标系（椭球参数）、数据链等相关参数。

4. 参数计算

将移动站移到已知点 A_1，测量该点坐标；同理移到已知点 A_2，测量该点坐标。然后计算四参数。并在其他已知点上检验参数的正确性。

5. 地面点测量

在手簿中新建工程项目，或打开已建立的项目，输入杆高，固定解后记录其坐标。每人测量 10 个坐标点。

四、注意事项

（1）GNSS 接收机属特贵重设备，实习过程中应严格遵守测量仪器的使用规则。

（2）在测量观测期间，由于观测条件的不断变化，要注意不时地查看接收机是否工作正常，电池是否够用。

（3）基准站 GNSS 接收机应尽量安置在开阔且较高的地方，高度角设置大于 15°。

（4）移动站测量杆应竖直，显示的坐标解应为固定解。

五、提交资料

以小组为单位，每名成员提交一份 GNSS - RTK 测量实训报告。报告内容可根据自己的兴趣选择四种测量模式中的任意一种测量模式。

第七章 全站仪导线测量

将测区内相邻控制点依相邻次序连成折线形式，称为导线。导线测量（traverse survey）指的是测量导线长度、转角和高程，以及推算坐标等作业工作。构成导线的控制点称为导线点。导线测量就是依次测定各导线边的水平长度和各转折角值，再根据起算点坐标，推算各导线边的坐标方位角和坐标增量，从而求算出各导线点的坐标。导线测量的特点是布设灵活，推进迅速，受地形限制小，边长精度分布均匀，特别适合隐蔽、通视不便、气候恶劣地区。但导线测量控制面积小、检核条件少、方位传算误差大。因此，导线测量通常用在测量精度等级较低的测量工作中。

用经纬仪测量转折角，用钢尺测定边长的导线，称为经纬仪导线；若用光电测距仪测定导线边长，则称为光电测距导线；若用全站仪同时测定边长和折角，则称为全站仪导线测量。

第一节 导线的布设形式

在控制网测量中，由于 GNSS 定位测量的局限性，在城镇、森林及工矿区，导线测量是建立小地区平面控制网最常用的一种方法，广泛用于地籍测量、房产测绘、城市地铁测量、井下巷道测量等。图 7-1-1 为某测区导线网示意图。

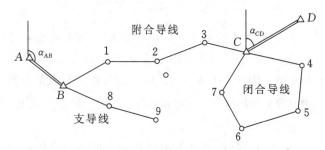

图 7-1-1 导线布设形成网图

一、导线测量的概念

在地面上选择一系列相邻两点之间相互通视的控制点，用直线将各点连接成一条折线，这种图形在控制测量中称为导线；若干条导线连接成导线网。如图 7-1-1 所示。

导线上的点称为导线点，如图 7-1-1 中的 $A \sim D$，1～9。导线中相邻两点间的边长称为导线边，如 AB，$B1$，…，89 等导线边。相邻两条导线边之间的夹角称为转折角，如 $\angle AB1$，$\angle B12$，…，$\angle B89$ 等。

测量导线的边长和转折角与导线边的竖直角是导线测量的工作内容。按照导线测量前进的方向，转折角分为左角和右角，如左角 $\angle B12$ 和右角 $\angle 21B$。导线测量中通常测量其左角。

对于闭合图形，转折角分为内角和外角。导线测量中通常测量其内角。

二、导线的分类

按照导线的图形特点，导线的连接形式可分为三类。

1. 附合导线

在图 7-1-1 中，以已知控制点 A、B 中的 B 点为起始点，以 AB 边的坐标方位角为起始方位角，经过 1、2、3 点，附合到另两个已知控制点 C、D 中的 C 点，并以 CD 边的坐标方位角为终边坐标方位角，这样在两个已知控制点之间布设的导线称为附合导线。

由于起始边的坐标方位角和终结边的坐标方位角均为已知，即选定的未知点两端均有已知点和已知方位角，因此既有坐标检核条件，又有方位角检核条件。附合导线最弱点位于导线中部，两端已知点均可控制其精度，布设长度相应增大，故附合导线在生产中得到广泛应用。

在附合导线的两端，如果各只有一个已知高级点，而缺少已知方位角，则这样的导线称为无定向附合导线（简称无定向导线）。在选定的未知点两端已知点较少的情况下可以采用这种形式。

2. 闭合导线

在图 7-1-1 中，以已知基本控制点 C、D 中的 C 点为起始点，并以 CD 边的坐标方位角为起始方位角，经过 4、5、6、7 点仍回到起始点 C，形成环形的导线称为闭合导线。

从闭合导线的图形来看，因其起闭于一点，从几何条件上看内角和等于 $(n-2) \times 180°$，故这种导线从坐标和观测角上都具有一定的检核条件，也是一种较常应用的导线形式。

3. 支导线

在图 7-1-1 中，由已知控制点 B 出发延伸出去，既不附合到另一已知控制点，也不闭合到原来的控制点上的导线，称为支导线。

支导线仅有必要的起算数据，且其图形既不闭合，也不附合，不具备检核条件，在生产中应尽量少用，因此只限于在图根导线和地下工程导线中使用。对于图根导线，支导线未知点的点数一般不超过 3 个，还应限制支导线长度，并进行往返观测，以资检核。

以上是导线布设的三种基本形式，在测量工作中，导线的布设并不仅限于上述三种单一的形式，根据测区形状、大小和已知点的数量、分布状况等因素综合考虑还可布设成一个节点或多个节点的节点导线网（见图 7-1-2）、多个闭合环的导线网（见图 7-1-3）

等多种较复杂的图形。

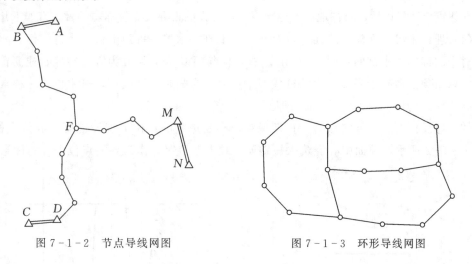

图 7 - 1 - 2　节点导线网图　　　　图 7 - 1 - 3　环形导线网图

第二节　导线测量的外业工作

导线测量的外业工作包括：踏勘选点及建立标志，以及用仪器设备测量边长、转折角和与已知点、已知方位边连接测量。

一、外业踏勘选点、埋石

1. 踏勘选点

在踏勘选点前，应调查收集测区已有的地形图和国家等级控制点的成果资料，把控制点展绘在地形图或影像图上，再根据测区地形情况和测量的具体要求规划设计好测量路线和导线点位置，在地形图或影像图上拟定导线的布设方案，最后到野外踏勘，实地核对、修改，确定实地点位。

如果测区没有地形图资料，则需详细踏勘现场，根据已知控制点的分布、测区地形以及实际需要，在实地选定导线点位置。

现场踏勘选点时，应注意下列各点：

（1）相邻导线点间通视良好，以便于角度观测和距离测量。

（2）点位应选在地质坚实和易于保存之处。

（3）在点位上，视野开阔，便于测绘周围的地物和地貌。

（4）导线边长应符合图根导线的有关规定，导线中不宜出现过长和过短的导线边，尤其要避免由长边立即转到短边的情况出现。

（5）为了减少大气折光的影响，视线应尽量避开水域、热体等，离开地表和地物的距离不小于 0.5m。

（6）导线点在测区内要布点均匀，便于控制整个测区。

2. 建立标志

导线点位选好以后，要在地面上标定下来，埋设图根导线点位标志的做法有如下几种：

（1）埋设木桩。在泥土地面上，要在点位上打一木桩，桩顶上钉一小钉，作为测量时仪器对中的标志。木桩的长度为 30cm 左右，横断面以 4cm 见方为宜。在碎石或沥青路面上，可以用顶上凿有十字纹的大铁钉代替木桩。作为临时性导线点，打木桩是一种常用的埋设点位标志的做法。如图 7-2-1 所示。

（2）埋设标石。若导线点需要长期保存，则在选定的点位上埋设混凝土导线点标石，如图 7-2-2 所示，顶面中心浇筑入短钢筋，顶上凿十字，作为导线点位中心的标志。

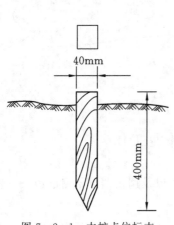

图 7-2-1　木桩点位标志

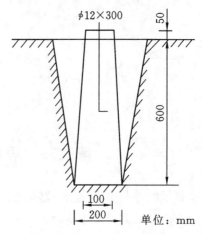

图 7-2-2　一、二级导线点

（3）直接在地面凿点。在混凝土场地或岩石上，可以用钢凿凿一"＋"字，再涂上红漆使标志明显。

导线点应分等级统一编号，以便于测量资料的管理。对于闭合导线，习惯于逆时针方向编号，使内角自然成为导线的左角。导线点埋设以后，为了便于在观测和使用时寻找，可以在点位附近房角或电线杆等明显的地物上用红油漆标明指示导线点的位置。对于每一导线点的位置，还应画一草图，量出导线点与附近明显而固定的地物点的栓距，注明导线点与邻近明显地物的相对位置的距离尺寸，并写上地名、路名、导线点编号等，便于日后寻找。该图称为控制点的"点之记"，如图 7-2-3 所示。

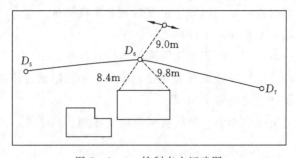

图 7-2-3　控制点之记略图

二、水平角观测

水平角由相邻两条导线边构成，也就是导线点上的转折角。导线的转折角分为左角和右角，在导线前进方向左侧的水平角称为左角，右侧的水平角称为右角。在导线水平角观测时，一般测量导线的左角。当然，也可以不去区分左、右角，左、右角仅仅是计算上的差别，这是因为导线的左折角和右折角之和等于180°。

导线水平角用经检验校正过的 DJ6 型经纬仪或者 5″ 全站仪进行观测。当测站上只有两个方向时，采用测回法观测；当测站上有三个以上方向时，采用方向法观测。对于不同等级的导线，测回数不同，测回间须改变水平度盘位置，以减少度盘刻划误差的影响。第一测回水平度盘位置习惯置于大于 0° 附近，从第二测回起，每次增加 $180°/n$，n 为测回数。

观测前应严格对中、整平，观测过程中应注意照准部的长水准器气泡偏移情况，当气泡偏离中心超过一格时，表示仪器竖轴倾斜，这时应停止观测，重新整置仪器，重新观测该测回。观测时，应仔细瞄准目标的几何中心线，并尽量照准目标底部，以减少照准误差和觇标对中误差的影响，读数时要仔细果断，记录时要回报（又叫唱记），以防听错记错，记录时一定要在现场进行，并记在手簿上，严禁追记、补记和涂改记录，以保证记录的真实性和可靠性。

水平角观测的各项限差可参照表 7-2-1 执行，图根导线测量使用仪器的等级、测回数、测角中误差等技术指标见表 7-2-2 中的规定，表中 M 为测图比例尺分母。图根导线测量水平角的观测，宜采用不低于 DJ6 型仪器观测一测回，测量超限应重测。表 7-2-3 为导线转折角（水平角）观测及距离丈量记录的示例。

表 7-2-1　　　　　　　　　　　方向观测法的各项限差

仪器型号	测微器重合读数差	半测回归零差	一测回内 2C 互差	同一方向值各测回互差
DJ2	3	8	13	9
DJ6		18		24

表 7-2-2　　　　　　　　　　　图根导线测量技术指标

附合导线长度（m）	相对闭合差	边长	测角中误差（″）		测回数 DJ6	方位角闭合差（″）	
			一般	首级控制		一般	首级控制
1.3M	1/2 500	不大于碎部点最大测距的 1.5 倍	±30	±20	1	$±60\sqrt{n}$	$±40\sqrt{n}$

注：n 为测站数。

表7-2-3 **导线转折角(水平角)观测及距离丈量记录**

平面控制网等级	仪器精度等级	每边测回数		一测回读数较差(mm)	单程各测回较差(mm)	往返测距较差(mm)
		往	返			
三等	5mm级仪器	3	3	≤5	≤7	≤2(a+b×D)
	10mm级仪器	4	4	≤10	≤15	
四等	5mm级仪器	2	2	≤5	≤7	
	10mm级仪器	3	3	≤10	≤15	
一级	10mm级仪器	2	—	≤10	≤15	—
二、三级	10mm级仪器	1		≤10	≤15	

三、边长观测

导线边长应采用全站仪或光电测距仪进行测量，在没有测距仪的情况下才使用钢尺量距。测距前，测距仪应进行检测，钢尺应进行比长鉴定。各等级控制网边长用测距仪测距的主要技术要求见表7-2-4。对于图根导线测量，导线边用测距仪或全站仪单程观测一测回。

表7-2-4 **测距仪边长测量技术指标**

测站点号	目标点号	竖盘位置	水平角观测			距离测量		点号
			水平度盘读数(° ′ ″)	半测回角值(° ′ ″)	一测回角值(° ′ ″)	观测值(m)	平均值(m)	
B	A	左	0 08 24	60 22 30	60 22 24	130.115	130.116	B
	P_2		60 30 54			130.117		
	A	右	180 08 12	60 22 18		130.118		
	P_2		240 30 30			130.114		
P_2	B	左	0 02 18	187 03 06	187 03 00	221.163	211.164	P_2
	P_3		187 05 24			221.164		
	B	右	180 02 24	187 02 54		221.165		
	P_3		7 05 18			221.164		

注：距离观测中，瞄准1次读4次数为一测回，一测回中互差小于4mm。

测距仪的等级划分：

以1km测距中误差($m_D=a+b×D$)划分为两级，Ⅰ级：$m_D≤5mm$，Ⅱ级：$5mm<m_D≤10mm$。

式中，a——仪器标称精度中的固定误差，mm；

B——仪器标称精度中的比例误差系数，mm/km；

D——测距长度，km。

导线边长宜用光电测距仪单向测定，并同时观测竖直角，供倾斜改正用，也可用全站仪单向直接测量平距。若用钢尺丈量，钢尺须经过检定。一、二级导线须用精密方法丈量。图根导线用一般方法往返丈量，相对误差不大于 1/2 000 时，取其平均值，如果钢尺倾斜超过 1.5% 时，还应加倾斜改正。

四、联测

所谓联测就是将导线与已知点、已知方位边进行联测，以确定导线的位置及方位。

如图 7-2-4 所示，导线与基本控制点连接，必须观测连接角 β_B、β_1 及连接边 B1 的边长 D_{B1}，以传递坐标方位角和坐标。如果导线附近无高级控制点，也可采用独立平面直角坐标，即假定导线起点的坐标，用罗盘仪测出导线起始边的磁方位角，作为起算数据。

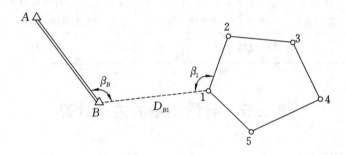

图 7-2-4　导线联测

五、竖直角观测与高差计算

如图 7-2-5 所示，若求地面两点 A、B 间的高差 h_{AB}，可将仪器安置在 A 点，照准 B 点目标顶端 N，测得竖直角 α，量取仪器高 i 和目标高 v。

如果 A、B 两点间水平距离为 D（水平面距离：$S \cdot \cos\alpha$），A、B 两点的高差 h_{AB} 为：

$$h_{AB} = D\tan\alpha + i - v$$

如果将上式中的 D 用测距仪或全站仪测得的 A、B 两点间的斜距 S 代替，则高差 h_{AB} 为：

$$h_{AB} = S\sin\alpha + i - v \qquad (7-2-1)$$

如果在全站仪边长测量模式下直接读取高差 VD_B（竖直面距离：$S \cdot \sin\alpha$），则高差 h_{AB} 为：

$$h_{AB} = VD_B + i - v \qquad (7-2-2)$$

图根导线全站仪三角高程主要技术指标见表 7-2-5。

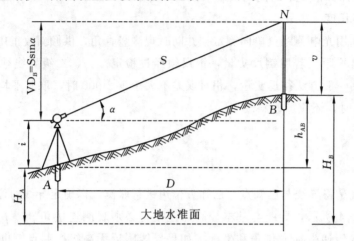

图 7-2-5 光电三角高程原理

表 7-2-5   **图根导线全站仪三角高程主要技术指标**

每千米高差 全中误差(mm)	附合路线 长度(km)	仪器精度 等级	中丝法 测回数	指标差 较差(″)	垂直角 较差(″)	对向观测 高差较差(mm)	附合或环形 闭合差(mm)
20	≤5	6″级仪器	2	25	25	$80\sqrt{D}$	$40\sqrt{\sum D}$

第三节 导线测量的内业计算

一、支导线的内业计算

导线测量内业计算的目的就是求得各导线点的坐标。计算前，应对导线测量外业记录进行全面检查，核对起算数据是否准确，并绘制略图，把各项数据标注在图上相应的位置，如图 7-3-1 所示。

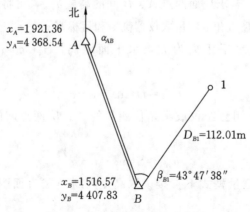

图 7-3-1 支导线计算示意图

现以图中的实测数据为例，说明支导线计算的步骤。

1. 计算起始边的坐标方位角

根据已知控制点 A、B 的坐标，由坐标反算公式反算起始边 AB 的坐标方位角 α_{AB}。

因为：
$$\Delta x_{AB}=1\,516.57-1\,921.36=-404.79$$
$$\Delta y_{AB}=4\,407.83-4\,368.54=+39.29$$

由于 $\Delta x_{AB}<0, \Delta y_{AB}>0$，方位角位于第二象限。于是由式（2-4-10）得：

$$\alpha_{AB}=\arctan\frac{\Delta y_{AB}}{\Delta x_{AB}}=174°27'22''$$

2. 推算导线边的坐标方位角

根据起始边的已知坐标方位角，由式（2-4-6）、式（2-4-7）知，推算导线下一条边的坐标方位角公式为：

$$\alpha_前=\alpha_后+\beta_左-180°（当导线观测左角时）\qquad(7-3-1)$$
$$\alpha_前=\alpha_后-\beta_右+180°（当导线观测右角时）\qquad(7-3-2)$$

说明，由于方位角的取值范围为 $0°\sim360°$，因此，当计算出的方位角 $\alpha_前>360°$ 时，在上两式中应减去 $360°$；如果计算出的方位角 $\alpha_前<0°$ 时，在上两式中应加上 $360°$。

本例中观测角为左角，按式（7-3-1）推算出 B1 边的坐标方位角为：

$$\alpha_{B1}=\alpha_{AB}+\beta_B-180°=174°27'22''+43°47'38''-180°=38°15'00''$$

3. 坐标增量计算

由式（2-4-9），得
$$\Delta x_{B1}=D_{B1}\cos\alpha_{B1}=112.01\times\cos38°15'00''=87.96\text{m}$$
$$\Delta y_{B1}=D_{B1}\sin\alpha_{B1}=112.01\times\sin38°15'00''=69.34\text{m}$$

4. 计算导线点坐标

根据起算点 B 的坐标，按式（2-4-8）推算 1 点坐标：

$$x_1=x_B+\Delta x_{B1}=1\,516.57+87.96=1\,604.53\text{m}$$
$$y_1=y_B+\Delta y_{B1}=4\,407.83+69.34=4\,477.17\text{m}$$

二、附合导线坐标计算

现以图 7-3-2 中的实测数据为例，说明附合导线坐标计算的步骤。

1. 整理观测结果

将校核过的外业观测数据及起算数据填入"附合导线坐标计算表"（表 7-3-1）中，起算数据用双线标明。

2. 角度闭合差的计算与调整

如图 7-3-2 所示的附合导线，已知起始边 AB 的坐标方位角 α_{AB} 和终边 CD 的坐标方位角 α_{CD}，观测所有的左角，由式（7-3-1）可知：

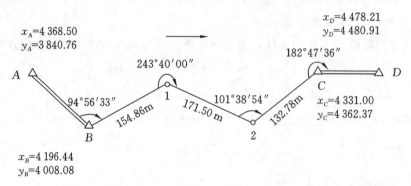

图 7 - 3 - 2　附合导线计算示意图

$$\alpha_{B1} = \alpha_{AB} + \beta_B - 180°$$

$$\alpha_{12} = \alpha_{B1} + \beta_1 - 180° = \alpha_{AB} + \beta_B + \beta_1 - 2 \times 180°$$

$$\alpha_{2C} = \alpha_{12} + \beta_2 - 180° = \alpha_{AB} + \beta_B + \beta_1 + \beta_2 - 3 \times 180°$$

$$\alpha_{CD} = \alpha_{2C} + \beta_C - 180° = \alpha_{AB} + \beta_B + \beta_1 + \beta_2 + \beta_C - 4 \times 180°$$

$$= \alpha_{AB} + \sum_1^4 \beta_i - 4 \times 180°$$

不难看出，上式是由已知起始边 AB 的方位角，经过计算得到终边 CD 的方位角，为了区别起见，下面用 α'_{CD} 表示，从理论上说这两个值应相等，但由于观测误差的存在，这时就产生了闭合差，称之为角度闭合差，或方位角闭合差，用 f_β 表示。即有：

$$f_\beta = \alpha'_{CD} - \alpha_{CD} = \alpha_{AB} + \sum_1^4 \beta_i - 4 \times 180° - \alpha_{CD}$$

显然，对于观测左角，若导线的转折角个数为 n，则角度闭合差的一般形式为：

$$f_\beta = \alpha_{起} + \sum_1^n \beta_{左i} - n \times 180° - \alpha_{终} \qquad (7-3-3)$$

通过计算，本例角度闭合差为 $f_\beta = +31''$。对于一级图根导线来讲，其附合差的允许值（见表 7 - 2 - 2）为 $(\pm 40\sqrt{n})''$，n 为折角个数。本例 $n=4$，$f_允 = \pm 80''$，角度闭合差在允许范围内，说明观测成果的质量符合要求。

为了使角度观测值经某个原则处理后的成果满足几何图形条件要求，即处理后的角度闭合差等于零，我们选取"闭合差平均分配"这个原则，其道理是各个角度的观测精度是一样高。于是，各个观测角度的改正数的计算公式如下：

$$v_{\beta i} = -\frac{f_\beta}{n} \qquad (7-3-4)$$

经角度改正数改正后的角度称之为角度最或然值，用 $\hat{\beta}_i$ 表示，计算公式为：

$$\hat{\beta}_i = \beta_i + v_{\beta i} \qquad (7-3-5)$$

本例角度的改正数为 $v_{\beta i} \approx -8''$，具体计算见表 7 - 3 - 1。由于角度闭合差不能被整数整除，所产生的凑整误差可分配在长短边相差较大的折角上。

3. 推算各导线边的坐标方位角

根据已知两点 A、B 的坐标方位角 α_{AB}，以及经过改正数改正后的折角值，依次推算出各导线边的坐标方位角。

$$\alpha_{B1}=\alpha_{AB}+\hat{\beta}_B-180°=50°44'26''$$

同样可推求出其他导线边的坐标方位角，填入表 7-3-1 中。

$$\alpha_{12}=\alpha_{B1}+\hat{\beta}_1-180°=114°24'18''$$

$$\alpha_{2C}=\alpha_{12}+\hat{\beta}_C-180°=36°03'04''$$

$$\alpha_{CD}=\alpha_{2C}+\hat{\beta}_C-180°=38°50'23''$$

说明，经上述计算推求出的 CD 边坐标方位角应与已知方位角相等，可作为方位角计算正确与否的检验。

4. 坐标增量的计算及其闭合差的调整

1）坐标增量的计算

根据各导线边的边长及推求出的坐标方位角，按式（2-4-9）计算出坐标增量，填入表 7-3-1 中相应的栏中。

2）坐标增量闭合差的计算与调整

根据起始点 B 的坐标，以及各导线边的坐标增量，依次计算各导线点的坐标：

$x_1=x_B+\Delta x_{B1}$，$y_1=y_B+\Delta y_{B1}$

$x_2=x_1+\Delta x_{12}=x_B+\Delta x_{B1}+\Delta x_{12}$，　$y_2=y_1+\Delta y_{12}=y_B+\Delta y_{B1}+\Delta y_{12}$

$$x'_C=x_2+\Delta x_{2C}=x_B+\Delta x_{B1}+\Delta x_{12}+\Delta x_{2C}=x_B+\sum_1^3\Delta x_i$$

$$y'_C=y_2+\Delta y_{2C}=y_B+\Delta y_{B1}+\Delta y_{12}+\Delta y_{2C}=y_B+\sum_1^3\Delta y_i$$

式中，x'_C 和 y'_C 为 C 点计算点的坐标。同样地，理论上应与已知值相等，由于边长丈量存在着误差，导线边的方位角虽是由改正后的折角推算的，但角度改正是一种简单的平均配赋，不可能将角度测量误差完全消除，所以改正后的方位角中仍然还有误差，因此其值往往不同，但差值很小。我们称它们之间的较差分别为纵坐标增量闭合差和横坐标增量闭合差。

计算公式的一般形式为：

$$\left.\begin{array}{l}f_x=x'_C-x_C=x_B+\sum_1^{n-1}\Delta x_i-x_C\\[2mm]f_y=y'_C-y_C=y_B+\sum_1^{n-1}\Delta y_i-y_C\end{array}\right\}\qquad(7-3-6)$$

式中，n 为导线折角个数，因为附合导线边数等于角度的个数减1。

从图 7-3-3 可以看出，由于闭合差 f_x 和 f_y 的存在，推算出的 C' 点与已知的 C 点不重合，两点之间的长度 f_S 定义为导线全长闭合差。本例计算的闭合差见表 7-3-1。

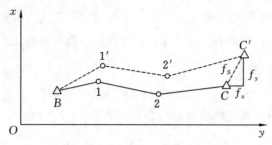

图 7 - 3 - 3 　坐标增量闭合差

表 7 - 3 - 1 　　　　　　　　　　　　附合导线坐标计算表

点号	角度	改正后角度	坐标方位角	距离	坐标增量		改正后增量		坐 标	
					Δx	Δy	Δx	Δy	x	y
	(° ′ ″)	(° ′ ″)	(° ′ ″)	(m)	(m)	(m)	(m)	(m)	(m)	(m)
1	2	4	5	6	7	8	9	10	11	12
A									4 368.50	3 840.76
			135 48 01							
B	−8 94 56 33	94 56 25							4 196.44	4 008.08
			50 44 26	154.86	+0.02 +98.00	+0.02 +119.91	+98.02	+119.93		
1	−8 243 40 00	243 39 52							4 294.46	4 128.01
			114 24 18	171.50	+0.03 −70.86	+0.02 +156.18	−70.83	+156.20		
2	−8 101 38 54	101 38 46							4 223.63	4 284.21
			36 03 04	132.78	+0.02 +107.35	+0.02 +78.14	+107.37	+78.16		
C	−7 182 47 36	182 47 29							4 331.00	4 362.37
			38 50 33							
D									4 478.21	4 480.91
∑	623 03 03	623 02 22		459.14	+134.49	+354.23				

辅助计算

$f_\beta = \alpha_{AB} + \sum \beta_i - n \times 180° - \alpha_{CD} = +31''$ 　　　$f_x = x_B + \sum \Delta x - x_C = -0.07\text{m}$

$f_允 = \pm 40\sqrt{n} = \pm 80''$ 　　　$f_y = y_B + \sum \Delta y - y_C = -0.06\text{m}$

$v_{\beta i} = -f_\beta / n = -8''$ 　　　$f_s = \sqrt{f_x^2 + f_y^2} = 0.092\text{m}$

$K = \dfrac{f_s}{\sum D_i} \approx \dfrac{1}{5\,000} < \dfrac{1}{2\,000}$

226

由于 f_s 的大小与导线长度 $\sum D$ 成正比，因此，与用相对误差表示距离丈量的精度一样，将其与导线全长相比，并化作分子为 1 的分数来表示导线全长相对闭合差，即

$$K = \frac{1}{T} = \frac{f_s}{\sum D_i} = \frac{1}{\sum D_i / f_s} \qquad (7-3-7)$$

图根导线相对闭合差的限值一般为 1：2 000，若不超限，则将坐标增量闭合差 f_x 和 f_y 按与导线边长成正比的原则反符号分配到各边的纵、横坐标增量中去。以 v_{x_i} 和 v_{y_i} 分别表示第 i 条边的纵、横坐标增量改正数，则

$$\left.\begin{aligned} v_{x_i} &= -\frac{f_x}{\sum D} \times D_i \\ v_{y_i} &= -\frac{f_y}{\sum D} \times D_i \end{aligned}\right\} \qquad (7-3-8)$$

将上式求和，可推出纵、横坐标增量改正数之和应满足下式

$$\left.\begin{aligned} \sum v_{x_i} &= -\frac{f_x}{\sum D} \times \sum D = -f_x \\ \sum v_{y_i} &= -\frac{f_y}{\sum D} \times \sum D = -f_y \end{aligned}\right\} \qquad (7-3-9)$$

上式在计算过程中可以作为检查用。

将计算出的各边坐标增量改正数（取到 cm）填入表 7-3-1 中。由于凑整误差的影响，使式（7-3-9）不能完全满足时，一般可将其差数分配给长边。改正后的坐标增量计算式为：

$$\left.\begin{aligned} \Delta \hat{x}_i &= \Delta x_i + v_{x_i} \\ \Delta \hat{y}_i &= \Delta y_i + v_{y_i} \end{aligned}\right\} \qquad (7-3-10)$$

5. 计算各导线点的坐标

根据已知点 B 的坐标及改正后各边的纵、横坐标增量，按下式依次推算 1、2 点的坐标，并填写在表中。为了检核计算的正确性，最后还应推算已知点 C 的坐标，其值应与已知坐标相等，以作校核。

$$\left.\begin{aligned} \hat{x}_i &= \hat{x}_{i-1} + \Delta \hat{x}_i = x_{起} + \sum_1^i \Delta \hat{x}_j \\ \hat{y}_i &= \hat{y}_{i-1} + \Delta \hat{y}_i = y_{起} + \sum_1^i \Delta \hat{y}_j \end{aligned}\right\} \qquad (7-3-11)$$

6. 计算各导线点的高程

导线点的高程计算与水准点高程计算相同，步骤如下：

（1）沿导线前进方向，根据观测值按式（7-2-1）式（7-2-2）计算每边的高差 h_i；

（2）计算导线线路高差闭合差

$$f_h = H'_C - H_C = H_B + \sum_1^{n-1} h_i - H_C \tag{7-3-6a}$$

（3）计算限差 $f_{h允} = \pm 40 \sqrt{\sum D_i}$，$D_i$ 以千米为单位；

（4）如果闭合差小于限差，计算高差改正数

$$v_i = -\frac{f_h}{\sum D_i} \times D_i \tag{7-3-8a}$$

（5）计算改正后高差 $\hat{h}_i = h_i + v_i$；

（6）计算导线点高程

$$\hat{H}_i = \hat{H}_{i-1} + \hat{h}_i = H_B + \sum_1^i \hat{h}_j \tag{7-3-11a}$$

三、闭合导线坐标计算

闭合导线实质上是附合导线的一种特殊形式，当导线的起点和终点为同一点时，即为闭合导线。

闭合导线的计算步骤和方法，与附合导线基本相同。只是由于图形不同，角度闭合差及坐标增量闭合差在计算上与附合导线有差别。下面着重介绍其不同点。

1. 角度闭合差的计算

闭合导线的方位角推算是由一条已知边开始的，且导线的折角习惯上规定应观测闭合多边形的内角。故闭合导线角度闭合差的计算公式应为：

$$f_\beta = \sum \beta - (n-2) \times 180 \tag{7-3-12}$$

式中的 n 为导线的边数。

2. 坐标增量闭合差计算

附合导线的坐标推算是由一个已知点附合于另一个已知点，而闭合导线是由一个已知点开始，闭合于同一个已知点，其纵、横坐标增量的代数和，理论上应等于零，因此闭合导线的坐标增量闭合差的计算公式应为：

$$\left. \begin{array}{l} f_x = x'_B - x_B = \sum_1^n \Delta x_i \\ f_y = y'_B - y_B = \sum_1^n \Delta y_i \end{array} \right\} \tag{7-3-13}$$

闭合导线的角度闭合差的调整、导线全长闭合差、全长相对闭合差的计算，以及坐标增量闭合差的调整等，均与附合导线相同。

3. 高差闭合差计算

闭合导线起闭于同一个已知点，其线路高差的代数和，理论上应等于零，因此闭合导

线高差闭合差的计算公式应为：

$$f_h = H'_B - H_B = \sum_1^n h_i \qquad (7-3-13a)$$

四、全站仪三维导线测量

由前面内容可知，传统的各类导线测量是将测角、测边和测高差分开进行的，效率低，而且计算过程也复杂。随着全站仪的普及，这种测角、测边和测高差同时进行并能通过内置在仪器内部的计算程序直接显示坐标的仪器，无疑将显示出巨大的优越性。在图根控制测量中，用全站仪进行导线测量，可以一次求得导线点的三维坐标。

1. 外业作业程序

下面以图 7-3-2 的附合导线为例，其外业作业步骤如下：

(1) 将全站仪安置于已知点 B，对中及整平。打开电源，进入坐标测量模式，输入测站点坐标、仪器高及有关气象参数等；

(2) 在输入后视已知点 A 的坐标后，精确照准后视点 A；

(3) 顺时针方向旋转前视导线点 1，按测量键，记录 1 点的坐标和高程。

(4) 移动仪器至 1 点，后视 B 点，前视 2 点，依步骤 (1)～(3) 测量 2 点坐标。

(5) 依次测至 C 点，测量出 C 点坐标 (x'_C, y'_C, H'_C)。按式 (7-3-6) 计算 C 点的坐标闭合差，并按式 (7-3-7) 计算导线全长相对闭合差，若不超限，即可按式 (7-3-14) 计算各导线点的坐标。

(6) 按照式 (7-3-6a) 计算 C 点的高差闭合差，若不超限，即可按式 (7-3-15) 计算各导线点的高程。

2. 全站仪导线计算

下面依据式 (7-3-11) 计算 1、2 点及 C 点的坐标。

1 点坐标：
$$\begin{cases} \hat{x}_1 = x_B + \Delta \hat{x}_1 = x_B + \Delta x_1 + v_{x1} = x_1 + v_{x1} \\ \hat{y}_1 = y_B + \Delta \hat{y}_1 = y_B + \Delta y_1 + v_{y1} = y_1 + v_{y1} \end{cases}$$

2 点坐标：
$$\begin{cases} \hat{x}_2 = \hat{x}_1 + \Delta \hat{x}_2 = x_1 + \Delta x_2 + v_{x1} + v_{x2} = x_2 + v_{x1} + v_{x2} \\ \hat{y}_2 = \hat{y}_1 + \Delta \hat{y}_2 = y_1 + \Delta y_2 + v_{y1} + v_{y2} = y_2 + v_{y1} + v_{y2} \end{cases}$$

C 点坐标：
$$\begin{cases} \hat{x}_C = \hat{x}_2 + \Delta \hat{x}_3 = x'_C + v_{x1} + v_{x2} + v_{x3} = x'_C + \sum_1^3 v_{xj} = x_C \\ \hat{y}_C = \hat{y}_2 + \Delta \hat{y}_3 = y'_C + v_{y1} + v_{y2} + v_{y3} = y'_C + \sum_1^3 v_{yj} = y_C \end{cases}$$

考虑到式 (7-3-8)，上式坐标平差计算的一般公式如下：

$$\begin{cases} \hat{x}_i = \hat{x}_{i-1} + \Delta\hat{x}_i = x_i + \sum_1^i v_{xj} = x_i - \dfrac{f_x}{\sum D} \sum_1^i D_j \\ \hat{y}_i = \hat{y}_{i-1} + \Delta\hat{y}_i = y_i + \sum_1^i v_{yj} = y_i - \dfrac{f_y}{\sum D} \sum_1^i D_j \end{cases} \qquad (7-3-14)$$

式中，x_i，y_i 为第 i 点导线点坐标测量值，$j = 1 \sim i$。

仿照上述步骤的推导，导线点平差计算后的高程为：

$$\hat{H}_i = \hat{H}_{i-1} + \hat{h}_i = H_i + \sum_1^i v_{hj} = H_i - \frac{f_h}{\sum D} \sum_1^i D_j \qquad (7-3-15)$$

式中，H_i 为第 i 点导线点高程测量值，$j = 1 \sim i$。

例如，用全站仪测量某附合导线，已知 B、C 点坐标及高程和导线点 P_1、P_2 测量坐标及高程表 7-3-2，试求计算后导线点 P_1、P_2 坐标及高程。

表 7-3-2 全站仪附合导线坐标计算表

点号	距离 (m)	测量坐标及改正数			改正后坐标		
		x (m)	y (m)	H (m)	x (m)	y (m)	H (m)
B					2 507.69	1 215.63	86.53
	225.85						
P_1		+0.05 2 299.78	−0.04 1 303.84	+0.04 80.61	2 299.83	1 303.80	80.65
	139.03						
P_2		+0.08 2 186.21	−0.07 1 384.04	+0.07 75.31	2 186.29	1 383.97	75.38
	172.57						
C		+0.11 2 192.34	−0.10 1 556.50	+0.10 70.00	2 192.45	1 556.40	70.10
$\sum$	537.45						
辅助计算	$f_x = x'_c - x_c = -0.11\text{m}$ $\quad$ $f_y = y'_c - y_c = +0.10\text{m}$ $\quad$ $f_s = \sqrt{f_x^2 + f_y^2} = 0.15\text{m}$ $K = \dfrac{f_s}{\sum D_i} \approx \dfrac{1}{3\,500} < \dfrac{1}{2\,000}$ $\quad$ $f_H = H'_c - H_c = -0.10\text{m}$						

思考题与习题

1. 简述全站仪进行导线折角测量的主要步骤。

2. 简述全站仪进行斜距、平距和高差测量的主要步骤。

3. 简述用全站仪进行导线测量的方法和步骤。

4. 简述用全站仪进行三维导线测量的方法和步骤。

5. 填写附合导线计算表。

附合导线计算表

点号	内角 观测值 (° ′ ″)	改正后 内角 (° ′ ″)	坐标 方位角 (° ′ ″)	边长 (m)	纵坐标 增量 ΔX	横坐标 增量 ΔY	改正后坐标增量		坐标	
							ΔX	ΔY	X	Y
B			127 20 30						509.58	675.89
A	128 57 32			40.510						
1	295 08 00			79.040						
2	177 30 58			59.120						
C	211 17 36									
D			34 26 00						529.00	801.54

$f_\beta =$ 　　　　$\sum D =$ 　　　　$f_x =$ 　　　　$f_y =$

　　　　　　　　　　　　　　　　　$f =$ 　　　　　　$K =$

技 能 训 练

全站仪图根导线测量

一、目的与要求

（1）掌握附合或闭合导线测量的外业工作方法和内业计算步骤。

（2）培养学生应用测量理论知识综合分析问题和解决问题的能力，训练每组成员分工配合、相互协作的精神和严谨科学的态度及工作作风。

（3）水平角测角精度 $\Delta\beta < 30''$，量距相对误差 $K < 1/2\,000$，导线角度闭合差 $f_{\beta容} < 40''\sqrt{n}$，对向观测高差较差及高差闭合差限差按表 7－2－5 中限差要求，导线全长相对闭合差 $K < 1/2\,000$。

二、仪器与工具

全站仪 1 台，棱镜 2 个，小钢尺 1 把，记录板 1 个，毛笔 1 支，手锤 1 个，小钉若干，自备铅笔。

三、方法与步骤

1) 全站仪操作使用

(1) 每班按全站仪的台数分成几组，每组由指导教师先讲解本次实习目的中的所有内容及实习注意事项。

(2) 每位同学在实习指导教师的指导下，按实习目的的要求依次完成以下实习内容，并由实习教师讲解和示范仪器的各项功能和操作方法。

a. 熟悉全站仪的各个螺旋及全站仪显示面板的功能等；

b. 熟悉全站仪的配置菜单及仪器的自检功能；

c. 在实习指导教师的指导下，正确快速地进行全站仪的对中、整平工作；

d. 在实习指导教师的指导下，进行全站仪的测站设置（输入测站点坐标、定向点坐标、仪器高、坐标高等数据）和定向工作。

2) 全站仪导线测量

(1) 在测区内选定由 4～5 个导线点组成的闭合导线，在各导线点打下木桩或在地上画上记号标定点位，绘出导线略图。

(2) 用全站仪往返测量各导线边的边长，读至毫米，每边测 4 个测回，每测回读 4 次数。

(3) 采用方向法观测导线各转折角，奇数测回测左角，偶数测回测右角，共测 4 个测回。

(4) 计算：角度闭合差 $f_\beta = \sum \beta - (n-2) \times 180$，导线全长相对闭合差 n 为测角数；外业成果合格后，内业计算各导线点坐标。

(5) 或者完全按前面介绍的"四、全站仪三维导线测量"进行观测、记录与计算。

四、注意事项

(1) 由于全站仪是集光、电、数据处理于一体的多功能精密测量仪器，在实习过程中应注意保护好仪器，尤其不要使全站仪的望远镜受到太阳光的直射，以免损坏仪器。

(2) 未经指导教师的允许，不要任意修改仪器的参数设置，也不要任意进行非法操作，以免因操作不当而发生事故。

五、上交资料

以小组为单位，每位成员提交一份导线测量记录表格和计算成果报告。

全站仪导线观测记录表

日期：_____　　天气：_____　　观测：_____　　记录：_____

测站	盘位	目标	水平度盘读数	水平角值	平均角值	水平距离			备注
						往	返	平均	
		合计							

附录一　测绘技术基础复习测试题

试题一　测量学基础知识

一、选择题

1. 测量的三项基本工作是（　　　）。

    A. 高差、水平角、距离　　　　　　　　　　B. 角度、距离、高差

    C. 高程、水平角、水平距离　　　　　　　　D. 边长、高程、角度

2. 某点到大地水准面的铅垂距离称为该点的（　　　）。

    A. 相对高程　　　　B. 高差　　　　　　　C. 高程　　　　　　D. 绝对高程

3. 地面点的空间位置是用（　　　）来表示的。

    A. 坐标和高程　　　B. 平面直角坐标　　　C. 地理坐标　　　　D. 空间坐标系

4. 下面是有关测量原理的叙述，错误的是（　　　）。

    A. 地形测量过程中应遵循由整体到局部，先控制后碎部的原则

    B. 施工放样过程中应遵循由整体到局部，先控制后碎部的原则

    C. 在测区范围很小时，只需要进行细部测量就可以

    D. 一切测量均遵循由整体到局部，先控制后碎部的原则

5. 下面是关于高斯平面直角坐标系的叙述，错误的是（　　　）。

    A. 以中央子午线投影后展开的直线，作为该坐标系的纵轴，即 x 轴

    B. 任意经线或纬线投影在高斯平面直角坐标系内不一定为一曲线

    C. 任意经线或纬线投影在高斯平面直角坐标系内为一直线

    D. 中央子午线和赤道投影后的交点为高斯平面直角坐标系的原点

6. 测量学按其研究的范围和对象的不同，一般可分为：普通测量学、大地测量学、（　　　）、
   摄影测量学和制图学。

    A. 一般测量学　　　B. 坐标测量学　　　　C. 高程测量学　　　D. 工程测量学

7. 下面是大地水准面的形状叙述，正确的是（　　　）。

    A. 地球的自然表面　　　　　　　　　　　　B. 不能用简单的数学公式表达的曲面

    C. 水平面　　　　　　　　　　　　　　　　D. 球面

二、填空题

1. 测量工作要按照＿＿＿＿＿＿＿的程序和原则进行。

2. A、B 两点的＿＿＿＿＿＿＿之差称为 A、B 两点之间高差，可用＿＿＿＿＿表示。

3. 地面上的点用坐标和_____来表示。

4. 各种测量工具和仪器应_____，并做好经常的保养和维护工作。

5. 测量学的主要三项任务是_____、_____、_____。

6. 大地水准面是指与_____相吻合的水准面。

7. 地面点到_____的铅垂距离，称为该点的相对高程。

8. 测量的基本工作是_____、_____、_____。

9. 测量工作的基本原则是_____、_____。

10. 坐标方位角是指_____、_____、_____与_____
_____之间的夹角。

11. 正反坐标方位角相差_____，即 $\alpha_{AB} = \alpha_{BA} \pm 180°$，当 α_{AB} 大于 $180°$ 时用
_____，小于 $180°$ 时用_____。

12. 某直线与标准方向所夹的锐角叫该直线的象限角，用字母_____表示，范
围_____。

13. 已知直线 $\alpha_{AB} = 125°30'$，其象限角为_____，其反坐标方位角为_____。

三、计算题

已知直线 AB 的方位角 $\alpha_{AB} = 30°18'$，$\beta_2 = 108°32'$，$\beta_3 = 150°16'$，$\beta_4 = 85°28'$，求其
余各边的坐标方位角值。

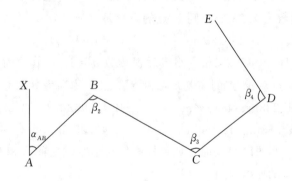

试题二　水准仪测量

一、选择题

1. 望远镜中十字丝不清晰应调节（　　）使其清晰。

　　A. 物镜调焦螺旋　　　B. 目镜调焦螺旋　　　C. 脚螺旋　　　　　D. 微倾螺旋

2. 物镜光心和十字丝中心的连线叫做（　　）。

　　A. 几何轴　　　　　　B. 光轴　　　　　　　C. 视准轴　　　　　D. 竖轴

3. 水准仪精确整平应调节（　　）。

　　A. 微动螺旋　　　　　B. 脚螺旋　　　　　　C. 制动螺旋　　　　D. 微倾螺旋

4. 水准仪精确整平后，应立即读出（　　）在水准尺所截位置的四位读数。

　　A. 十字丝中丝　　　　　　　　　　　　　B. 十字丝竖丝

　　C. 上丝　　　　　　　　　　　　　　　　D. 下丝

5. 水准测量时将仪器置中，可消除（　　）和地球曲率与大气折光引起的误差。

　　A. 水准尺竖立不直的误差　　　　　　　　B. 水准尺误差

　　C. 水准仪水准管轴不平行于视准轴　　　　D. 水准管气泡居中误差

6. 为求得两点间的正确高差，一般在其两点中间安置仪器，用变动仪器高法观测两次，两次求得高差差值在（　　）以内时，可取平均值作为最后结果。

　　A. 3mm　　　　　　　B. 2mm　　　　　　　C. 4mm　　　　　　　D. 5mm

7. h_{AB} 数值为正时，表示 A 点比 B 点（　　）。

　　A. 高　　　　　　　　B. 低　　　　　　　C. 未知　　　　　　　D. 相同

8. 在水准测量中，以下误差不属于观测误差的是（　　）。

　　A. 水准管气泡居中的误差　　　　　　　　B. 水准管轴与视准轴不平行的误差

　　C. 估读水准尺的误差　　　　　　　　　　D. 水准尺倾斜的影响

9. 水准测量是利用水准仪提供（　　）求得两点高差，并通过其中一已知点的高程，推算出未知点的高程。

　　A. 铅垂线　　　　　　B. 视准轴　　　　　C. 水准管轴线　　　D. 水平视线

10. 水准测量中设 A 为后视点，B 为前视点，A 点高程是 46.013m，若后视读数为 1.125m，前视读数为 1.288m，则 B 点的高程是（　　）。

　　A. 45.910m　　　　　B. 46.183m　　　　C. 46.116m　　　　D. 47.241m

11. 已知水准点高程 H_M = 43.251m，测得后视读数 a = 1.000m，前视读数 b = 2.283m。则视线高 H_i、N 点对 M 点的高差 h_{MN} 和待求点 N 的高程分别为（　　）。

　　A. 45.534m、+1.283m、44.534m　　　　B. 40.968m、−3.283m、39.968m

　　C. 44.251m、−1.283m、41.968m　　　　D. 42.251m、+3.283m、46.534m

12. 用望远镜观测中，当眼睛晃动时，如目标影像与十字丝之间有相互移动的现象，则称为视差，产生视差的原因是（　　）。

　　A. 目标成像平面　　　　　　　　　　　　B. 仪器轴线未满足几何条件

　　C. 人的视力不适应　　　　　　　　　　　D. 目标亮度不够

13. 水准测量时，后视尺前俯或后仰将导致前视点高程（　　）。

　　A. 偏大　　　　　　　　　　　　　　　　B. 偏大或偏小

　　C. 偏小　　　　　　　　　　　　　　　　D. 不偏大也不偏小

14. 水准测量的直接观测成果是（　　）。

　　A. 某个点的相对高程　　　　　　　　　　B. 某个点的绝对高程

　　C. 两个点之间的高差　　　　　　　　　　D. 若干点的高程

15. A、B 两点之间的高差 h_{AB} 与 h_{BA} 之间的关系是（　　）。

　　A. 符号与数值均相同　　　　　　　　　　B. 符号与数值均不同

　　C. 符号不同但数值相同　　　　　　　　　D. 符号相同但数值不同

16. 下列不属于在水准测量时外界条件引起的误差的是 （　　　）。

　　A. 大气折光影响　　　　　　　　　　　B. 地球曲率的影响

　　C. 仪器下沉引起的误差　　　　　　　　D. 估读误差

17. 水准仪的操作步骤是 （　　　）。

　　A. 对中、整平、瞄准、读数　　　　　　B. 粗平、瞄准、精平、读数

　　C. 整平、瞄准、读数记录　　　　　　　D. 粗平、对中、瞄准、读数

18. 三等水准测量每站观测顺序为 （　　　）。

　　A. 后、前、前、后　　　　　　　　　　B. 后、后、前、前

　　C. 前、前、后、后　　　　　　　　　　D. 前、后、后、前

19. 高差闭合差分配的原则是按其与 （　　　） 成正比进行分配的。

　　A. 测站数　　　　　B. 高差的大小　　　　C. 距离或测站数　　　　D. 距离

20. 往返水准路线高差平均值的正负号是以 （　　　） 的符号为准。

　　A. 往测高差　　　　　　　　　　　　　B. 返测高差

　　C. 往返测高差的代数和　　　　　　　　D. 往返测高差的平均值

21. 自动安平水准仪的特点是 （　　　） 使视线水平。

　　A. 用安平补偿器代替管水准仪　　　　　B. 用安平补偿器代替圆水准器

　　C. 用安平补偿器和管水准器　　　　　　D. 用水准器

22. 地面点到高程基准面的垂直距离称为该点的 （　　　）。

　　A. 相对高程　　　　B. 绝对高程　　　　C. 高差　　　　　D. 高距

23. 地面点的空间位置是用 （　　　） 来表示的。

　　A. 地理坐标　　　　　　　　　　　　　B. 平面直角坐标

　　C. 坐标和高程　　　　　　　　　　　　D. 距离和方位角

24. 绝对高程的起算面是 （　　　）。

　　A. 水平面　　　　　B. 大地水准面　　　C. 假定水准面　　　D. 任意水平面

25. 某段距离的平均值为 100m，其往返较差为＋20mm，则相对误差为 （　　　）。

　　A. 0.02/100　　　　B. 0.002　　　　　C. 1/5 000　　　　D. 1/2 500

26. 已知直线 AB 的坐标方位角为 186°，则直线 BA 的坐标方位角为 （　　　）。

　　A. 96°　　　　　　B. 276°　　　　　　C. 6°　　　　　　D. 7°

27. 在距离丈量中衡量精度的方法是用 （　　　）。

　　A. 往返较差　　　　B. 相对误差　　　　C. 闭合差　　　　D. 绝对误差

28. 坐标方位角是以 （　　　） 为标准方向，顺时针转到测线的夹角。

　　A. 真子午线方向　　　　　　　　　　　B. 磁子午线方向

　　C. 正北方向　　　　　　　　　　　　　C. 坐标纵轴方向

29. 距离丈量的结果是求得两点间的 （　　　）。

　　A. 斜线距离　　　　B. 水平距离　　　　C. 折线距离　　　　D. 垂直距离

30. 往返丈量直线 AB 的长度为：$D_{AB}=126.72$m，$D_{BA}=126.76$m，其相对误差为 （　　　）。

　　A. $K=1/3\,000$　　　B. $K=1/3\,200$　　　C. $K=0.000\,315$　　　D. $K=1/2\,800$

31. 在水准测量中转点的作用是传递（   ）。

    A. 方向   B. 高程   C. 距离   D. 角度

32. 圆水准器轴是圆水准器内壁圆弧零点的（   ）。

    A. 切线   B. 法线   C. 垂线   D. 平行线

33. 水准测量时，为了消除 i 角误差对一测站高差值的影响，可将水准仪置在（   ）处。

    A. 靠近前尺   B. 两尺中间   C. 靠近后尺   D. 任意位置

34. 高差闭合差的分配原则为（   ）成正比例进行分配。

    A. 与测站数   B. 与高差的大小

    C. 与路线距离或测站数   D. 与路线距离

35. 附合水准路线高差闭合差的计算公式为（   ）。

    A. $f_k=|h_w|-|h_f|$ B. $f_h=\sum h$

    C. $f=\sum h-(H_z-H_s)$ D. 以上都不正确

36. 水准测量中，同一测站当后尺读数大于前尺读数时说明后尺点（   ）。

    A. 高于前尺点   B. 低于前尺点

    C. 高于测站点   D. 高程较高

二、填空题

1. 高程测量是测定地面点＿＿＿＿＿＿的工作，＿＿＿＿＿＿是高程测量最常用的一种方法。

2. 水准测量误差产生的因素有＿＿＿＿＿＿误差、＿＿＿＿＿＿误差和＿＿＿＿＿＿的影响。

3. 常用的水准尺有＿＿＿＿＿＿和＿＿＿＿＿＿两种，前者用于＿＿＿＿＿＿水准测量，后者多用于＿＿＿＿＿＿水准测量。

4. 水准测量所使用的仪器为＿＿＿＿＿＿，工具为＿＿＿＿＿＿和＿＿＿＿＿＿。

5. 圆水准器气泡居中时，圆水准器轴处于＿＿＿＿＿＿位置；管水准器气泡居中时，水准管轴处于＿＿＿＿＿＿位置。

6. 点 A 的绝对高程为 50.000m，测得 A 点上水准尺读数为 1.256m，则此时水准仪的视线高程为＿＿＿＿＿＿。

7. DS3 水准仪中用来粗略整平的水准器是＿＿＿＿＿＿，用来精确整平的水准器是＿＿＿＿＿＿。

8. DS3 水准仪中粗略整平应调节＿＿＿＿＿＿，而精确整平应使用＿＿＿＿＿＿使水准管气泡居中。

三、计算题

1. 设 A 点高程为 101.352m，当后视读数为 1.154m，前视读数为 1.328m 时，高差是多少，待测点 B 的高程是多少？试绘图示意。

2. 已知 $H_A=417.502$m，$a=1.384$m，前视 B_1，B_2，B_3 各点的读数分别为：$b_1=1.468$m，$b_2=0.974$m，$b_3=1.384$m，试用仪高法计算出 B_1，B_2，B_3 点高程。

3. 试计算水准测量记录成果，用高差法完成以下表格。

测　点	后视读数(m)	前视读数(m)	高　差(m)	高　程(m)	备　注
BM$_A$	2.142			123.446	已知水准点
TP$_1$	0.928	1.258			
TP$_2$	1.664	1.235			
TP$_3$	1.672	1.431			
B		2.074		123.854	
$\sum$	$\sum a$	$\sum b$	$\sum h =$	$H_B - H_A =$	
计算校核	$\sum a - \sum b$				

4. 试计算闭合水准路线成果，填在下方表格中。

点名	测站数	实测高差(m)	改正数(m)	改正后高差(m)	高程(m)
BM$_A$	12	−3.411			23.126
1	8	+2.550			
2	15	−8.908			
3	22	+9.826			
BM$_A$					
总和					

$f_h =$ 　　　　　　　　　　$f_{h容} =$

试题三　经纬仪测量

一、选择题

1. 根据水平角测量原理，要求经纬仪必须具备如下条件，错误的是（　　）。

   A. 一个能够安置水平度盘及其读数指标的装置

   B. 一套能将度盘中心移至过角顶点铅垂线上的装置

   C. 安平装置（水准器）没有严格的要求

   D. 瞄准装置（望远镜）应能观测不同高度的目标

2. 经纬仪的照准部应包括下述各主要配件，错误的是（　　）。

   A. 水平度

   B. 望远镜及其支架和横轴及其控制装置

   C. 管状水准器

   D. 光学读数显微镜

3. 经纬仪对中的目的如下所述，正确的是（　　）。

   A. 使水平度盘水平

   B. 使水平度盘与过测站点的铅垂线垂直

   C. 使仪器的中心与测站点位于同一铅垂线上

   D. 使照准部水准管气泡居中

4. 经纬仪各主要轴线之间，必须满足下述的几何条件，错误的是（　　）。

   A. 照准部水准管垂直于竖轴　　　　　　B. 十字丝的竖丝垂直于横轴

   C. 横轴垂直于竖轴　　　　　　　　　　D. 水准管轴平行于视准轴

5. 有关竖直角的定义，如下所述正确的是（　　）。

   A. 同一竖直面内，过目标底部与目标顶部方向线之间的夹角

   B. 同一竖直面内，过目标方向的倾斜视线与水平线之间的夹角

   C. 同一面内，过目标方向的倾斜视线与水平线之间的夹角

   D. 同一竖直面内，过目标方向的倾斜视线与铅垂线之间的夹角

6. 检验经纬仪水准管轴垂直于竖轴，当气泡居中后，平转 180° 时，气泡已偏离。此时用校正针拨动水准管校正螺丝，使气泡退回偏离值的（　　），即已校正。

   A. 1/2　　　　　　　　B. 1/4　　　　　　　　C. 全部　　　　　　　　D. 2 倍

7. 经纬仪观测中，取盘左、盘右平均值是为了消除（　　）的误差影响，而不能消除水准管轴不垂直竖轴的误差影响。

   A. 视准轴不垂直横轴　　　　　　　　　B. 横轴不垂直竖轴

   C. 度盘偏心　　　　　　　　　　　　　D. A，B 和 C

8. 经纬仪对中是使仪器中心与测站点安置在同一铅垂线上；整平是使仪器（　　）。

   A. 圆气泡居中　　　　　　　　　　　　B. 视准轴水平

C. 竖盘铅直和水平度盘水平　　　　　　　　　D. 横轴水平

9. 水平角观测中，盘左起始方向 OA 的读数为 $358°12'15''$，终点方向 OB 的对应读数为 $154°18'19''$，则 $\angle AOB$ 的前半测回角值为（　　　）。

   A. $156°06'04''$　　　　B. $-156°06'04''$　　　　C. $203°53'56''$　　　　D. $-203°53'56''$

10. 经纬仪对中误差和照准目标误差引起的方向读数误差与测站点至目标点的距离成（　　　）关系。

    A. 正比　　　　　　　B. 无关　　　　　　　C. 反比　　　　　　　D. 平方比

11. 经纬仪盘左时，当视线水平，竖盘读数为 $90°$；望远镜向上仰起，读数减小。则该竖直度盘为顺时针注记，其盘左和盘右竖直角计算公式分别为（　　　）。

    A. $90°-L$，$R-270°$　　　　　　　　　　B. $L-90°$，$270°-R$

    C. $L-90°$，$R-270°$　　　　　　　　　　D. $90°-L$，$270°-R$

12. 测站点 O 与观测目标 A，B 位置不变，如仪器高度发生变化，则观测结果（　　　）。

    A. 竖直角改变，水平角不变　　　　　　　B. 水平角改变，竖直角不变

    C. 水平角和竖直角都改变　　　　　　　　D. 水平角和竖直角都不变

二、填空题

1. 建筑工程测量中最常用的经纬仪型号是＿＿＿＿＿＿和＿＿＿＿＿＿。

2. 光学经纬仪的结构一般由＿＿＿＿＿＿、＿＿＿＿＿＿和＿＿＿＿＿＿三部分组成。

3. 经纬仪的望远镜用来＿＿＿＿＿＿，它的转动主要通过＿＿＿＿＿＿螺旋和＿＿＿＿＿＿螺旋来控制。

4. 经纬仪水平度盘的注记特点是＿＿＿＿＿＿。一般地，转照准部，水平度盘的读数＿＿＿＿＿＿。

5. 分微尺测微器读数设备的度盘分划值为＿＿＿＿＿＿，分微尺分划值为＿＿＿＿＿＿，可估读到＿＿＿＿＿＿。

6. 经纬仪的使用包括＿＿＿＿＿＿、＿＿＿＿＿＿、＿＿＿＿＿＿和＿＿＿＿＿＿四步操作步骤。

7. 经纬仪整平的目的是＿＿＿＿＿＿。

8. 经纬仪操作中，十字丝不清晰应将目镜转向光亮的背景，调节＿＿＿＿＿＿；发现目标的像有相对晃动的现象，调节＿＿＿＿＿＿；而读数显微镜中刻划不清晰应调节＿＿＿＿＿＿。

9. 常用的水平角测量方法有＿＿＿＿＿＿和＿＿＿＿＿＿。

10. 竖直角是＿＿＿＿＿＿的夹角，用符号"＿＿＿＿＿＿"表示，其角度范围为＿＿＿＿＿＿。

11. 竖直角测量时每次读数时均应调节＿＿＿＿＿＿螺旋，直到＿＿＿＿＿＿气泡居中。

12. 某次竖直角测量中，盘左测得读数为 $85°18'24''$，盘右测得读数为 $274°41'42''$，且已知竖直度盘注记逆时针，则该竖直角大小为＿＿＿＿＿＿。

13. 度盘刻划不均匀的误差，可以采用＿＿＿＿＿＿的方法来减少。

三、计算题

1. 某次观测竖直角结果如下，试求角值大小（竖直为顺时针注记）。

测站	目标	竖盘位置	竖盘读数 （° ′ ″）	半测回角值 （° ′ ″）	指标差 （″）	一测回角值 （° ′ ″）
	A	左	101 20 18			
		右	258 44 36			
	B	左	73 24 42			
		右	286 35 06			

2. 请整理下表中测回法测水平角的记录。

测站	竖盘位置	目标	水平竖盘数 （° ′ ″）	角 值 （° ′ ″）	一测回角值 （° ′ ″）	各测回平均角值 （° ′ ″）
	左	A	0 01 12			
		B	57 18 24			
	右	A	180 02 00			
		B	237 19 36			
	左	A	90 01 18			
		B	147 19 00			
	右	A	270 01 54			
		B	327 19 06			

试题四　全站仪测量

一、判断题

1. 全站仪能同时测定目标点的平面位置（X，Y）与高程（H）。　　　　　（　　）

2. 全站仪能完全替代水准仪进行水准测量。　　　　　　　　　　　　　　（　　）

3. 高精度测量中全站仪也必须正倒镜观测。　　　　　　　　　　　　　　（　　）

4. 全站仪只能在盘左状态进行施工放样。　　　　　　　　　　　　　　　（　　）

5. 全站仪测量时目标点必须安置棱镜。　　　　　　　　　　　　　　　　（　　）

6. 2″级的全站仪与 2″级的经纬仪的测角精度理论上相同。　　　　　　　（　　）

7. 全站仪水准器气泡一旦偏离中心位置，就不能测得正确读数。　　　　　（　　）

8. 竖直角与天顶距是同一个概念。　　　　　　　　　　　　　　　　　　（　　）

9. 地球表面上两点间距离是直线距离。　　　　　　　　　　　　　　　　（　　）

10. 全站仪在晚上不能进行测量工作。　　　　　　　　　　　　　　　　　（　　）

11. 多测回反复观测能提高测量精度。　　　　　　　　　　　　　　　　　（　　）

12. 取下全站仪电池之前应先关闭电源开关。　　　　　　　　　　　　　　（　　）

13. 在用全站仪测地形图时，不需要绘制草图。　　　　　　　　　　　　　（　　）

14. 全站仪所观测的数据必须当场记录，否则不能保存。　　　　　　　　　（　　）

15. 全站仪的测距精度受到气温、气压、大气折光等因素的影响。　　　　　（　　）

二、填空题

1. 全站仪实质上是通过测定两点间的_____、_____以及_____并通过内置的软件来确定点位的坐标、高程等参数。

2. 全站仪所显示的数据中 S 表示_____，V 表示_____，N 表示_____，E 表示_____，Z' 表示_____。

3. 全站仪除了能进行距离测量、角度测量外，还能进行_____、_____、_____、_____等测量工作。

4. 一台测距精度为 3+2ppm 的全站仪进行距离测量，如果两点间距 2km，则仪器可能产生的误差为_____ mm。

5. 进行三维坐标测量时除了要输入测站坐标外还须输入_____、_____等。

6. 全站仪进行点位放样时，其放样的理论依据是_____法。

7. 全站仪主要整合了_____、_____（填仪器名称），从而提高了测量工作的效率。

三、问答题

1. 试述全站仪安置的过程。

2. 简述放样测量步骤。

3. 简述坐标测量步骤。

四、计算题

1. 如图 1 所示，A、B 为控制点。$X_A=321.11$m，$Y_A=279.23$m，$X_B=251.34$m，$Y_B=351.89$m。待测点 P 的设计坐标为 $X_P=358.09$m，$Y_P=307.57$m。试计算仪器架设在 A 点时用极坐标法测设 P 点放样数据 D_{AP} 和 β。

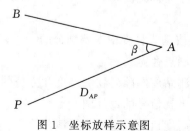

图 1　坐标放样示意图

2. 图 2 中，已知直线 AB 的方位角 $\alpha_{AB}=30°18'$，$\beta_2=108°32'$，$\beta_3=150°16'$，$\beta_4=85°28'$，求其余各边的坐标方位角值。

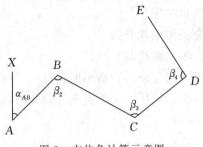

图 2　方位角计算示意图

3. 若 AB 的边长为 50m，BC 的边长为 60m，CD 的边长为 55m，DE 的边长为 60m，求各点的平面坐标。

试题五　GNSS 测量

一、判断题

（　　）1. 相对定位时，两点间的距离越小，星历误差的影响越大。

（　　）2. 采用相对定位可消除卫星钟差的影响。

（　　）3. 采用双频观测可消除电离层折射的误差影响。

（　　）4. 电离层折射的影响白天比晚上大。

（　　）5. 测站点应避开反射物，以免多路径误差影响。

（　　）6. 接收机没有望远镜，所以没有观测误差。

（　　）7. 精度衰减因子越大，位置误差越小。

（　　）8. 强电磁干扰会引起周跳。

（　　）9. 双差可消除接收机钟差影响。

（　　）10. 差分定位与相对定位的主要区别是有数据链。

（　　）11. RTD 就是实时伪距差分。

（　　）12. RTK 就是实时伪距差分。

（　　）13. 实时载波相位差分简称为 RTK。

（　　）14. RTD 的精度高于 RTK。

（　　）15. GPS 网的精度是按基线长度中误差划分的。

（　　）16. 点之记就是在控制点旁做的标记。

（　　）17. 环视图就是表示测站周围障碍物的高度和方位的图形。

（　　）18. 遮挡图就是遮挡干扰信号的设计图。

（　　）19. 高度角大于截止高度角的卫星不能观测。

（　　）20. 采样间隔是指两个观测点间的间隔距离。

二、选择题

1. 实现 GPS 定位至少需要（　　）颗卫星。

　　A. 三　　　　　　　　　B. 四　　　　　　　　　C. 五　　　　　　　　　D. 六

2. SA 政策是指（　　）

　　A. 精密定位服务　　　B. 标准定位服务　　　C. 选择可用性　　　D. 反电子欺骗

3. SPS 是指（　　）。

　　A. 精密定位服务　　　B. 标准定位服务　　　C. 选择可用性　　　D. 反电子欺骗

4. ε 技术干扰（　　）。

　　A. 星历数据　　　　　B. C/A 码　　　　　　C. P 码　　　　　　　D. 载波

5. UTC 表示（　　）。

　　A. 协议天球坐标系　　　　　　　　　　　B. 协议地球坐标系

　　C. 协调世界时　　　　　　　　　　　　　D. 国际原子时

6. WGS - 84 坐标系属于（　　）。

　　A. 协议天球坐标系　　　　　　　　　　　B. 瞬时天球坐标系

　　C. 地心坐标系　　　　　　　　　　　　　D. 参心坐标系

7. 北京 54 大地坐标系属（　　）。

　　A. 协议地球坐标系　　　　　　　　　　　B. 协议天球坐标系

　　C. 参心坐标系　　　　　　　　　　　　　D. 地心坐标系

8. GPS 卫星星历位于（　　）中。

　　A. 载波　　　　　　　B. C/A 码　　　　　　C. P 码　　　　　　　D. 数据码

9. GPS 外业前制订作业计划时，需要使用的是卫星信号中的（　　）。

　　A. 星历　　　　　　　B. 历书　　　　　　　C. L1 载波　　　　　　D. L2 载波

10. L1 信号属于（　　）。

　　A. 载波信号　　　　　B. 伪随机噪声码　　　C. 随机噪声码　　　　D. 捕获码

11. P 码属于（　　）。

　　A. 载波信号　　　　　B. 伪随机噪声码　　　C. 随机噪声码　　　　D. 捕获码

12. 消除电离层影响的措施是（　　）。

　　A. 单频测距　　　　　　　　　　　　　　B. 双频测距

　　C. L1 测距＋测距码测距　　　　　　　　　D. 延长观测时间

13. GPS 绝对定位的中误差与精度因子（　　）。

　　A. 成正比　　　　　　B. 成反比　　　　　　C. 无关　　　　　　　D. 等价

14. 不同测站同步观测同卫星的观测量单差可消除（　　）影响。

　　A. 卫星钟差　　　　　B. 接收机钟差　　　　C. 整周未知数　　　　D. 大气折射

15. 不同测站同步观测同组卫星的双差可消除（　　）影响。

　　A. 卫星钟差　　　　　B. 接收机钟差　　　　C. 整周未知数　　　　D. 大气折射

16. 属于空固坐标系的是（　　）。

　　A. 协议地球坐标系　　　　　　　　　　　B. 北京 54 坐标系

　　C. 西安 80 坐标系　　　　　　　　　　　D. 协议天球坐标系

17. GPS 外业前制订作业计划时，需要使用的是卫星信号中的（　　　）。

    A. 星历　　　　　　　　B. L1 载波　　　　　　C. L2 载波　　　　　　D. 历书

18. 消除电离层影响的措施是（　　　）。

    A. 单频测距　　　　　　　　　　　　　　B. 双频测距

    C. L1 测距＋测距码测距　　　　　　　　D. 延长观测时间

19. 北京时间与 GMT（格林尼治时间）的差别是（　　　）。

    A. 北京时间比 GMT 快 8 小时　　　　　B. 北京时间比 GMT 慢 8 小时

    C. 不能比较　　　　　　　　　　　　　D. 北京时间与 GMT 相差 0 小时

20. 西安 80 大地坐标系属（　　　）。

    A. 协议地球坐标系　　　　　　　　　　B. 协议天球坐标系

    C. 参心坐标系　　　　　　　　　　　　D. 地心坐标系

三、问答题

1. 试简述 GNSS - RTK 的作业原理。

2. GNSS - RTK 有哪几种作业模式，试分别简述它们作业之间的区别。

附录二　职业院校测量技能竞赛试题

职业院校测量技能竞赛试题一

理论部分（30分）

一、选择题（9分，将正确答案选项的编号填入题中的括号内，选对得分，不选、选错均不得分）

1. 测站上经纬仪对中是使经纬仪中心与（　　　），整平的目的是使经纬仪（　　　）。
   A. 地面点重合　圆水准器气泡居中　　　　　B. 三脚架中孔一致　基座水平
   C. 地面点垂线重合　水平度盘水平　　　　　D. 三脚架中孔一致　圆水准器气泡居中

2. 直线段的方位角是（　　　）。
   A. 两个地面点构成的直线段与方向线之间的夹角。
   B. 指北方向线按顺时针方向旋转至线段所得的水平角。
   C. 指北方向线按顺时针方向旋转至直线段所得的水平角。

3. 地形图比例尺表示图上两点之间距离 d 与（　　　），用（　　　）表示。
   A. 地面两点倾斜距离 D 的比值　　　$M（M=D/d）$
   B. 地面两点高差 h 的比值　　　　　$1：M（M=d/D）$
   C. 地面两点水平距离 D 的比值　　　$1：M（M=D/d）$

4. 水准点高程为 24.397m，测设高程为 25.000m 的室内地坪。设水准点上读数为 1.445m，则室内地坪处的读数为（　　　）m。
   A. 1.042　　　　　B. 0.842　　　　　C. 0.642　　　　　D. 0.602

5. 水准测量中，测站校核的方法有（　　　）。
   A. 双仪高法　　　　　B. 测回法　　　　　C. 方向观测法

6. 地面点到大地水准面的铅垂距离叫（　　　）。
   A. 绝对高程　　　　　B. 相对高程　　　　　C. 高差

7. 用钢尺丈量两点间的水平距离的公式是（　　　）。
   A. $D=nl+q$　　　　　B. $D=kl$　　　　　C. $D=nl$

8. 水准尺读数时应按（　　　）方向读数。
   A. 由小到大　　　　　B. 由大到小　　　　　C. 随便读数

9. 用经纬仪照准同一竖直面内不同高度的两个点，在竖直度盘上的读数（　　　）。
   A. 相同　　　　　B. 不同　　　　　C. 不能确定

10. 方位角的角值范围是（　　　）。
    A. $0°\sim90°$　　　　　B. $0°\sim180°$　　　　　C. $0°\sim360°$

11. 将经纬仪安置在 O 点，盘左照准左侧目标 A 点，水平盘读数为 $0°01'30''$，顺时针方向瞄准 B 点，水平盘读数为 $68°07'12''$，则水平夹角为（　　）。

    A. $58°05'32''$　　　　　　　B. $68°05'42''$　　　　　　　C. $78°15'42''$

12. 在 1：1 000 的比例尺图上，量得某绿地规划区的边长为 60mm，则其实际水平距离为（　　）。

    A. 80m　　　　　　　　　　B. 60m　　　　　　　　　　C. 40m

13. 将经纬仪安置在 O 点，盘左状态瞄准一点，竖盘读数为 $75°30'06''$，则竖直角为（　　）。

    A. $-14°29'54''$　　　　　　B. $+14°29'54''$　　　　　　C. $+15°29'34''$

14. 竖直角的角值范围是（　　）。

    A. $0°\sim90°$　　　　　　　　B. $0°\sim180°$　　　　　　　C. $0°\sim360°$

15. 下列比例尺数据中哪一个比例尺最大（　　）。

    A. 1：1 000　　　　　　　　B. 1：500　　　　　　　　C. 1：2 000

16. 等高距是指相邻两等高线之间的（　　）。

    A. 水平距离　　　　　　　　B. 高差　　　　　　　　　　C. 坡度

17. 等高线的平距小，表示地面坡度（　　）。

    A. 陡　　　　　　　　　　　B. 缓　　　　　　　　　　　C. 均匀

18. 消除视差的方法是（　　）使十字丝和目标影像清晰。

    A. 转动物镜对光螺旋　　　　　　　　B. 转动目镜对光螺旋

    C. 反复交替调节目镜及物镜对光螺旋　　D. 调整水准尺与仪器之间的距离

19. 设 AB 距离为 120.23m，方位角为 $121°23'36''$，则 AB 的 y 坐标增量为（　　）m。

    A. -102.630　　B. 62.629　　C. 102.630　　D. -62.629

20. 测量中所使用的光学经纬仪的度盘刻划注记形式有（　　）。

    A. 水平度盘均为逆时针注记　　　　　B. 水平度盘均为顺时针注记

    C. 竖直度盘均为逆时针注记　　　　　D. 竖直度盘均为顺时针注记

21. 导线坐标增量闭合差调整的方法为（　　）。

    A. 反符号按角度大小分配　　　　　　B. 反符号按边长比例分配

    C. 反符号按角度数量分配　　　　　　D. 反符号按边数分配

22. 公路中线里程桩测设时，短链是指（　　）。

    A. 实际里程大于原桩号　　　　　　　B. 实际里程小于原桩号

    C. 原桩号测错　　　　　　　　　　　D. 因设置圆曲线使公路的距离缩短

23. 在方向观测法（全圆测回法）中，同一测回、不同盘位对同一目标的读数差称（　　）。

    A. 归零差　　B. 测回差　　C. 2C　　D. 读数误差

24. GPS 定位技术是一种（　　）的方法。

    A. 摄影测量　　　　　　　　B. 卫星测量

    C. 常规测量　　　　　　　　D. 不能用于控制测量

25. 导线的坐标增量闭合差调整后，应使纵、横坐标增量改正数之和等于（　　）。

    A. 纵、横坐标增量闭合差，其符号相同　　B. 导线全长闭合差，其符号相同

    C. 纵、横坐标增量闭合差，其符号相反　　D. 0

26. 在 1 : 1 000 地形图上，设等高距为 1m，现量得某相邻两条等高线上两点 A、B 之间的图上距离为 0.01m，则 A、B 两点的地面坡度为（　　）。

A. 1‰　　　　　　　B. 5‰　　　　　　　C. 10‰　　　　　　　D. 20‰

27. 目前中国采用统一的测量高程系是指（　　）。

A. 渤海高程系　　　　　　　　　　　　B. 1956 高程系

C. 1985 国家高程基准　　　　　　　　　D. 黄海高程系

28. 导线的布置形式有（　　）。

A. 一级导线、二级导线、图根导线　　　B. 单向导线、往返导线、多边形导线

C. 图根导线、区域导线、线状导线　　　D. 闭合导线、附合导线、支导线

29. 从测量平面直角坐标系的规定可知（　　）。

A. 象限与数学坐标象限编号顺序方向一致　　B. X 轴为纵坐标轴，Y 轴为横坐标轴

C. 方位角由横坐标轴逆时针量测　　　　　D. 东西方向为 X 轴，南北方向为 Y 轴

30. 水准测量是利用水准仪提供（　　）求得两点高差，并通过其中一已知点的高程，推算出未知点的高程。

A. 铅垂线　　　　　　　B. 视准轴　　　　　　　C. 水准管轴线　　　　　　　D. 水平视线

二、问答题（共 5 分）

1. 导线坐标计算的一般步骤是什么？（3 分）

2. 用公式 $R = \arctan \left| \dfrac{Y_B - Y_A}{X_B - X_A} \right|$ 计算出的象限角 R_{AB}，如何将其换算为坐标方位角 α_{AB}？

（2 分）

三、计算题（共 16 分）

1. 已知 AB 方位角 $a = 89°12'01''$，B 点坐标 $x = 3\,065.347$m，$y = 2\,135.265$m，坐标推算路线为 B→1→2。测得坐标推算路线的右角分别为 B 点角度 $\beta_b = 32°30'12''$，1 点角度 $\beta_1 = 261°06'16''$，1B 边水平距离 $D = 123.704$m，12 边水平距离 $D = 98.506$m，试计算 1，2 点的平面坐标。（4 分）

2. 已知下图中 AB 的坐标方位角，观测了图中四个水平角，试计算边长 B→1，1→2，2→3，3→4 的坐标方位角。（2 分）

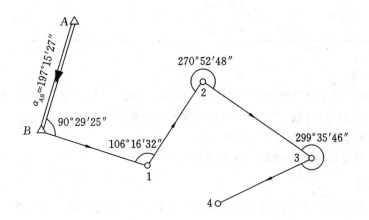

3. 路线交点 JD2 的坐标：$X_{JD2}=2\ 588\ 711.27\text{m}$，$Y_{JD2}=20\ 478\ 702.88\text{m}$；JD3 的坐标：$X_{JD3}=2\ 591\ 069.056\text{m}$，$Y_{JD3}=20\ 478\ 662.850\text{m}$；JD4 的坐标：$X_{JD4}=2\ 594\ 145.875\text{m}$，$Y_{JD4}=20\ 481\ 070.750\text{m}$。JD3 的里程桩号为 K6+790.306。

技能竞赛部分（共 70 分）

1. 水准测量：参赛人员在规定的时间内独立完成指定等外闭合水准路线测量；要求由一个已知高程指定，测出五个待测点并现场进行内业计算。（15 分）
2. 水准仪（水准管轴平行于视准轴）的检验。（15 分）
3. 全站仪坐标放样：参赛人员在规定的时间内，根据已知测站点坐标和已知定向点坐标，使用全站仪"放样"程序，放样三个坐标点组成三角形，并在地上用笔做好标记；在三角形的顶点上分别设站，用测回法一测回观测水平角并计算角度平均值，其中在该三角形指定的一个顶点上，用测回法一测回加测三角形另一点——该点已知定向点的水平角，并计算角度平均值；在不同测站上，对测每一条边长并计算边长平均值；计算图形角度闭合差，在满足限差要求的情况下，平差计算角度值。（40 分）

职业院校测量技能竞赛试题二

一、竞赛内容及要求

1. 竞赛内容。

本次竞赛包括"二等水准测量""1：500 数字测图"两个赛项，竞赛包括测量外业观测和测量内业计算或绘图。成绩评定分竞赛用时和成果质量两部分，详见表1。

表1　　　　　　　　　　　竞赛内容、时间与权重表

竞赛内容		竞赛时间（分）	所占权重（%）
二等水准测量	竞赛用时	90	30
	成果质量		70
1：500 数字测图	竞赛用时	180	30
	成果质量		70

2. 竞赛要求。

（1）二等水准测量：完成闭合水准路线的观测、记录、计算和成果整理，提交合格成果。

（2）1：500 数字测图：按照 1：500 比例尺测图要求，完成外业数据采集和内业编辑成图工作，提交 DWG 格式数字地形图。

（3）凡超过规定的竞赛时间，立即终止竞赛。

二、竞赛试题

本赛项竞赛试题公开，随赛项规程同步发布。公开试题中的点号和数据均为样例，竞

赛时各队试题的点号和原始数据由抽签得到。公开试题如下：

1. 二等水准测量竞赛试题（样例）。

如图所示闭合水准路线，已知 A_{01} 点高程为 69.803m，测算 B_{04}、C_{01} 和 D_{03} 点的高程，测算要求按竞赛规程。

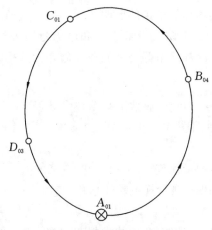

二等水准测量竞赛路线示意图

上交成果：二等水准测量竞赛成果，包括观测手簿、高程误差配赋表和高程点成果表。

说明：参赛队现场抽签点位，抽签得到的已知点、待定点组合成竞赛水准路线。

2. 1∶500 数字测图竞赛试题（样例）。

数字测图赛场地物相对齐全，难度适中。数字测图采取 GNSS 卫星定位仪与全站仪相结合使用的方式，完成赛项执委会指定区域的 1∶500 数字地图的数据采集和编辑成图。测图要求按竞赛规程。

赛项组委会为每个参赛队提供三个控制点。

上交成果：数据采集的原始文件、野外数据采集草图和 dwg 格式的地形图文件。

说明：参赛队现场抽签已知点组和绘图计算机编号。

三、竞赛环境

竞赛环境说明如下：

1. 二等水准测量赛场情况。

（1）水准线路为水泥硬化路面，线路长度约 1.5km。

（2）场地能设置多条闭合水准路线，能满足多个队同时比赛。

（3）每条闭合水准路线由 3 个待求点和 1 个已知点组成。

2. 1∶500 数字测图赛场情况。

（1）1∶500 数字测图竞赛场地难度适中，地物齐全。

（2）测图场地面积约 200m×150m，通视条件良好，能满足多个队同时比赛。

（3）竞赛采用 GNSS 和全站仪相结合的测图方式。赛项执委会为每个参赛队提供 3 个控制点和接收 GNSS 网络 RTK 信号的手机卡。场地的有些地物点可能无法用 GNSS 测量，需要全站仪测量。即由 GNSS 先确定全站仪测站点，然后在测站点上架设全站仪测量。全站仪测量的碎部点数不少于 15 个。

(4) GNSS 设备和全站仪不能同时使用。

(5) 内业编辑成图在规定的机房完成,赛项执委会提供安装有 CASS 9.1 数字测图软件、中望 CAD 及其配套软件的计算机。

3. 赛场内布设有明显点位标志和路线标示,赛场周边有隔离标示或护栏,确保选手不受外界影响参加竞赛。赛场提供稳定的照明、水、电、气源和供电应急设备等。

4. 赛场设有保安、公安、消防、设备维修和电力抢险人员待命,以防突发事件。赛场配备维修服务、医疗、生活补给站等公共服务设施,为选手和赛场人员提供服务。

四、技术规范

1.《1:500 1:1000 1:2000 外业数字测图技术规程》GB/T 14912—2005。

2.《国家基本比例尺地图图式第 1 部分 1:500 1:1000 1:2000 地形图图式》GB/T 20257.1—2007。

3.《国家一、二等水准测量规范》GB/T 12897—2006。

4.《全球定位系统(GPS)测量规范》GB/T 18314—2009。

5. 本赛项技术规范。

凡与国家标准不一致的内容以本赛项技术规范为准。

第一部分 二等水准测量竞赛

水准路线为闭合路线,全长约 1.5km 左右,1 个已知点和 3 个待定点,分为 4 个测段。参赛队应完成现场抽签点位组合成的水准路线。

1. 观测与计算要求

(1) 观测使用赛项执委会规定的仪器设备,3m 标尺,测站视线长度、前后视距差及其累计、视线高度和数字水准仪重复测量次数等按表 2 规定。

表 2 二等水准测量技术要求(3m 水准标尺)

视线长度 (m)	前后视 距差(m)	前后视距 累计差(m)	视线高度 (m)	两次读数所得 高差之差(mm)	水准仪重复 测量次数	测段、环线 闭合差(mm)
≥3 且≤50	≤1.5	≤6.0	≤2.80 且≥0.55	≤0.6	≥2 次	≤$4\sqrt{L}$

注:L 为路线的总长度,以 km 为单位。

(2) 参赛队信息只在竞赛成果资料封面规定的位置填写,成果资料内部的任何位置不得填写与竞赛测量数据无关的信息。

(3) 竞赛使用 3kg 尺垫,可以不使用撑杆,也可以自带撑杆。

(4) 竞赛过程中不得携带仪器或标尺跑步。

(5) 竞赛记录及计算均必须使用赛项执委会统一提供的《二等水准测量记录计算成果本》。记录及计算一律使用铅笔填写,记录完整。记录格式示例见表 3。

表3 二等水准测量手簿示例(参考)

测站编号	后距 视距差	前距 累积视距差	方向及尺号	标尺读数 第一次读数	标尺读数 第二次读数	两次读数之差	备注
1	31.5	31.6	后 A1	153969	153958	+11	
			前	139269	139260	+9	
	−0.1	−0.1	后−前	+14700	+14698	+2	
			h		+0.14699		
2	36.9	37.2	后	137400	137411 ~~137351~~	−11	测错
			前	114414	114400	+14	
	−0.3	−0.4	后−前	+22986	+23011	−25	
			h		+0.22998		
3	41.5	41.4	后	113916	143906	+10	
			前	109272	139260	+12	
	+0.1	−0.3	后−前	+4644	+4646	−2	
			h		+0.04645		
4	46.9	46.5	后	139411	139400	+11	
			前 B1	144150	144140	+10	
	+0.4	+0.1	后−前	−4739	−4740	+1	
			h		−0.04740		
5	23.5	24.4	后 B1	135306	135815	−9	超限
			前	134615	134506	+109	
	−0.9	−0.8	后−前	+691	+1309		
			h				
6	23.4	24.5	后 B1	142306	142315	−9	重测
			前	137615	137606	+9	
	−1.1	−1.9	后−前	+4691	+4709	−18	
			h		+0.04700		

(6)记录要求:观测记录的数字与文字力求清晰、整洁,不得潦草;按测量顺序记录,不空栏;不空页、不撕页;不得转抄成果;不得涂改、就字改字;不得连环涂改;不得用橡皮擦,刀片刮。

(7)水准路线采用单程观测,每测站读两次高差,奇数站观测水准尺的顺序为:后—前—前—后;偶数站观测水准尺的顺序为:前—后—后—前。

（8）同一标尺两次读数不设限差，但两次读数所测高差之差应满足表3的规定。

（9）观测记录的错误数字与文字应单横线正规划去，在其上方写上正确的数字与文字，并在备注栏注明原因："测错"或"记错"，计算错误不必注明原因。

（10）因测站观测误差超限，在本站检查发现后可立即重测（在备注栏注明"重测"），重测必须变换仪器高。若迁站后才发现，应退回到本测段的起点重测。

（11）无论何种原因使尺垫移动或翻动，应退回到本测段的起点重测。

（12）超限成果应当正规划去，超限重测的应在备注栏注明"超限"。

（13）水准路线各测段的测站数必须为偶数。

（14）每测站的记录和计算全部完成后方可迁站。

（15）测量员、记录员、扶尺员必须轮换，每人观测1测段、记录1测段。

（16）现场完成高程误差配赋计算，不允许使用非赛项执委会提供的计算器。

（17）竞赛结束，参赛队上交成果的同时，应将仪器脚架收好，计时结束。

（18）高程误差配赋计算，按照测绘规定的"4舍6进、5看奇偶"的取舍原则，距离取位到0.1m，高差及其改正数取位到0.00001m，高程取位到0.001m。计算格式见表4，表中必须写出闭合差和闭合差允许值。

2. 上交成果

每个参赛队完成外业观测后，在现场完成高程误差配赋计算，并填写高程点成果表。上交成果为：《二等水准测量竞赛成果资料》。

表4   高程误差配赋表

点名	距离（m）	观测高差（m）	改正数（m）	改正后高差（m）	高　程（m）
BM1					182.034
	435.1	0.12460	−0.00119	0.12341	
B1					182.157
	450.3	−0.01150	−0.00123	−0.01273	
B2					182.145
	409.6	0.02380	−0.00112	0.02268	
B3					182.167
	607.0	−0.13170	−0.00166	−0.13336	
BM5					182.034
Σ	1902.0	+0.00520	−0.00520	0	

$$W = +5.2 \text{mm} \qquad W_允 = \pm 5.5 \text{mm}$$

说明：平差计算表中数字与文字力求清晰、整洁，不得潦草；可以用橡皮擦，但必须保持整洁，字迹清晰，不得划改。

第二部分 1∶500 数字测图

测图面积大约为 $200m \times 150m$，通视条件良好，地物、地貌要素齐全，难度适中，能多个队同时开始测图竞赛。大赛为每个参赛队提供 2 个控制点和 1 个检查点，控制点之间可能互不通视，参赛队利用 GNSS 流动站在已知点上测量确定坐标系转换参数后测图。

对于测区内 GNSS 卫星定位仪不能直接测定的地物，需要用全站仪测定。

内业编辑成图在规定的机房内完成，赛项执委会提供安装有中望 CAD 平台的数字测图软件 CASS9.1 的计算机。

1. 测量及绘图要求

（1）各参赛队小组成员共同完成规定区域内碎部点数据采集和编辑成图，队员的工作可以不轮换。

（2）竞赛过程中选手不得携带仪器设备跑步。

（3）碎部点数据采集模式只限"草图法"，不得采用其他方式。

（4）用 GNSS 接收机确定全站仪的测站点时必须使用脚架。

（5）必须采用 GNSS 接收机配合全站仪的测图模式，全站仪测量的点位不少于 15 点。凡是全站仪测量点数不足 15 个点的，每少 1 点扣 0.3 分。

上交的绘图成果上不得填写参赛队及观测者、绘图者姓名等信息。

（6）GNSS 设备和全站仪不能同时使用。不使用的一种设备应放置在规定的位置。违规 1 次扣 5 分。

（7）草图必须绘在赛项执委会配发的数字测图野外草图本上。

（8）按规范要求表示高程注记点，除指定区域外，其他地区不表示等高线。

（9）绘图：按图式要求进行点、线、面状地物的绘制和文字、数字、符号注记。注记的文字字体采用绘图软件默认字体。

（10）图廓整饰内容：采用任意分幅（四角坐标注记坐标单位为 m，取整至 50m）、图名、测图比例尺、内图廓线及其四角的坐标注记、外图廓线、坐标系统、高程系统、等高距、图式版本和测图时间。（图上不注记测图单位、接图表、图号、密级、直线比例尺、附注及其作业员信息等内容。）

2. 上交成果

（1）原始测量数据文件（全站仪测点和 GNSS 测点的 2 个 dat 格式的数据文件）。

（2）野外草图。

（3）dwg 格式的地形图数据文件。

五、成绩评定

（一）评分标准

1. 竞赛用时成绩评分标准

各队的作业速度得分 S_i 计算公式为：

$$S_i = \left(1 - \frac{T_i - T_1}{T_n - T_1} \times 40\%\right) \times 30$$

式中：T_1 为所有参赛队中用时最少的竞赛时间。

T_n 是所有参赛队中不超过规定最大时长的队伍中用时最多的竞赛时间。

T_i 为各队的实际用时。

2．竞赛成果质量评分标准

1）二等水准测量成果质量评分标准

成果质量从观测质量和测量成果精度等方面考虑进行分类：合格成果和二类成果（不合格成果）。

（1）二类成果。

凡原始观测记录用橡皮擦、每测段测站数非偶数，视线长度、视线高度、前后视距差及其累计差、两次读数所得高差之差超限，原始记录连环涂改，水准路线闭合差超限等，违反其中之一即为二类成果。

凡是手簿内部出现与测量数据无关的文字、符号等内容，也会被定为二类成果。

（2）观测与记录评分标准。

① 测量过程部分。

评测内容	评分标准	扣分
携带仪器设备（标尺）跑步	警告无效,跑1步扣1分	
观测、记录轮换	违规1次扣2分	
骑在脚架腿上观测	违规1次扣1分	
高差测量	中丝读数少读1次（后视或前视）扣5分	
视距测量	不读或者故意读错1次扣2分	
测站记录计算未完成就迁站	违规1次扣2分	
测量按规定路线	仪器或标尺离开规定路线1次扣5分	
记录转抄	违规1次扣2分	
数字水准仪不显示高差	违规1次扣2分	
使用电话、对讲机等通信工具	出现1次扣2分	
故意干扰别人测量	造成重测后果的扣10分	
观测记录同步	违规1次扣2分	
仪器设备	水准仪、标尺摔倒落地	取消资格
合计扣分		
其他违规情况记录		

注:违规情况记录:①用橡皮等现象。②本标准未列出的违规情况。

② 成果质量评分。

评测内容		评分标准	扣分
观测与记录（40分）	每测段测站数为偶数	奇数测站	二类
	测站限差	视线长度、视线高度、前后视距差、前后视距累计差、高差较差等超限	二类
	观测记录	连环涂改	二类
	记录手簿	记录计算簿出现与测量数据无关的文字符号等	二类
	手簿记录空栏或空页	空1栏扣2分，空1页扣5分	
	手簿计算	每缺少1项或错误1处扣1分	
	记录规范性（4分）	就字改字、字迹模糊影响识读1处扣1分	
	手簿划改不用尺子或不是单线（4分）	违规1处扣1分，扣完为止	
	同一数据划改超过1次	违规1处扣1分，扣完为止	
	划改后不注原因或原因不规范（2分）	1处扣0.5分，扣完为止	
	手簿整测站划改	整测站划去超过有效成果记录的1/3扣5分	
	观测手簿不用橡皮擦	违规	二类
	重测应变换仪器高	违规1次扣3分	
	应填写点名（4分）	违规1处扣1分，扣完为止	
内业计算（30分）	计算取位（4分）	违规1处扣1分，扣完为止	
	水准路线闭合差	超限	二类
	平差计算（20分）	1处计算错误扣$1+0.1n$分，n为影响后续计算的项目数，扣完为止	
		全部未计算扣20分；只计算路线闭合差扣15分；未计算闭合差限差扣3分；其他计算缺项或未完成酌情扣分	
	待定点高程检查	与标准值比较不超过±5mm不超限，超限1点扣2分	
	成果表	不填写成果表扣2分；填写错误每点扣1分	
	计算表整洁	每一处非正常污迹扣0.5分	
合计扣分		合计得分	

2）数字测图成果质量成绩评分标准

成果质量成绩主要从参赛队的仪器操作、测图精度和地形图编绘等方面考虑，包括：

（1）取消比赛资格。

下列情况之一取消竞赛资格：

a. 故意遮挡其他参赛队观测。

b. 携带非赛项执委会配发的仪器设备。

c. 不采用"草图法"采集碎部点。

d. GNSS 接收机、全站仪、棱镜及其配套设备摔倒落地。

e. 使用非赛项执委会提供的草图纸。

f. 使用电话、对讲机等通信工具。

（2）野外数据采集。

a. 全站仪和 GNSS 设备不得同时使用，违规 1 次扣 5 分。

b. 指导教师及其他非参赛人员入场、指导、协助操作，违规 1 次扣 5 分。

c. 仪器操作违反操作规程或者其他不安全操作行为，违规 1 次扣 2 分。

d. 全站仪测点不少于 15 点，每少 1 点扣 0.3 分。

（3）测图精度。

测图精度评分标准如下：

① 测量过程评分。

评测内容	评分标准	处理
故意遮挡其他参赛队观测	不听裁判劝阻	取消资格
使用非赛会提供的设备	违规	取消资格
全站仪、棱镜、GNSS 接收机	摔倒落地	取消资格
使用电话、对讲机等通讯工具	违规	取消资格
使用非赛会提供的草图纸	违规	取消资格
测定全站仪测站点和定向点不用脚架	违规 1 次扣 3 分	
全站仪和 GNSS 接收机不得同时使用	违规 1 次扣 5 分	
指导教师及其他非参赛人员入场	出现 1 次扣 2 分	
携带仪器设备跑步	警告无效,跑 1 步扣 1 分	
仪器设备不安全操作行为	每 1 次扣 2 分	
其他特殊情况记录		
合计扣分		

注:测量过程扣分直接在总成绩中减。

② 成果质量评分。

项目与分值	评分标准	扣分
方法完整性(5分)	全站仪测点不少于 15 点,每少 1 点扣 0.5 分	
点位精度(10分)	要求误差小于 0.15m。检查 10 处,每超限 1 处扣 1 分	
边长精度(5分)	要求误差小于 0.15m。检查 5 处,每超限 1 处扣 1 分	
高程精度(5分)	要求误差小于 1/3 等高距(0.15m); 检查 5 处,每超限 1 处扣 1 分	
错误或违规(10分)	重大错误或违规扣 10 分;一般错误或违规扣 1~5 分	
完整性(15分)	图上内容取舍合理,主要地物漏测 1 项扣 2 分,次要地物漏测 1 项扣 1 分	
符号和注记(10分)	地形图符号和注记用错 1 项扣 1 分	
整 饰(5分)	地形图整饰应符合规范要求,缺、错少 1 项扣 1 分	
等高线(5分)	未绘制等高线扣 5 分。等高线与高程发生矛盾,1 处扣 1 分	
合计扣分	合计得分	

(二)评分方法

1. 竞赛成绩主要从参赛队的作业速度、成果质量两个方面计算,采用百分制。其中成果质量总分 70 分,按评分标准计算;作业速度总分 30 分,按各组竞赛用时计算。两项成绩相加成绩高者优先。

在两队成绩完全相同时,分别按以下顺序排名:

(1) 二等水准测量:①质量成绩高;②重测次数少;③划改少;④成果表整洁。

(2) 数字测图按以下顺序排名:①质量成绩高;②精度检查分高;③漏测地物少;④图面整饰美观。

2. 团体总成绩按参赛队两个单项比赛成绩加权求和计算,其中"二等水准测量"和"数字测图"的权重分别为 0.4 和 0.6。

3. 在规定时间内完成竞赛,且成果符合要求者按竞赛评分成绩确定名次。凡超限或定性为二类成果的不参加评奖。

4. 对于竞赛过程中伪造数据者,取消该队全部竞赛资格。并报请全国职业院校技能大赛办公室通报批评。

参 考 文 献

[1]　赵文亮. 地形测量 [M]. 郑州：黄河水利出版社，2005.

[2]　刘仁钊. 工程测量技术 [M]. 郑州：黄河水利出版社，2008.

[3]　李天和. 地形测量 [M]. 郑州：黄河水利出版社，2012.

[4]　中华人民共和国国家质量监督检验检疫总局，中国国家标准化管理委员会. GB/T 20257.1—2007 国家基本比例尺地图图式 第1部分 1∶500　1∶1000　1∶2000 地形图图式 [S]. 北京：测绘出版社，2007.

[5]　中华人民共和国住房和城乡建设部. CJJ/T8—2011 城市测量规范 [S]. 北京：中国建筑工业出版社，2011.

[6]　中华人民共和国建设部，中华人民共和国国家质量监督检验检疫总局. GB 50026—2007 工程测量规范 [S]. 北京：中国计划出版社，2007.

[7]　中华人民共和国国家质量监督检验检疫总局，中国国家标准化管理委员会. GB/T 13989—2012 国家基本比例尺地形图分幅和编号 [S]. 北京：中国标准出版社，2012.

[8]　中华人民共和国国家质量监督检验检疫总局，中国国家标准化管理委员会. CB/T 18314—2009 全球定位系统（GPS）测量规范 [S]. 北京：中国标准出版社，2009.

[9]　国家测绘局. CHT 2009—2010 全球定位系统实时动态（RTK）测量技术规范 [S]. 北京：测绘出版社，2010.

[10]　中华人民共和国国家质量监督检验检疫总局，中国国家标准化管理委员会. GB/T 24356—2009 测绘成果质量检查与验收 [S]. 北京：中国标准出版社，2009.

[11]　刘艳亮，张海平，等. 全球卫星导航系统的现状与进展 [J]. 导航定位学报，2019，7 (1)：18-21.